ΣBEST
シグマベスト

JN098601

最高水準
問題集

中2理科

文英堂

本書のねらい

▶ みなさんは，"定期テストでよい成績をとりたい"とか，"希望する高校に合格したい"と考えて毎日勉強していることでしょう。そのためには，**どんな問題でも解ける最高レベルの実力**を身につける必要があります。では，どうしたらそのような実力がつくのでしょうか。それには，よい問題に数多くあたって，自分の力で解くことが大切です。

▶ この問題集は，最高レベルの実力をつけたいという中学生のみなさんの願いに応えられるように，次の3つのことをねらいにしてつくりました。

1	教科書の内容を確実に理解しているかどうかを確かめられるようにする。
2	おさえておかなければならない内容をきめ細かく分析し，問題を1問1問練りあげる。
3	最高レベルの良問を数多く収録し，より広い見方や深い考え方の訓練ができるようにする。

▶ この問題集を大いに活用して，どんな問題にぶつかっても対応できる最高レベルの実力を身につけてください。

本書の特色と使用法

① すべての章を「標準問題」→「最高水準問題」で構成し，段階的に無理なく問題を解いていくことができる。

▶ 本書は，「標準」と「最高水準」の2段階の問題を解いていくことで，各章の学習内容を確実に理解し，無理なく最高レベルの実力を身につけることができるようにしてあります。

▶ 本書全体での「標準問題」と「最高水準問題」それぞれの問題数は次のとおりです。

標 準 問 題 ……150題　　最 高 水 準 問 題 ……95題

豊富な問題を解いて，最高レベルの実力を身につけましょう。

▶ さらに，学習内容の理解度をはかるために，編ごとに「**実力テスト**」を設けてあります。ここで学習の成果と自分の実力を診断しましょう。

② 「標準問題」で，各章の学習内容を確実におさえているかが確認できる。

▶ 「標準問題」は，各章の学習内容のポイントを1つ1つおさえられるようにしてある問題です。1問1問確実に解いていきましょう。各問題には[タイトル]がつけてあり，どんな内容をおさえるための問題かが一目でわかるようにしてあります。

▶ どんな難問を解く力も，基礎学力を着実に積み重ねていくことによって身についてくるものです。まず，「標準問題」を順を追って解いていき，基礎を固めましょう。

▶ その章の学習内容に直接かかわる問題に **重要** のマークをつけています。じっくり取り組んで，解答の導き方を確実に理解しましょう。

③ 「最高水準問題」は各章の最高レベルの問題で，最高レベルの実力が身につく。

▶ 「最高水準問題」は，各章の最高レベルの問題です。総合的で，幅広い見方や，より深い考え方が身につくように，難問・奇問ではなく，各章で勉強する基礎的な事項を応用・発展させた質の高い問題を集めました。

▶ 特に難しい問題には， **難** マークをつけて，解答でくわしく解説しました。

④ 「標準問題」にある〈ガイド〉や，「最高水準問題」にある〈解答の方針〉で，基礎知識を押さえたり適切な解き方を確認したりすることができる。

▶ 「標準問題」には， **ガイド** をつけ，学習内容の要点や理解のしかたを示しました。

▶ 「最高水準問題」の下の段には， **解答の方針** をつけて，問題を解く糸口を示しました。ここで，解法の正しい道筋を確認してください。

⑤ くわしい〈解説〉つきの別冊解答。どんな難しい問題でも解き方が必ずわかる。

▶ 別冊の「解答と解説」には，各問題のくわしい解説があります。答えだけでなく， **解説** もじっくり読みましょう。

▶ **解説** には **ア 得点アップ** を設け，知っているとためになる知識や高校入試で問われるような情報などを満載しました。

もくじ

1編 化学変化と原子・分子　　　　　　　　　　問題番号　　ページ

1　物質のなりたち ……………………………… 001 〜 017 　5

2　化学変化と化学反応式 ……………………… 018 〜 033 　14

3　酸化と還元 …………………………………… 034 〜 047 　20

4　化学変化と物質の質量 ……………………… 048 〜 064 　30

第1回 実力テスト ………………………………………………… 42

2編 生物のからだのつくりとはたらき

1　生物と細胞 …………………………………… 065 〜 073 　46

2　植物のからだのつくりとはたらき ………… 074 〜 083 　50

3　消化と吸収・呼吸と排出 …………………… 084 〜 101 　60

4　血液と循環 …………………………………… 102 〜 110 　70

5　刺激の伝わり方と運動のしくみ …………… 111 〜 123 　76

第2回 実力テスト ………………………………………………… 84

3編 電流とその利用

1　電流の流れ方 ………………………………… 124 〜 144 　88

2　電流による発熱・発光 ……………………… 145 〜 166 　98

3　電流と電子 …………………………………… 167 〜 175 　108

4　電流と磁界 …………………………………… 176 〜 192 　112

第3回 実力テスト ………………………………………………… 122

4編 気象とその変化

1　大気とその動き ……………………………… 193 〜 210 　126

2　大気中の水の変化 …………………………… 211 〜 226 　136

3　前線と天気の変化 …………………………… 227 〜 236 　144

4　日本の気象 …………………………………… 237 〜 245 　150

第4回 実力テスト ………………………………………………… 156

別冊　解答と解説

1 物質のなりたち

重要 001 [炭酸水素ナトリウムの変化]

図のような装置の試験管 A に炭酸水素ナトリウムを入れ，ガスバーナーで加熱し，どのような物質が生成するか調べた。加熱すると気体が発生したが，この気体はすぐに集めずに，しばらくしてから気体を試験管 B に集めた。試験管 B はゴム栓をして取り出した。気体が発生しなくなったところで，実験を終えた。試験管 A の口元には無色の液体が生じていた。また，試験管 A の底には白い物質が残った。次の問いに答えなさい。

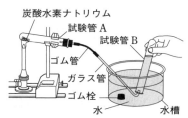

炭酸水素ナトリウム
試験管 A
試験管 B
ゴム管
ガラス管
ゴム栓
水
水槽

(1) 気体をすぐに集めなかったのはなぜか。理由を簡単に答えよ。

[ ]

(2) ガスバーナーの火を消す前に行うことは何か。 [ ]

(3) 試験管 B に石灰水を入れて振ると，石灰水は白くにごった。このことから，発生した気体は何であったと考えられるか。気体の名称で答えよ。 [ ]

(4) 試験管 A の口元に生じた液体に塩化コバルト紙をつけてみた。塩化コバルト紙の色の変化を，例にならって答えよ。 [ ]

例：白色→黄色

(5) 炭酸水素ナトリウムと試験管 A の底に残された白い物質を比べ，次の①，②はどのようにちがうか。それぞれ簡単に答えよ。

① 水への溶け方

② 溶かした液にフェノールフタレイン溶液を加えたときの色の変化

①[ ]

②[ ]

(6) この実験のように，1 種類の物質が 2 種類以上の物質に分かれる化学変化を何というか。

[ ]

002 [炭酸水素ナトリウムの熱分解]

炭酸水素ナトリウムを右図の装置で加熱した。次の問いに答えなさい。

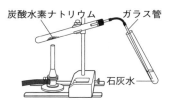

炭酸水素ナトリウム
ガラス管
石灰水

(1) 図の実験装置には誤りがある。誤りのある部分を 10 字以内で答えよ。 [ ]

(2) カルメ焼きやホットケーキをつくるとき，炭酸水素ナトリウムを入れて加熱するとよくふくらむ理由を簡単に説明せよ。

[ ]

重要 003 **[酸化銀の変化]**

酸化銀を加熱したときの変化を調べるため，図のような装置を用いて実験を行った。次の問いに答えなさい。

(1) 実験前の酸化銀の色は何色か。 [   ]

(2) 酸化銀を加熱すると，白い物質に変化する。この白い物質について，次の①，②の結果を答えよ。

① 白い物質に電流が流れるかどうか調べる。

② 白い物質を金づちでたたく。

①[   ] ②[   ]

(3) 酸化銀の色が変わりはじめたころ，火のついた線香を試験管の中に入れると，線香が炎を出して燃えた。発生した気体は何と考えられるか。 [   ]

(4) 次の文の空欄にあてはまる語句を答えよ。

(a)[   ] (b)[   ]

　酸化銀のように，2種類以上の元素からできている物質を　(a)　といい，銀のように1種類の元素からできている物質を　(b)　という。

---

004 **[原子と分子]**

次の問いに答えなさい。

(1) 19世紀の初めにドルトンが，物質をつくっている最小の粒子と考えたものを何というか答えよ。 [   ]

(2) 次のア～エのうち，原子の性質について正しく述べているものはどれか。ア～エから1つ選び，記号で答えよ。 [   ]

ア 原子は，種類に関係なく，質量が等しい。

イ 原子は，種類に関係なく，大きさが等しい。

ウ 原子は，化学変化によって，それ以上分割することができない。

エ 原子は，化学変化によって，ほかの種類の原子に変わることができる。

(3) 次の物質のうち最も個数の多いものをア～エから1つ選び，記号で答えよ。 [   ]

ア 40個の水分子中の水素原子 イ 60個の酸素分子中の原子

ウ 30個の水素分子中の原子 エ 20個の二酸化炭素分子中の原子

---

005 **[化学式]**

次の問いに答えなさい。

(1) 元素記号 Zn で表される原子の名称を答えよ。 [   ]

(2) アンモニアの化学式を，次のア～カから1つ選び，記号で答えよ。 [   ]

ア HN_2 イ HN_3 ウ H_2N エ NH_2 オ NH_3 カ N_3H

(3) 植物の光合成の材料となる気体を化学式で表したものは次のア～エのどれか。 [   ]

ア N_2 イ H_2 ウ O_2 エ CO_2

(4) 炭酸水素ナトリウムは $NaHCO_3$ という化学式で表される。1つの炭酸水素ナトリウムの結晶に占める酸素原子の個数の割合はどうなるか。最も適当なものを，次のア〜オから1つ選び，記号で答えよ。　　　　　　　　　　　　　　　　　　　　　　　　　　　[　　　]

ア $\dfrac{1}{2}$　　　イ $\dfrac{1}{3}$　　　ウ $\dfrac{1}{4}$　　　エ $\dfrac{1}{5}$　　　オ $\dfrac{1}{6}$

> **ガイド** (4)6個の原子のうち酸素原子は何個を占めているか。

---

006 〉[状態変化と化学変化]

次の問いに答えなさい。

(1) 次の文の空欄に入る語句の組み合わせとして適切なものを，ア〜エから1つ選び，記号で答えよ。　　　　　　　　　　　　　　　　　　　　　　　　　　　[　　　]

　　　 ① すると単体が得られる。これは ② である。

　　ア　①ろうを加熱　　　②状態変化

　　イ　①塩化銅の水溶液を電気分解　　　②状態変化

　　ウ　①炭酸水素ナトリウムを加熱　　　②化学変化

　　エ　①うすい水酸化ナトリウム水溶液を電気分解　　　②化学変化

(2) 身のまわりの物質に見られる変化には，状態変化や化学変化などがある。化学変化は，状態変化とはどのように違うか。物質という語を用いて，簡単に答えよ。

　　　　[　　　　　　　　　　　　　　　　　　　　　　　　　　　　　　　]

---

007 〉[分子と化学変化]

次の問いに答えなさい。

(1) 純粋な物質のうち分子というまとまりをつくらないものを，ア〜キからすべて選べ。

　　　　　　　　　　　　　　　　　　　　　　　　　　　[　　　　　　　]

　　ア　空気　　　　　　イ　酸素　　　　　ウ　銅　　　　エ　塩酸

　　オ　塩化ナトリウム　カ　水　　　　　　キ　二酸化炭素

(2) 物質の変化には化学変化と状態変化など，それ以外の変化がある。化学変化にあてはまる変化をア〜カからすべて選べ。　　　　　　　　[　　　　　　　]

　　ア　つららがとける

　　イ　砂糖が水にとける

　　ウ　長い年月をかけて石灰岩が雨水にとける

　　エ　アイスクリームがとける

　　オ　マグネシウムリボンが塩酸にとける

　　カ　酸素が水にとける

重要 008 [塩化銅水溶液の電気分解]

塩化銅水溶液の電気分解について，次の問いに答えなさい。

(1) 電気分解したあとの極板についての記述として正しいものを，次の**ア**〜**オ**から選び，記号で答えよ。　　　　　　　　　　　　　　　　　　　　　[　　　]

　ア　陽極に赤色の物質が付着する。

　イ　陰極に赤色の物質が付着する。

　ウ　陽極からにおいのない気体が発生する。

　エ　陰極からにおいのない気体が発生する。

　オ　陽極からも陰極からもにおいのない気体が発生する。

(2) 電気分解したあとの水溶液のようすについての記述として正しいものを，次の**ア**〜**エ**から選び，記号で答えよ。　　　　　　　　　　　　　　　　　[　　　]

　ア　水溶液の質量は電気分解する前に比べて増加している。

　イ　水溶液の温度は下がり，凍りそうになっている。

　ウ　水溶液の色は電気分解する前に比べてうすくなっている。

　エ　水溶液には細かいきらきらした白い結晶が生じている。

重要 009 [水の電気分解]

右図のような装置を使って水を分解した。次の問いに答えなさい。

(1) 水を電気分解するためには，別の物質を水に加える必要がある。加える物質として適切なものを，次の**ア**〜**オ**から1つ選び，記号で答えよ。　　　　[　　　]

　ア　水酸化ナトリウム　　**イ**　エタノール

　ウ　砂糖　**エ**　硫黄　　**オ**　活性炭

(2) A極，B極はそれぞれ陽極か陰極か。また，それぞれの極に発生した気体は何か。右の組み合わせのなかから1つ選び，記号で答えよ。　　[　　　]

(3) この電気分解で，陰極に発生した気体の性質としてあてはまるものを，次の**ア**〜**オ**から1つ選び，記号で答えよ。
　　　　　　　　　　　　　[　　　]

	A極	B極	A極	B極
ア	陽	陰	酸素	水素
イ	陽	陰	水素	酸素
ウ	陽	陰	二酸化炭素	水素
エ	陰	陽	酸素	水素
オ	陰	陽	水素	酸素
カ	陰	陽	二酸化炭素	酸素

　ア　気体に炎を上げずに燃えている線香を入れると炎を上げて燃えた。

　イ　気体は鼻につくような刺激臭がした。

　ウ　気体を石灰水に通すと白濁した。

　エ　気体に火をつけると爆発して燃えた。

　オ　BTB溶液が緑色から青色に変化した。

最 高 水 準 問 題 ——————————————— 解答 別冊 p.5

010 図のような装置で，試験管 A 内の酸化銀をガ
スバーナーで加熱し，発生した気体を試験管
B に集めた。気体の発生が止まったあと，試
験管 A 内に残った物質を観察した。これにつ
いて，次の問いに答えなさい。

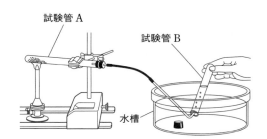

(神奈川・法政大二高改)

(1) 反応前と反応後で，試験管 A 内の物質はどのよ
うに変化したか答えよ。 [   ]

(2) 酸化銀の化学式を答えよ。 [   ]

(3) 試験管 B に集めた気体の性質を 2 つ答えよ。 [   ]

[   ]

(4) 反応後，ガスバーナーの火を消す前に注意しなければならないことについて，理由を含めて説明
せよ。 [   ]

011 次の実験について，あとの問いに答えなさい。 (東京・開成高)

〔実験 1〕 炭酸水素ナトリウム（以下結晶 A とする）の粉末を試験管に入れ，十分に加熱したら気体
が発生し，試験管中に結晶 B が残った。試験管が冷えてから少量の水を加えて結晶を溶かし，これ
に塩酸を加えたら，同じ気体が発生した。

〔実験 2〕 結晶 A の粉末を試験管に入れ，塩酸と反応させたらすべて溶け，実験 1 で発生した気体
と同じ気体が発生した。

〔実験 3〕 実験 1，実験 2 で発生した気体を BTB 溶液に通してみたら，BTB 溶液が黄色に変化した。

上記の実験以外で，結晶 A と結晶 B を見分ける方法を，結果をまじえて 50 字以内で説明せよ。た
だし，それぞれの結晶は A，B を用いて表すこと。また，書きはじめの言葉は「A，B それぞれの水
溶液に，」(解答字数に含まない)とする。

[   ]

解答の方針

010 (3)水上置換法で集めていることから，この気体の性質の 1 つについて見当がつけられる。

011 この 2 つの水溶液の性質を調べる実験とその結果について，決められた字数に収まるようにまとめれば
よい。BTB 溶液以外で判断できるものは何か。

012 次の問いに答えなさい。

（北海道）

炭酸水素ナトリウムを加熱したときの変化について調べるため，次の実験を行った。

図1

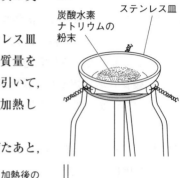

〔**実験1**〕　炭酸水素ナトリウムの粉末2gを，**図1**のようにステンレス皿に取り2分間加熱した。十分に冷えてから，ステレンス皿ごと質量をはかり，あらかじめ測定しておいたステンレスの皿の質量を差し引いて，加熱後の粉末の質量を求めた。ただし，ステンレス皿の質量は加熱しても変化しないものとする。

〔**実験2**〕　次に，加熱後の粉末をステンレス皿の中でよくかき混ぜたあと，その粉末から1g取ってかわいた試験管に入れた。この試験管を**図2**のように加熱し，しばらくの間，試験管の内側と水酸化バリウム水溶液のようすを観察した。さらに，炭酸水素ナトリウムの粉末2gを，4g，6gの粉末にかえ，それぞれ同じように**実験1，2**を行った。次の表は，それぞれの実験結果をまとめたものである。

		炭酸水素ナトリウム		
		粉末2gのとき	粉末4gのとき	粉末6gのとき
実験1	加熱後の粉末の質量	1.26g	2.52g	4.20g
実験2	試験管の内側のようす	変化はなかった	変化はなかった	試験管の口付近に液体がついた
	水酸化バリウム水溶液のようす	変化はなかった	変化はなかった	白くにごった

(1) 次の文の　①　，　②　にあてはまる語句，記号を，それぞれ書け。

　　実験1において，炭酸水素ナトリウムは，加熱によって，炭酸ナトリウムなどの複数の物質に分かれた。このような化学変化（化学反応）を　①　という。また，炭酸水素ナトリウムに含まれ，炭酸ナトリウムに含まれない原子は，元素記号で書くと　②　である。

　　　　　　　　　　　　　　　　　　　①［　　　　　　　　］　②［　　　　　　　　］

(2) 炭酸水素ナトリウムの粉末6gのときの**実験2**について，次の(i)，(ii)に答えよ。

　(i)　試験管の口付近についた液体に塩化コバルト紙をつけたところ，塩化コバルト紙の色が青色から赤色（桃色）に変化した。この液体の物質名を書け。　　　　　［　　　　　　　　］

　(ii)　次の文は，水酸化バリウム水溶液が白くにごったことについて説明したものである。

　　　①　，　②　にあてはまる語句を，それぞれ書け。また，③，④の{　}にあてはまるものを，それぞれア，イから選べ。

　　　　　　　①［　　　　　］　②［　　　　　　　］　③［　　　］　④［　　　　］

　　　発生した気体によって石灰水が白くにごるとき，その気体は　①　であることがわかる。石灰水に含まれている　②　と水酸化バリウム水溶液に含まれているバリウムは，原子を原子番号の順に並べた周期表において③{ア　縦　イ　横}に並んでいることから，④{ア　組成

イ 性質がよく似ている。そのため，水酸化バリウム水溶液は，石灰水と同様に，　①　の発生によって白くにごったと考えられる。

(3) 図3は，前のページの表の**実験1**の結果をグラフに表したものである。なお，このグラフでは，1つの直線で表すことができた炭酸水素ナトリウムの粉末0gから4gまでを実線(──)で表し，同一直線上にない4gから6gの間は点線(-----)で表している。次の(i)，(ii)に答えよ。

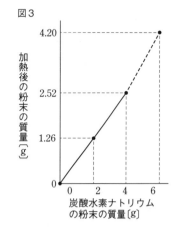

図3

(i) 図3において，炭酸水素ナトリウムの粉末の質量をx〔g〕，加熱後の粉末の質量をy〔g〕とすると，xが0から4のとき，yをxの式で表すと，$y=ax$となる。aの値を求めよ。

[　　　　　　]

(ii) 次の文の　①　，　②　にあてはまる数値を，それぞれ書け。

実験1において，炭酸水素ナトリウムの粉末の一部が，化学変化せずにステンレス皿に残っていたと考えられるのは，炭酸水素ナトリウムの粉末2g，4g，6gのうち　①　gのときである。また，このときの**実験2**において，試験管に入れた粉末のすべてが，炭酸ナトリウムになったとすると，試験管の中の炭酸ナトリウムの質量は全部で　②　gであると考えられる。

①[　　　　　] ②[　　　　　]

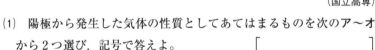

013 図のような装置で塩化ナトリウム水溶液の電気分解を行った。陰極からは水を電気分解したときと同じ気体が発生し，陽極からは塩素の発生が見られた。次の問いに答えなさい。

(国立高専)

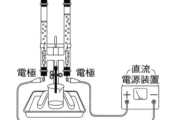

(1) 陽極から発生した気体の性質としてあてはまるものを次のア～オから2つ選び，記号で答えよ。 [　　　　　　　]

ア 水に溶けにくい。

イ 水に溶け，酸性を示す。

ウ インクの色が消えるなど漂白作用がある。

エ リトマス紙が青色に変色する。

オ 高温で銅と接触すると，酸化銅を生成する。

(2) この実験において，陽極側の電極，陰極側の電極に発生した気体の密度はどちらが小さいか。小さいほうの気体の化学式を答えよ。 [　　　　　　　]

解答の方針

012 (3)(ii)加熱されずに残った炭酸水素ナトリウムがあるときの加熱後の粉末の質量は，すべて加熱されたときと比べて加熱されずに残った分が余分に含まれる。

013 (2)空気より密度が小さいのはどちらの気体か判断する。

014 物質の性質と変化について，次のような実験を行った。　　　　　　（埼玉・淑徳与野高改）

〔実験1〕　図の実験装置を使ってある白い粉末を加熱したところ，気体が発生した。この気体を石灰水に通じると，白くにごった。

〔実験2〕　加熱を止め試験管内のようすを観察した。加熱していた場所には白い粉末が，試験管口付近には液体が残っていた。

〔実験3〕　試験管内の液体を数滴，青色の塩化コバルト紙につけた。

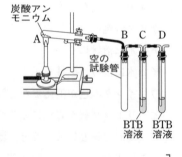

(1)　図のように試験管の底を高くして加熱する理由を簡単に答えよ。

　　　　　[　　　　　　　　　　　　　　　　　　　　　　]

(2)　「ある白い粉末」は何と考えられるか。次のア～カから1つ選び，記号で答えよ。　　　　　[　　　　　]

　　ア　酸化銀　　　　　　　　イ　炭酸カルシウム
　　ウ　炭酸ナトリウム　　　　エ　炭酸水素ナトリウム
　　オ　塩化アンモニウム　　　カ　塩化ナトリウム

(3)　この実験で，加熱によって起こった化学変化を何というか。次のア～クから1つ選び，記号で答えよ。　　　　　[　　　　　]

　　ア　混合　　イ　蒸発　　ウ　分離　　エ　分解
　　オ　酸化　　カ　還元　　キ　燃焼　　ク　再結晶

(4)　「ある白い粉末」は，私たちの家庭でも使われている。どのような使われ方をしているか。次のア～カから1つ選び，記号で答えよ。　　　　　[　　　　　]

　　ア　乾燥剤　　　イ　豆腐の凝固剤　　　ウ　さらし粉
　　エ　解熱剤　　　オ　ふくらし粉　　　　カ　鎮痛剤

難 015 図のような装置を用いて試験管Aに入れた炭酸アンモニウム$(NH_4)_2CO_3$を加熱分解した。　（大阪・清風南海高）

(1)　試験管CのBTB溶液と試験管DのBTB溶液の色はそれぞれ何色に変化したか答えよ。

　　　　　C[　　　　　　]　D[　　　　　　]

(2)　空の試験管Bの役割は何か。「加熱をやめたとき」に続く文を答えよ。

　　　　　[　　　　　　　　　　　　　　　　　　　　　　　　　　　　]

016 台所にある4種類の白い粉A～Dの性質を調べる実験を行った。次の文を読んであとの問いに答えなさい。ただし，白い粉はグラニュー糖，デンプン，食塩，重曹（炭酸水素ナトリウム）のいずれかである。　　　　　　（東京学芸大附高改）

〔実験1〕　白い粉の観察

　　AとBは粒が細かくてつるつるした結晶が，CとDは少し大きめで角ばった結晶が見られた。

〔実験 2〕 ガスバーナーでの加熱による変化(その1)

燃焼さじにのせて加熱すると，A と C は黒くこげた。B と D は色に変化は見られなかった。

〔実験 3〕 ガスバーナーでの加熱による変化(その2)

B と D を図のように試験管の中に入れて加熱すると，B では石灰水が白くにごった。

〔実験 4〕 フェノールフタレイン溶液による変化

実験 3 の加熱前の B と加熱後の固体を水に溶かし，フェノール

フタレイン溶液を数滴加えると，色に違いが見られた。

(1) A ～ D の白い粉はそれぞれ何か。それぞれ次のア～エの記号で

答えよ。

A[   ] B[   ] C[   ] D[   ]

ア　グラニュー糖　　イ　デンプン

ウ　食塩　　　　　　エ　重曹

(2) 石灰水の中に通したとき，白くにごった原因となる気体の名称を答えよ。

[   ]

(3) 実験 4 ではどのような色の違いが見られたか。

加熱前[   ]　加熱後[   ]

(4) 食酢を加えたとき，気体が発生する白い粉はどれか。(1)の記号で答えよ。　　　　[   ]

---

017 右の表は，分子の質量の比を示したものである。次の問いに答えなさい。　(奈良・東大寺学園高)

難 (1) 水素分子 1 個の質量を 1 としたときの，炭素原子 1 個の
質量はいくらになるか。　　　　　[   ]

(2) 常温の気体の物質は分子をつくっている。しかし分子を
つくらない物質もある。次のア～カの物質のうち分子をつ
くらないものをすべて選び，記号で答えよ。

[   ]

ア　銀　　　　イ　塩素　　　　ウ　二酸化窒素

エ　酸化銅　　オ　塩化ナトリウム　　カ　塩化水素

気体の種類	水素分子 1 個の質量を 1 として基準にしたときの他の分子の質量
水素	1
酸素	16
二酸化炭素	22
二酸化硫黄	32

解答の方針

015 (1)炭酸アンモニウムの(熱)分解では，アンモニアと二酸化炭素と水ができる。

016 実験 2 から，A と C は有機物であることがわかる。

017 (1)表中の酸素と二酸化炭素の質量に注目する。二酸化炭素は炭素原子に酸素原子が 2 個ついてできた分
子である。

2 化学変化と化学反応式

重要 **018** **[鉄と硫黄の反応(1)]**

鉄と硫黄について，実験 I，II を行った。あとの問いに答えなさい。

〔実験 I〕　3.5 g の鉄粉と 2.0 g の硫黄の粉末をよく混ぜ合わせ，アルミニウムはくの筒につめた。右の図 1 のように，筒の一端を加熱し，赤くなったらすばやく砂の上に置いた。このとき，鉄粉と硫黄の粉末がすべて反応して，5.5 g の物質 A ができた。

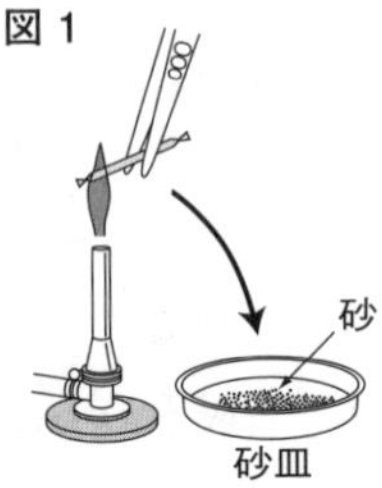

〔実験 II〕　3.5 g の鉄粉と 2.0 g の硫黄の粉末をよく混ぜ合わせた混合物 B をアルミニウムはくの筒につめたものと，実験 I でできた物質 A に，それぞれ磁石を近づけてそのようすを観察した。また，図 2 のように，物質 A の一部と混合物 B の一部をそれぞれ試験管に入れ，うすい塩酸を 2～3 滴ずつ加えて発生する気体のにおいを比べた。

図1

図2

(1) 実験 I において，鉄と硫黄の混合物を加熱してできた物質 A は何か。化学式で答えよ。　　　　　　　　　　[　　　　　　　]

(2) 実験 II において，磁石に強く引きつけられたのは，混合物 B をアルミニウムはくの筒につめたものと，物質 A のうちどちらか。また，においのある気体が発生したのは，物質 A と混合物 B のうちどちらか。その組み合わせとして最も適切なものを，次の表のア～エから 1 つ選び，記号で答えよ。　　　[　　　　　]

	磁石に強く引きつけられた	においのある気体が発生した
ア	物質 A	物質 A
イ	物質 A	混合物 B
ウ	混合物 B をアルミニウムはくの筒につめたもの	物質 A
エ	混合物 B をアルミニウムはくの筒につめたもの	混合物 B

重要 **019** **[鉄と硫黄の反応(2)]**

図のように，試験管に鉄と硫黄の混合物を入れて加熱した。反応が始まったところで加熱をやめたが，鉄と硫黄は完全に反応した。
この実験の試験管のようすについて述べた次の文の空欄に適する語を
答えなさい。　　　　　　　　①[　　　] ②[　　　]

　混合物の一部を（　①　）色に変化するまで加熱すると，（　②　）や熱を出して激しい反応が始まり，加熱をやめても反応は最後まで進んだ。

020 〉[鉄と硫黄の反応(3)]

洋さんは，仮説を立てて実験を行った。あとの問いに答えなさい。

〔仮説〕 鉄とほかの物質が反応するときの質量の比は決まっているだろう。

〔実験〕 鉄粉と硫黄の粉末を，次の表の質量の組み合わせでよく混ぜ合わせて混合物 P 〜 R をつくり，それぞれを図1のようにアルミはくの筒につめた。次に，図2のように，それぞれの筒の一端をガスバーナーで熱し，赤くなったときにすばやく砂の上に置いたところ，加熱をやめても反応が続いた。混合物 P，Q では鉄と硫黄が過不足なく完全に反応したが，混合物 R では反応せずに残った物質があった。

図1

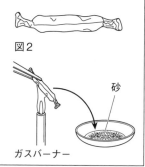

図2

混合物	鉄粉	硫黄の粉末
P	4.2g	2.4g
Q	3.5g	2.0g
R	2.8g	1.4g

砂

ガスバーナー

(1) 鉄と硫黄が反応するときの化学反応式を答えよ。 [   ]

(2) 下線部の理由を，この反応で何が発生したかに着目して答えよ。

[   ]

(3) 洋さんは，次のように考察した。考察が正しくなるように，X には「鉄」か「硫黄」のいずれかの語句を，Y には数値を求めよ。Y を求める過程も答えよ。

X[   ] Y[   ]

Y を求める過程 [   ]

〔考察〕 実験から，仮説は正しかった。完全に反応したときの鉄と硫黄の質量の比から，混合物 R では（ X ）が（ Y ）g 残るといえる。

重要 021 〉[鉄の燃焼]

右の図のように，質量をはかったスチールウール(鉄)に火をつけて，石灰水の入った集気びんに入れてよく燃やした。反応後，燃やしたあとの物質を取り出し，集気びんをよく振った。冷えてから，燃やしたあとの物質の質量をはかった。次の問いに答えなさい。

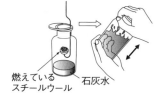

燃えている
スチールウール
石灰水

(1) この実験で，石灰水はどのようになったか。

[   ]

(2) スチールウールを燃やしたあとの物質の質量は，元のスチールウールの質量と比べてどのように変化したか。 [   ]

(3) この実験でできた物質は何か。物質名を答えよ。 [   ]

ガイド (1)鉄は無機物である。

022 〉[金属の反応]

赤みをおびた金属Aの性質や化学変化について調べるために，次の実験を行った。なお，金属Aは次の□□□のうちのいずれかである。あとの問いに答えなさい。

アルミニウム　　銅　　鉄　　亜鉛　　マグネシウム

〔実験1〕　硫黄の蒸気の中に熱した金属Aを入れると，激しく反応し黒色の物質ができた。

〔実験2〕　金属Aの粉末をガスバーナーで熱すると，すべて黒色の物質になった。

(1)　**実験1**でできた黒色の物質の名称を答えよ。　　　　　　　[　　　　　　]

(2)　**実験2**でできた黒色の物質の名称を答えよ。　　　　　　　[　　　　　　]

> ガイド　金属の色が問題文に示されているので，金属Aがどの金属なのかすぐにわかる。

023 〉[単体と化合物]

次の問いに答えなさい。

(1)　次の物質のうち，1種類の元素だけでできているものはどれか。ア〜エから1つ選び，記号で答えよ。　　　　　　　　　　　　　　　　　　　　　　　　[　　　　]

　　ア　アンモニア　　イ　二酸化炭素　　ウ　塩化ナトリウム　　エ　鉄

(2)　次の物質のうち，化合物はどれか。ア〜エから1つ選び，記号で答えよ。　　[　　　　]

　　ア　酸化銀　　イ　マグネシウム　　ウ　塩素　　エ　硫黄

(3)　次の文の空欄にあてはまる語句を答えよ。

　　　　　　　　　　　　　　　A[　　　　　　]　B[　　　　　　]

　　水の電気分解によって，水は2種類の物質に分解されたことから水は　A　であることがわかる。また，この実験で発生した気体はそれ以上分解されない物質なので　B　と呼ばれる。

024 〉[マグネシウムの燃焼]

マグネシウムリボンの燃焼について，次の問いに答えなさい。

(1)　マグネシウムリボンは，燃焼したあと，光沢のない白色の物質になった。この色の変化のほかに，燃焼する前とは異なる物質になったことを示す変化を1つ，簡潔に書け。

　　　　　　　　　　　　[　　　　　　　　　　　　　　　　　　　　]

(2)　マグネシウムリボンは酸素のない二酸化炭素の中でも燃焼する。このときの化学変化を，マグネシウム原子を⑱，酸素原子を⑩，炭素原子を©として，モデルを用いて表すとどうなるか。次の□□□内にあてはまるものをかき，モデルの式を完成させなさい。

$$\begin{matrix} ⑱ \\ ⑱ \end{matrix} \;+\; ⑩©⑩ \;\longrightarrow\; \boxed{}$$

025 〉[反応とモデル]

次の問いに答えなさい。

(1) 銅が酸素と反応する化学変化を，銅原子については図の記号を，酸素原子については○を用いてモデルで表せ。

（銅）　　　　（酸素）　　　（酸化銅）

(2) 図は，水の電気分解について表したものである。空欄にあてはまるモデルを答えよ。ただし，水分子をつくっている2種類の原子を○と●とする。

(3) 銀の原子を●，酸素の原子を◎としたとき，酸化銀のモデルは●◎●と表される。酸化銀の分解を表すように，下の空欄にあてはまるモデルを答えよ。

```
┌──────────┐   ┌──────────┐        ┌──────────┐
│          │ → │          │   +    │          │
│          │   │          │        │          │
└──────────┘   └──────────┘        └──────────┘
```

ガイド (2)化学変化の前後では原子の種類と数は変わらない点に注意する。

重要 026 〉[化学反応式]

次の問いに答えなさい。

(1) 以下の式は，炭酸カルシウムと塩酸の反応を表したものである。①にあてはまる数と②にあてはまる化学式を答えよ。　　①[　　　　　] ②[　　　　　]

$$CaCO_3 + [\quad ① \quad]HCl \longrightarrow CaCl_2 + H_2O + (\quad ② \quad)$$

(2) 以下の式は，炭酸水素ナトリウムを加熱したときの化学変化を表したものである。①，②にあてはまる化学式を答えよ。　　①[　　　　　] ②[　　　　　]

$$2(\quad ① \quad) \longrightarrow (\quad ② \quad) + CO_2 + H_2O$$

(3) 酸化銀が分解して銀と酸素ができる反応について，①，②をそれぞれ補い，化学反応式を完成させよ。　　①[　　　　　] ②[　　　　　]

$$2Ag_2O \longrightarrow (\quad ① \quad) + (\quad ② \quad)$$

(4) 鉄と硫黄が反応して黒い物質ができる反応について，化学反応式を答えよ。

[　　　　　　　　　　　]

(5) 銅の粉末を加熱して酸化銅ができたときの反応について，化学反応式を答えよ。

[　　　　　　　　　　　]

ガイド 化学反応式では，左右で原子の種類や数が合うようにする。
　　　(3)（ ）に入るのは化学式だけではない。必要であれば係数もつける。

最高水準問題

解答 別冊 p.8

027 鉄の化学変化を調べるために，次の実験を行った。あとの問いに答えなさい。

(群馬県)

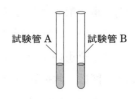

試験管A　試験管B

〔実験〕　鉄粉7gと硫黄4gをよく混ぜ合わせたあと，図のように試験管A
とBに半分ずつ入れ，試験管Aは何もせず，試験管Bは加熱した。試験
管A，Bに磁石を近づけたところ，Aでは鉄粉が磁石に引き寄せられた
がBに変化はなかった。また，A，Bにうすい塩酸を加えたところ，Aからはにおいのない気体が
発生したがBからはにおいのある気体が発生した。

(1)　この実験で磁石を近づけたり，うすい塩酸を加えたりするのはなぜか。その理由を簡潔に答えよ。

[　　　　　　　　　　　　　　　　　　　　　　　　　　　　　　]

(2)　日常生活のなかでは，鉄がさびるのを防ぐため，塗装するなどの処理をしている。塗装すると，
鉄がさびにくくなるのはなぜか。その理由を簡潔に答えよ。

[　　　　　　　　　　　　　　　　　　　　　　　　　　　　　　]

028 図のような装置で次の実験を行った。あとの問いに答えなさい。

(北海道改)

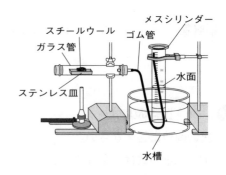

メスシリンダー
スチールウール　ゴム管
ガラス管
水面
ステンレス皿
水槽

スチールウールをのせたステンレス皿をガラス管に入れ，
ガラス管とゴム管を酸素で満たし，さらにメスシリンダーの
容積の半分まで酸素を満たした。次にガラス管を加熱したと
ころ，はじめは①メスシリンダーの中の水面は下降していっ
たが，スチールウールが燃焼すると同時に②メスシリンダー
の中の水面は上昇した。

　この実験について，下線部①の現象が起こった理由と，下線部②の現象が起こった理由をそれぞれ
簡単に答えよ。

①[　　　　　　　　　　　　　　　　　　　　　]

②[　　　　　　　　　　　　　　　　　　　　　]

029 水と二酸化炭素の分子のモデルは右のように示される。この
2つの物質から1つずつ原子を選び，それらを合わせてでき
る単体の分子モデルを示しなさい。

(東京学芸大附高)

水　　　　二酸化炭素

[　　　　　　　　　　　　]

030 化学反応式 $N_2 + 3H_2 \longrightarrow 2NH_3$ は，窒素と水素が反応してアンモニアができるときの化学変化を表している。次のア～エのうち，この化学反応式に関する説明として正しいものはどれか。1つ選び，その記号を答えなさい。　　　　　　　　　　　　　　　　　　　　　　　　（岩手県）

ア　「$N_2 + 3H_2$」は，原子が4個含まれることを表している。

イ　「$2NH_3$」は，アンモニア分子2個の中に窒素原子と水素原子が6個ずつ含まれることを表している。

ウ　分子の総数は，化学反応式中の矢印（$\longrightarrow$）の左側と右側で等しい。

エ　反応する窒素分子と水素分子，反応してできるアンモニア分子の個数の比は，1：3：2である。

031 次の化学反応式において，ア～ウにあてはまる数を答えなさい。　　　　　（大阪・清風南海高）

ア［　　　　　］　イ［　　　　　］　ウ［　　　　　］

$$\boxed{\text{ア}} \ (NH_4)_2CO_3 \longrightarrow \boxed{\text{イ}} \ NH_3 + \boxed{\text{ウ}} \ CO_2 + H_2O$$

032 炭酸水素ナトリウムに塩酸を加えると二酸化炭素が発生する。この反応を化学反応式で表すと次のようになる。あとの問いに答えなさい。　　　　　　　　　　　　　（群馬・共愛学園高）

$$NaHCO_3 + HCl \longrightarrow NaCl + H_2O + CO_2$$

炭酸水素ナトリウムを加熱してできる白い物質に塩酸を加えると，上の化学反応式の生成物と同じものが得られる。この白い物質に塩酸を加えたときの反応を化学反応式で表せ。

［　　　　　　　　　　　　　　　　　　　　　　　　　　　　　　　　　］

033 プロパン（C_3H_8）が完全燃焼すると，二酸化炭素と水が生じる。この反応について，化学反応式で表しなさい。　　　　　　　　　　　　　　　　　　　　　　　（千葉・麗澤高改）

［　　　　　　　　　　　　　　　　　　　　　　　　　　　　　　　　　］

解答の方針

028　加熱されると，酸素の体積はどのように変化するか。

029　単体とは，1種類の元素からなる物質である。

031　$(NH_4)_2CO_3$ は炭酸アンモニウムという固体の物質で，この反応式はその分解を表している。

3 酸化と還元

標 準 問 題 ──────────────────────── （解答）別冊 p.10

重要 034 〉[酸化と還元]

日常生活で見られる現象 a，b について，次の問いに答えなさい。

> 現象 a：鉄くぎを空気中に長い間放置すると，表面がさびる。
> 現象 b：使い捨てカイロを開封して空気とふれさせると，温かくなる。

(1) 次の文は，現象 a で鉄くぎの表面がさびる理由を述べたものである。文中の（　　）に入る語句として最も適当なものを，下のア〜エから1つ選び，記号で答えよ。

[　　　]

　鉄くぎの表面が（　　　）されるためである。

ア　おだやかに酸化

イ　激しく酸化

ウ　おだやかに還元

エ　激しく還元

(2) 次の文は，現象 b で使い捨てカイロが温かくなるおもな理由を述べたものである。文中の（　　）に適することばを入れて，文を完成させよ。ただし，下の語群から必ず3つの語句を選んで使うこと。

[　　　　　　　　　　　　　　　　　　　　　　]

　使い捨てカイロの中の鉄粉が（　　　）ので，カイロが温かくなる。

（語群）　酸素，窒素，吸収，放出，熱

> ガイド (1) さびは金属の表面が他の物質と結合することで生じる。

035 〉[燃焼]

次の文は，燃焼について述べたものである。文中の　a　〜　c　にあてはまる語をそれぞれ答えなさい。

a[　　　　　]　b[　　　　　]　c[　　　　　]

燃焼とは，物質が　a　や　b　を発しながら激しく　c　されることである。

036 [使い捨てカイロの反応]

使い捨てカイロ(鉄粉の入っている化学カイロ)を右図のように底を切り取ったプラスチック容器の中に割りばしで固定し，水を入れた水槽の中に立てておくと，プラスチック容器の中の水面が上昇した。次の問いに答えなさい。

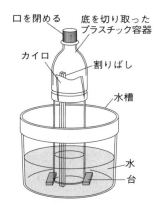

口を閉める

底を切り取ったプラスチック容器

カイロ

割りばし

水槽

水

台

(1) プラスチック容器の中の水面が上昇したのはなぜか。次のア〜エから最も適当なものを1つ選び，記号で答えよ。[　　　]

ア　カイロの発生する熱により水が膨張したため。

イ　カイロが空気を吸収したため。

ウ　カイロの熱により容器内の圧力が減少したため。

エ　容器の中の酸素が鉄と反応して減少したため。

(2) カイロの中の鉄の化学変化を漢字2字で答えよ。　　　　　　[　　　　　　]

(3) この使い捨てカイロと同じ化学変化による現象はどれか。次のア〜オから1つ選び，記号で答えよ。　　　　　　　　　　　　　　　　　　　　　　　　[　　　]

ア　手をこすると温かくなる。

イ　スチールウールを燃やすと温かくなる。

ウ　水をびんに入れて太陽の光に当てると温かくなる。

エ　ニクロム線に電流を流すと温かくなる。

オ　水酸化ナトリウムを水に溶かすと温かくなる。

(4) プラスチック容器中の空気が完全に反応したとすると，内部水面は最大どこまで上昇すると考えられるか。次のア〜オから1つ選び，記号で答えよ。　　　　　[　　　]

ア　容器の口あたり

イ　気体の体積の80%あたり

ウ　気体の体積の50%あたり

エ　気体の体積の20%あたり

オ　気体の体積の10%あたり

ガイド (4)この実験で鉄と反応する気体は，体積の割合で空気中の約20%を占める。

重要 037 〉**[有機物の燃焼]**

エタノールについて，次の実験を行った。

〔実験〕

操作1：図1のように，燃焼さじにエタノールを入れて火をつけ，かわいた集気びんの中で燃焼させたところ，しばらくして火が消え，集気びんの内側が白くくもった。火が消えてすぐに集気びんにふれたところ，ₐ集気びんが温かくなっていた。

図1

エタノール

操作2：燃焼さじを取り出したのち，図2のように塩化コバルト紙を集気びんの内側の白くくもった部分につけると，塩化コバルト紙が青色から桃色に変化した。このことから，ᵦある物質ができていたことがわかった。

図2

塩化コバルト紙
ピンセット

操作3：集気びんの中の気体を調べたところ，酸素が減って二酸化炭素が増えていることがわかった。

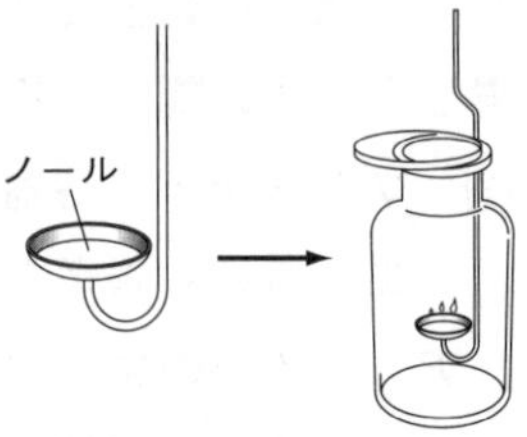

(1)　下線部bの物質の化学式を答えよ。　　[　　　　　　　　　]

(2)　エタノールの燃焼によってできた二酸化炭素の性質として最も適当なものを，次のア〜エから1つ選び，記号で答えよ。　　　　　　　　　　　　　　[　　　　]

	水への溶けやすさ	密　度
ア	ひじょうに溶けやすい	空気より小さい
イ	ひじょうに溶けやすい	空気より大きい
ウ	少し溶ける	空気より小さい
エ	少し溶ける	空気より大きい

(3)　下線部aからわかることを簡単に答えよ。　　[　　　　　　　　　　　　　]

重要 038 〉**[酸化銅と炭素との反応]**

実験1〜実験3について，あとの問いに答えなさい。

〔実験1〕　黒色の酸化銅と炭素の粉末をよく混ぜ合わせた混合物を試験管に入れ，右の図のような装置を組み立てて加熱し，発生した気体を試験管A〜Cの順に入れた。

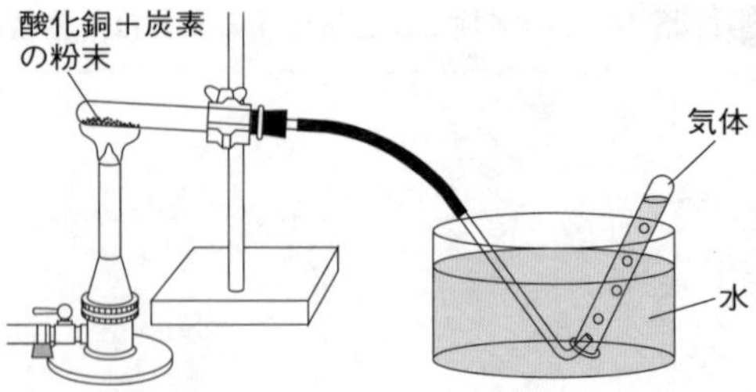

酸化銅＋炭素
の粉末

気体

水

〔実験2〕　実験1の試験管A〜Cを用いて，次のような操作を行い，結果を得た。

試験管	操　作	結　果
A	火のついた線香を入れた	線香の火が消えた
B	水でぬらした赤色リトマス紙を近づけた	変化はなかった
C	石灰水を入れてよく振った	白くにごった

〔実験3〕　実験1のあと，加熱した試験管内の物質をろ紙の上に取り出し，金属の薬さじで軽くこすると，赤っぽく光るものがあった。また，この赤っぽいものは，電気を通すことがわかった。

(1)　次の　　　　　は，実験1の操作に関する説明である。文中のX，Yにあてはまるものの組み合わせとして最も適するものを，あとのア～エから1つ選び，記号で答えよ。

[　　　　]

> 　試験管A～Cに気体を集めるときは，気体が発生しはじめて，（　X　）集めるようにする。また，加熱をやめるときは，ガラス管を（　Y　），ガスバーナーの火を消す。

	X	Y
ア	しばらくしてから	水の中に入れたまま
イ	しばらくしてから	水の中から抜いたあとに
ウ	すぐに	水の中に入れたまま
エ	すぐに	水の中から抜いたあとに

(2)　実験1で発生した気体は，実験2の結果から何であると考えられるか。気体の名称を答えよ。　[　　　　]

(3)　実験1で，酸化銅と炭素の粉末から気体が発生したときの化学変化を，化学反応式で示せ。
[　　　　]

(4)　次の　　　　　は，これらの実験に関するKさん(生徒)と先生の会話である。会話のなかのX，Y，Zにあてはまるものの組み合わせとして最も適するものを，あとのア～エから1つ選び，記号で答えよ。　[　　　　]

> Kさん：先生，製鉄所で酸化鉄から鉄を取り出していたように，実験では酸化銅から銅が取り出せたものと思います。金属の酸化物に炭素を入れて加熱すると，酸化物から酸素がうばわれるのですね。
> 先　生：そうです。このときの酸化物に起こった化学変化を（　X　）といいます。
> Kさん：実験1で生じた気体は，炭素が（　Y　）されてできたと教科書に書いてありました。この実験で，（　X　）と（　Y　）は（　Z　）ことがわかりました。

ア　X　酸化　　Y　還元　　Z　同時に起こる
イ　X　酸化　　Y　還元　　Z　同時には起こらない
ウ　X　還元　　Y　酸化　　Z　同時に起こる
エ　X　還元　　Y　酸化　　Z　同時には起こらない

ガイド　(1)水が逆流して試験管が破損するのを防ぐためである。

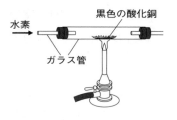

重要 〔039〕**[酸化銅と水素の反応]**

次の実験について，あとの問いに答えなさい。

〔実験〕

① 図のように，黒色の酸化銅 5.0 g を太いガラス管に入れ，細いガラス管から水素を送りながら，しばらく熱した。

② ①の操作をやめ，冷えてから太いガラス管に残った固体を取り出してみると，黒色の酸化銅と赤色の物質が混じり合っていた。また，太いガラス管の内側はくもっていた。

③ ②の赤色の物質を調べてみたところ，それは銅であることがわかった。

(1) この実験で起こった，黒色の酸化銅から銅が生じる化学変化を化学反応式で示せ。

[　　　　　　　　　　　　　　　　　　　　　]

(2) 水素を使って酸化銅から銅を取り出す他の方法を簡単に答えよ。

[　　　　　　　　　　　　　　　　　　　　　]

〔040〕**[マグネシウムリボンの燃焼]**

右図のように二酸化炭素が入った集気びんに，火のついたマグネシウムリボンをピンセットではさんで入れると，激しく光を出しながら燃焼し，白色の物質ができた。白色の物質の表面には，黒色の物質が付着していた。次の問いに答えなさい。

(1) 集気びんに入れた二酸化炭素は，一般にどのようにして発生させればよいか。次のア〜エのなかから1つ選び，記号で答えよ。

[　　　　　]

ア　二酸化マンガンにオキシドールを加える。

イ　石灰石にうすい塩酸を加える。

ウ　塩化アンモニウムと水酸化バリウムの混合物を加熱する。

エ　鉄にうすい硫酸を加える。

難 (2) この実験では，マグネシウムがどうして燃焼できたのか。また白い物質に付着していた黒色の物質はどのようにして生じたのか。40〜50字で説明せよ。

[　　　　　　　　　　　　　　　　　　　　　　　　　　　　　　　]

重要 〔041〕**[マグネシウムの反応]**

銅粉末を空気中で加熱してできた黒色の酸化物に活性炭を混ぜて加熱すると，銅と気体Aが発生した。次の文を読み，あとの問いに答えなさい。

　この気体Aを集気びんに捕集し，その中に空気中で点火したマグネシウムリボン（短ざく状のマグネシウム）を入れると〔　　　　〕，白っぽい物質が生じた。また，集気びんの内側には黒色の物質が付着した。

(1)　気体Aの性質として適当なものを次のア～オから1つ選び，記号で答えよ。　　［　　　］

　　ア　刺激臭がある。

　　イ　気体の色は無色透明ではない。

　　ウ　空気中に最も多く含まれる。

　　エ　火のついたマッチを近づけると，ポンと音がする。

　　オ　石灰水に通すと白くにごる。

(2)　下線部中の〔　　〕にあてはまるものを次のア～エから1つ選び，記号で答えよ。［　　　］

　　ア　激しく音や光を発して反応し

　　イ　軽い爆発があったあと火が消えて

　　ウ　火が小さくなり静かに反応を続け

　　エ　すぐに火が消えて

(3)　下線部で起こった反応を，化学反応式で示せ。　　　　［　　　　　　　　　　　　　］

(4)　気体Aに起こった反応を漢字2文字で答えよ。　　　　　　［　　　　　　　］

ガイド　(1)活性炭は黒色の酸化物中の酸素と結びつく。

042　[酸化銅とロウの反応]

次の実験について，あとの問いに答えなさい。

〔実験〕　a 酸化銅0.5gと細かくしたロウ0.5gをよく混ぜ合わせ，小型の試験管Aに入れた。これを大型の試験管Bに入れ，図のように熱した。すると，試験管Bの口元には，b 液体がつき，ガラス管からは c 気体が出た。また，試験管Aには赤色の物質が残った。反応が終わったら，ガラス管を水の中から出したあとに火を消し，ゴム管をピンチコックでとめて冷ました。できた物質を調べてみると，下線部bは，青色の塩化コバルト紙を桃色に変化させた。下線部cは，石灰水を白くにごらせた。赤色の物質は，電気をよく通したり，強くこすると金属光沢が現れたりした。

(1)　下線部aの説明として，最も適切なものを次のア～エから1つ選び，記号で答えよ。　　　［　　　］

　　ア　銅原子と酸素原子の数は，4：1の比になっている。

　　イ　単体である。

　　ウ　銅と酸素の混合物である。

　　エ　分子をつくらない。

(2)　下線部bの液体は何か。　　　　　　　　　［　　　　　］

(3)　実験の結果から考えて，この実験で使ったロウをつくっている原子の種類を元素記号で2つ答えよ。ただし，このロウは酸素を含まないものとする。　　　［　　　］［　　　］

ガイド　(3)水ができたということから，水素が含まれていることがわかる。

043 ▷ **[酸化マグネシウム]**

酸素を満たした集気びんの中に，マグネシウムリボンをピンセットでつまんでガスバーナーで加熱し，集気びんに入れたところ，集気びんの中に残った白色の粉末は酸化マグネシウムであった。次の問いに答えなさい。

(1) 酸素分子100個と反応するマグネシウム原子は何個か，書け。

[   ]

(2) 酸化マグネシウムは，物質の分類上，どれにあたるか。次のア～エから1つ選び，記号で答えよ。

ア　金属　　　イ　混合物　　　ウ　純粋な物質　　　エ　単体

[   ]

(3) 集気びんの中を満たす気体を二酸化炭素にかえたところ，集気びんの中に残った黒色の粉末は炭素であった。集気びんの中で，マグネシウムが二酸化炭素と反応したのはなぜか，酸素との結びつきやすさに着目して書け。

[   ]

044 ▷ **[酸素との結びつきやすさ]**

いずれも黒色の粉末である酸化銀，酸化銅，炭素を用いて次の実験Ⅰ，Ⅱを行った。あとの問いに答えなさい。

表1

物　質	変化のようす
酸化銀	白い物質に変化する
酸化銅	変化しない

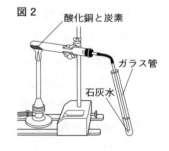

〔実験Ⅰ〕　図1のように，アルミニウムはくでつくった容器に少量の酸化銀，酸化銅をそれぞれ入れて加熱した。加熱後の変化のようすを表1にまとめた。

〔実験Ⅱ〕　図2のように，酸化銅と炭素を混ぜて加熱した。このとき，発生した気体Yにより石灰水は白くにごり，加熱した試験管には赤色の銅ができた。

(1) 実験Ⅰで，酸化銀を加熱したときにできた白い物質は銀である。銀について，右の表2のa～dの性質を調べ，あてはまるものに○印をつけた。このとき，正しい結果を示しているものは，表2のア～オのどれか。　[   ]

表2

性　質	ア	イ	ウ	エ	オ
a. たたくとうすく広がる。	○	○	○		○
b. 磁石にくっつく。	○	○		○	○
c. みがくと光る。	○		○	○	○
d. 電気を通す。		○	○	○	○

(2) 実験Ⅱの化学変化を次の式のように考えた。この式をもとに，発生した気体Yの分子の

モデルを答えよ。ただし，原子のモデルは炭素原子を●，酸素原子を○，銅原子を◎とする。

　　酸化銅 ＋ 炭素 ⟶ 銅 ＋ Y　　　　　　　　　　　　　　　　[　　　　　]

(3) **実験Ⅰ**から，そのまま加熱したときには，酸化銀から銀を取り出せるが，酸化銅から銅を取り出せないことがわかる。一方，**実験Ⅱ**から，酸化銅と炭素を混ぜて加熱したときには，酸化銅から銅を取り出せることがわかる。このことから，銀，銅，炭素を，酸素と結びつきやすい順に元素記号で左から並べたものは次の**ア〜カ**のどれか。記号で答えよ。　[　　　　]

　ア　Ag, Cu, C　　　　　**イ**　Cu, C, Ag　　　　　**ウ**　C, Ag, Cu

　エ　Ag, C, Cu　　　　　**オ**　Cu, Ag, C　　　　　**カ**　C, Cu, Ag

> ガイド　(3)酸化銀は銀と酸素に分解したので，酸素との結びつきは小さいとわかる。

重要 **045** [発熱反応・吸熱反応]

化学反応と熱について，次の実験を行った。あとの問いに答えなさい。

〔実験1〕　図1のように，鉄粉6gと活性炭3gを混ぜたものをビーカーに入れ，食塩水を数滴加えたあと，ガラス棒でかき混ぜながら温度変化を調べた。

〔実験2〕　図2のように，塩化アンモニウム1gと水酸化バリウム3gを混ざらないようにビーカーに入れ，水で湿らせたろ紙をかぶせたあと，ガラス棒で塩化アンモニウムと水酸化バリウムをかき混ぜながら温度変化を調べた。

(1) **実験2**で，水で湿らせたろ紙をビーカーにかぶせたのは，発生した気体によるにおいを少なくするためである。このようにすると，発生した気体がビーカーの中から出てくる量が少なくなるのは，発生した気体にどのような特徴があるからか。簡潔に答えよ。　　　　　[　　　　　　　　　]

(2) 次の**ア〜エ**のうち，**実験1**，**実験2**について反応が進むにつれて起こる温度変化について述べたものとして正しいものはどれか。記号で答えよ。　　　　[　　　　]

　ア　実験1，2ともに温度が上がる。

　イ　実験1，2ともに温度が下がる。

　ウ　実験1では温度が上がり，実験2では温度が下がる。

　エ　実験1では温度が下がり，実験2では温度が上がる。

> ガイド　(1)発生した気体はアンモニアである。

最 高 水 準 問 題 ————————————————————————————————— 解答 別冊 p.12

046 ポリエチレンの袋を使って酸化銅から銅を取り出す実験を行った。あとの問いに答えなさい。

(千葉県)

〔実験〕

①　酸化銅の黒色の粉末を1g, ポリエチレンの袋の破片を0.1g
はかり取り, 図1のように, 酸化銅の黒色の粉末をポリエ
チレンの袋の破片で包んで, 試験管Aに入れた。

②　図2のような装置で, 試験管Aをおだやかに加熱すると,
しばらくして気体が発生して, 試験管Bの石灰水が白くに
ごった。

③　ガラス管を試験管Bから取り出して火を消した。しばら
くしてから, ピンチコックでゴム管を閉じて, 試験管Aの
物質を観察すると, 赤色に変化していた。また, 試験管A
の入り口付近には液体が見られた。

④　試験管Aがさめてから, 赤色の物質を取り出してくわし
く調べると, 金属に共通な性質を示したため, 銅を取り出
すことができたと判断した。また, 試験管Aの入り口付近
に見られた液体は, 塩化コバルト紙を赤く変化させたので, 水であることがわかった。

図1

図2

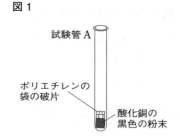

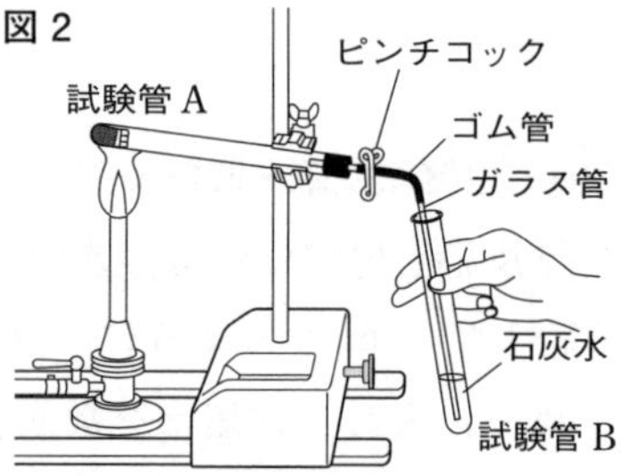

(1)　図2のように, 試験管Aの口のほうを少し低くして固定するのはなぜか。簡潔に答えよ。

[　　　　　　　　　　　　　　　　　　　　　　　　　　　　　　　　　]

(2)　実験④の下線部の, 金属に共通な性質にはどのようなものがあるか。次のア〜エのうちから適当
なものをすべて選び, 記号で答えよ。　　　　　　　　　　　　　　[　　　　　　]

ア　磁石につく。　　　　　　　　イ　電流が流れやすい。

ウ　塩酸に溶ける。　　　　　　　エ　みがくと光る。

(3)　次の文は, 実験を行ったあとのSさん(生徒)と先生の会話の一部である。文中の空欄に入る最も
適当なことばを答えよ。　　　　　　　　a[　　　　　　]　b[　　　　　　]

> 先　生：石灰水を白くにごらせた気体が発生したのはなぜでしょう。
> Sさん：ポリエチレンに含まれる　 a 　原子が, 酸化銅の酸素原子と結びついて出てきた
> 　　　　と考えられます。
> 先　生：その通りですね。　 a 　は酸素と結びつきやすい物質なのです。
> Sさん：ポリエチレンのほかにも, 身近なもので酸化銅から銅を取り出すことができますか。
> 先　生：小麦粉やロウなどでもできます。この実験の酸化銅の変化のように, 物質から酸素を
> 　　　　取り去る化学変化を　 b 　といいます。

(4)　次のア〜エで, 金属の酸化物から金属を取り出すことができないものはどれか。最も適当なもの
を1つ選び, 記号で答えよ。　　　　　　　　　　　　　　　　　　　[　　　]

ア　酸化銀を加熱して2種類の物質に分ける。

イ　鉄鉱石(酸化鉄)とコークスを高温で反応させる。

ウ　酸化マグネシウムを塩酸に入れる。　　エ　酸化銅と水素を反応させる。

047 次の文を読み，あとの問いに答えなさい。 （千葉・渋谷教育学園幕張高）

　金や白金（プラチナ）などの特殊なものを除いて，一般に，金属の表面はさびの膜でおおわれている。金属のさびの多くは，空気中の酸素と金属が反応してできた酸化物である。

　古い十円玉の表面は，赤色をしているが，これは Cu_2O などでおおわれているからである。(a) みがいた銅板を加熱すると　あ　になるが，これは，表面に Cu_2O とは別の種類のさびである CuO ができるからである。

　新しい一円玉の表面は銀白色で，さびているようには見えないが，実はさびでおおわれている。これは，アルミニウムのさびである Al_2O_3 が　い　だからである。本来，アルミニウムは銅や鉄よりもさびやすい金属なので，みがいたアルミニウムの表面はすみやかに Al_2O_3 になる。しかし，Al_2O_3 の膜は酸素や水分を通さないため，アルミニウムが内部までさびることはない。

　鉄のさびには，黒さびと赤さびの２種類がある。みがいた鉄板を加熱すると，表面に黒さびができる。黒さびの主成分は Fe_3O_4 である。黒さびは表面だけにでき，内部まで進行しない。

　鉄板を湿った空気中に放置すると，赤さびができる。赤さびの成分は，鉄と酸素と水が反応してできた Fe_2O_3 などである。赤さびは，鉄の表面でとどまらず内部にも進行するので，赤さびができると，鉄板全体がぼろぼろになることがある。そのため(b) 工具や刃物などの表面をわざと黒さびの膜でおおって，赤さびをできにくくする処理がよく行われている。

　一般に，金属の酸化物は酸に溶ける性質をもっているので，さびた金属を酸性の水溶液で処理すると，さびが溶けてきれいになる。たとえば，さびた十円玉を酢につけてからこすると，表面が銅本来の桃色になる。

　なお，金属の酸化物が酸に溶けるときは，金属が酸に溶けるときとは異なり，気体は発生しない。たとえば，(c) 鉄が塩酸に溶けるときには，気体の発生が見られるが，(d) Fe_3O_4 が塩酸に溶けるときには，気体の発生は見られない。

(1)　文中の空欄(あ)，(い)にあてはまる色を次のア～オから選び，それぞれ記号で答えよ。

(あ)[　　　]　(い)[　　　]

　ア　無色　　　イ　黄かっ色　　　ウ　青緑色　　　エ　青白色　　　オ　黒色

(2)　下線部(a)の化学反応式を記せ。　　　　　　　　　　[　　　　　　　　　　]

(3)　下線部(b)で，黒さびの膜でおおうと，赤さびができにくくなるのはなぜか。説明せよ。

[　　　　　　　　　　　　　　　　　　　　　　　　　　]

(4)　下の式は，下線部(c)と(d)の化学反応式である。①～④にあてはまる化学式を，係数もつけて答えよ。

①[　　　　　]　②[　　　　　]　③[　　　　　]　④[　　　　　]

$Fe + 2HCl \longrightarrow$ （　①　）＋（　②　）　……………………………(c)

$Fe_3O_4 +$ （　③　）$\longrightarrow$ （　①　）＋ $2FeCl_3 +$ （　④　）　……(d)

解答の方針

046 (3)ポリエチレンにより酸化銅が還元される化学変化。ポリエチレンは炭素の原子を含んでおり，炭素の粉末と酸化銅の反応と同じように考える。

047 (3)問題文にヒントがあるので，問題文の表現を利用するとよい。

　　(4)問題文より，①，④は気体にならないことがわかる。

4 化学変化と物質の質量

（解答）別冊 p.12

標準問題

重要 048 ［原子の数と質量の関係］

マグネシウム Mg と酸素 O_2 が反応すると酸化マグネシウムとなる。次の式と文を読み，あとの問いに答えなさい。

$$マグネシウム + 酸素 \longrightarrow 酸化マグネシウム$$

4.8 g のマグネシウムを酸素と十分に反応させたところ，8.0 g の酸化マグネシウムになった。マグネシウム原子 1 個と酸素分子 1 個の質量比は 3：4 である。

(1) この反応で 4.8 g のマグネシウムは何 g の酸素と反応したか。

[   ]

(2) この反応におけるマグネシウム原子と酸素分子の数の比を最も簡単な整数比で求めよ。

[   ]

> **ガイド** (1)反応前の単体のマグネシウムの質量と，反応後の酸化マグネシウムに含まれるマグネシウムの質量は変わらない。

重要 049 ［銅の酸化と質量の変化］

図 1 のように，0.4 g, 0.6 g, 0.8 g, 1.0 g, 1.2 g の銅の粉末それぞれと空気中の酸素を反応させ，できた酸化銅の質量をそれぞれ測定した。図 2 は，その結果をもとにして，銅の質量と，結びついた酸素の質量との関係をグラフに表したものである。これについて，次の問いに答えなさい。

図 1

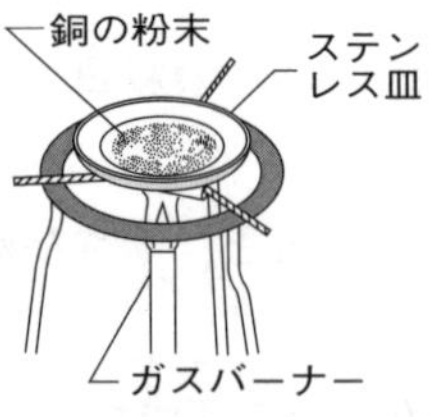

銅の粉末
ステンレス皿
ガスバーナー

図 2

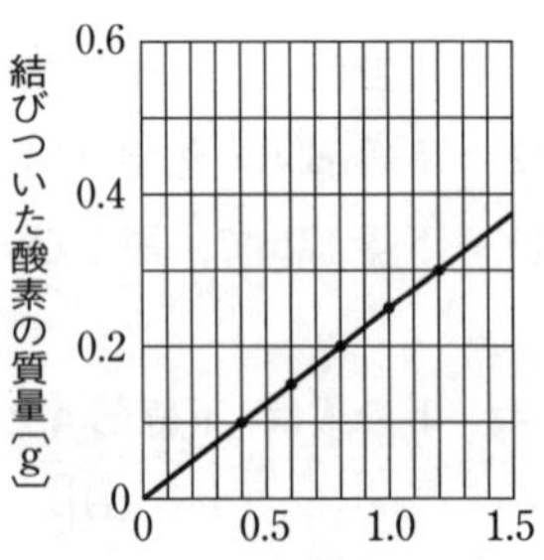

結びついた酸素の質量〔g〕

銅の質量〔g〕

(1) この実験において，1.2 g の銅の粉末からできた酸化銅の質量は何 g であったか。図 2 をもとにして答えよ。

[   ]

(2) この実験では，銅の原子と酸素の原子が 1：1 の割合で結びついて酸化銅（CuO）ができた。この実験で，酸素の分子 10 個がすべて銅の原子と反応して，酸化銅になったとすると，酸素の分子 10 個は，何個の銅の原子と反応したことになるか。

[   ]

> **ガイド** (1)生成した酸化銅は銅と酸素が結合してできる。

050 ［マグネシウムの酸化と質量の変化］

次の実験1，実験2について，あとの問いに答えなさい。

〔実験1〕　1.44 g の削り状のマグネシウムを，ステンレス皿全
　体に広げ，図1のような装置で加熱を行った。ステンレス皿
　の温度が十分に下がったあと物質の質量をはかった。その後
　再び加熱をし，ステンレス皿の温度が十分に下がったあとの
　物質の質量をはかる操作を繰り返して，その変化を調べたと
　ころ，下の表の結果が得られた。

図1

削り状の
マグネシウム

ステンレス皿

ガスバーナー

加熱した回数	1回目	2回目	3回目	4回目	5回目
物質の質量〔g〕	1.92	2.16	2.34	2.40	2.40

(1)　マグネシウムが酸化するときの化学反応式を書け。

[　　　　　　　　　　　　　　　]

(2)　完全に酸化したのは何回目の加熱と考えられるか。

[　　　　　　　]

(3)　表の結果から，マグネシウムの質量と結びつく酸素の質量の比を，最も簡単な整数の比で
　表せ。

[　　　　　　　]

〔実験2〕乾いた集気びん A，集気びん B にそれぞれ二酸化炭素を十
　分に満たして，ふたをした。集気びん A には火をつけたろうそくを，
　集気びん B には火をつけたマグネシウムリボンを，ふたを素早く
　とって，集気びんの中に入れ観察した。図2のように，集気びん
　A では，ろうそくの火がすぐ消えた。一方，集気びん B ではマグ
　ネシウムリボンが燃え続け，反応後には白い物質と黒い物質が見
　られた。

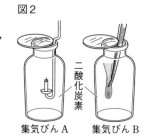

図2

二
酸
化
炭
素

集気びん A　　集気びん B

(4)　集気びん A 内で下線部の結果になるのはなぜか，簡単に説明せよ。

[　　　　　　　　　　　　　　　　　　　]

(5)　集気びん B 内で起きた反応について，マグネシウム原子を◎，炭素原子を●，酸素原子
　を○とするモデルを用いて示したとき，次の①，②に適当なモデルを記入せよ。

◎　　　　　　　　　　　　　　　　　①　　　②
◎　　＋　　○●○　　→　　[　]　＋　[　]
マグネシウム　　　二酸化炭素　　　　白い物質　　黒い物質

ガイド　(2)マグネシウムの質量を変えずに加熱をくり返すことで物質の質量が増加しているのは，マグネシ
　　　ウムに結びつく酸素が増えているためである。

重要 051 [石灰石による二酸化炭素の発生]

石灰石の粉末と貝がらの粉末それぞれに，うすい塩酸を加えて，二酸化炭素を発生させる実験を行った。あとの問いに答えなさい。

〔**実験1**〕 ビーカーAに，石灰石の粉末10.0gを入れ，うすい塩酸150.0gを加えて，二酸化炭素が発生しなくなるまで反応させた。その後，ビーカー内の物質の質量を求めた。ただし，この実験で用いた石灰石は，1種類の物質だけでできているものとする。

表1

	ビーカーA
石灰石の質量〔g〕	10.0
うすい塩酸の質量〔g〕	150.0
反応後のビーカー内の物質の質量〔g〕	155.6

石灰石はすべてうすい塩酸と反応し，反応後のビーカー内の物質の質量は**表1**のようになった。

〔**実験2**〕 3つのビーカーB～Dそれぞれに，貝がらの粉末を10.0g入れ，**実験1**と同じ濃さの塩酸を，ビーカーBには50.0g，ビーカーCには100.0g，ビーカーDには150.0g加えて，二酸化炭素が発生しなくなるまで反応させた。その後，ビーカー内の物質の質量を求めた。

表2

	ビーカーB	ビーカーC	ビーカーD
貝がらの質量〔g〕	10.0	10.0	10.0
うすい塩酸の質量〔g〕	50.0	100.0	150.0
反応後のビーカー内の物質の質量〔g〕	58.0	106.0	155.8

反応後のそれぞれのビーカーの質量は，**表2**のようになった。

(1) **実験1**で発生した二酸化炭素の質量は何gか求めよ。

[　　　　　　　　]

(2) **実験2**で用いた貝がらには，**実験1**で用いた石灰石と同じ物質が何％含まれていたか。小数第1位を四捨五入し，整数で答えよ。ただし，貝がらでは，**実験1**で用いた石灰石と同じ物質だけがうすい塩酸と反応したものとする。

[　　　　　　　　]

(3) **実験2**のあとに，ビーカーBにさらに**実験1**と同じ濃さの塩酸を少しずつ加えていくとき，次の①，②の問いに答えよ。

① 二酸化炭素は最大であと何g発生するか求めよ。

[　　　　　　　　]

② 最大の量の二酸化炭素を発生させるためには，うすい塩酸を少なくともあと何g加える必要があるか。

[　　　　　　　　]

ガイド (2)反応前の物質の総質量より反応後の物質の総質量が少なくなるのは，発生した気体が空気中に出ていくためである。

052 〉[石灰石と塩酸の反応]

うすい塩酸に石灰石を加えたとき，石灰石の質量と発生する気体の質量
との関係を調べるために，次のⅠ～Ⅲの手順で実験を行った。この実験
に関して，あとの問いに答えなさい。

〔実験〕

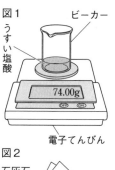
図1

Ⅰ　図1のように，うすい塩酸15.0cm³を入れたビーカーを電子てん
びんにのせ，ビーカー全体の質量を測定したところ，74.00gであっ
た。

図2

Ⅱ　図2のように，このビーカーに，石灰石0.50gを加えたところ，
気体が発生した。気体の発生が終わってから，図3のように反応後
のビーカー全体の質量を測定したところ，74.28gであった。

図3

Ⅲ　このビーカーに，さらに石灰石0.50gを加え，反応が終わったこと，
または，反応がないことを確認してから，ビーカー全体の質量を
測定する操作を行った。この操作を，加えた石灰石の質量の合計が
3.00gになるまでくり返し行った。下の表は，この実験結果をまと
めたものである。

加えた石灰石の質量の合計〔g〕	0.50	1.00	1.50	2.00	2.50	3.00
反応後のビーカー全体の質量〔g〕	74.28	74.56	74.84	75.12	75.62	76.12

(1)　Ⅱについて，発生した気体の質量は何gか求めよ。

[　　　　　　　]

(2)　Ⅱ，Ⅲについて，表をもとにして，加えた石灰
石の質量の合計と，発生した気体の質量の合計と
の関係を表すグラフを右にかけ。

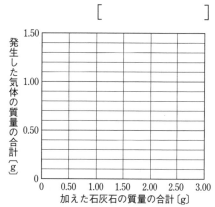

(3)　Ⅲについて，加えた石灰石の質量の合計が3.00g
のとき，石灰石の一部が反応せずに残っていた。
残った石灰石を完全に反応させるためには，同じ
濃度のうすい塩酸がさらに何cm³必要か。求めよ。

[　　　　　　　]

(4)　この実験で用いたものと同じ濃度のうすい塩酸
75.0cm³に，石灰石12.00gを加えて反応させると，発生する気体の質量は何gになるか。
求めよ。

[　　　　　　　]

053 〉**[炭酸水素ナトリウムの熱分解]**

炭酸水素ナトリウムの分解について調べるために，次の①～④の手順で実験を行った。表は，その結果をまとめたものである。あとの問いに答えなさい。

〔実験〕

①　ステンレス皿に炭酸水素ナトリウムの粉末3.0gを取り，ステンレス皿ごと全体の質量をはかった。

②　①における炭酸水素ナトリウムの粉末をかき混ぜながらガスバーナーで加熱し，その後十分に冷まし，ステンレス皿ごと全体の質量をはかった。

③　②の操作を全体の質量が変化しなくなるまでくり返し，その質量を記録した。

④　①における炭酸水素ナトリウムの質量を6.0g，9.0g，12.0gにし，①～③と同様のことをそれぞれ別のステンレス皿を使って行った。

炭酸水素ナトリウムの質量〔g〕	3.0	6.0	9.0	12.0
①における全体の質量〔g〕	22.9	26.3	28.6	31.8
③における全体の質量〔g〕	21.8	24.1	25.3	27.4

(1)　加熱によって全体の質量が減ったのは，2種類の物質が空気中に逃げたためである。この2種類の物質を，それぞれ化学式で答えよ。　　　[　　　　　　　　　　]

(2)　実験の結果をもとに，炭酸水素ナトリウムの質量と，加熱によって減った質量の関係を表すグラフを，右の図にかけ。

(3)　炭酸水素ナトリウムの質量を18.0gにして実験を行ったところ，①における質量は37.8gだった。③で一定になったときの全体の質量は何gになるか求めよ。

[　　　　　　　　　　]

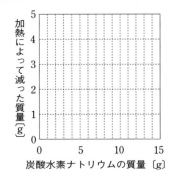

縦軸：加熱によって減った質量〔g〕（0～5）
横軸：炭酸水素ナトリウムの質量〔g〕（0～15）

054 〉**[酸化銀の分解]**

酸化銀の分解について，次の実験を行った。あとの問いに答えなさい。

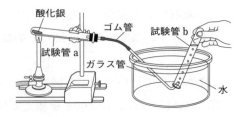

酸化銀／ゴム管／試験管 b／試験管 a／ガラス管／水

〔実験〕　1班から4班の4つの班で，酸化銀の質量を電子てんびんを用いて測定した。次に，測定した酸化銀を右の図のように乾いた試験管 a に入れて加熱し，完全に銀と酸素に分解した。気体が出なくなってから，ガラス管を水中から出したあと，ガスバーナーの火を消した。試験管 a が十分に冷えてから，試験管 a に残った銀の質量を測定した。次の表は，測定結果をまとめたものである。

	1班	2班	3班	4班
加熱前の酸化銀の質量〔g〕	5.80	2.90	8.70	11.60
加熱後に試験管 a に残った銀の質量〔g〕	5.40	2.70	8.10	10.80

(1) 実験結果をもとに，試験管 a に残った銀の質量と発生した酸素の質量の関係を表すグラフを完成させよ。

(2) 実験で，試験管 b に集まった気体が酸素であることを確かめるためにはどうすればよいか。その方法を簡単に答えよ。

[　　　　　　　　　　　　]

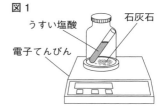

(3) 実験結果をもとに，酸化銀 4.35 g を用いて同様の実験を行うと，何 g の銀ができると考えられるか。

[　　　　　　　　　]

ガイド (3)加熱前の酸化銀とそこから生成する銀の比は一定である。

重要 055 [化学変化の前後の質量]

うすい塩酸に石灰石が溶ける反応において，物質の質量がどのように変化するのかを調べるために，次の実験を行った。この反応において発生する気体は水溶液中にとどまらないものとして，あとの問いに答えなさい。

〔実験〕 図1のように，プラスチック製の容器の中に，石灰石 0.8 g と，うすい塩酸 25 cm³ を入れ，うすい塩酸と石灰石が混ざらないように注意しながら，ふたをして容器を密閉し，容器全体の質量をはかると，80.7 g であった。次に，図2のように容器をかたむけて，容器内のうすい塩酸と石灰石とを混ぜると，気体を発生しながら石灰石が溶けていった。石灰石がすべて溶けてから，容器全体の質量をはかると 80.7 g であった。

(1) この実験から，化学変化の前後で，その化学変化に関係している物質全体の質量は変わらないことがわかる。このことを何というか。法則名を答えよ。

[　　　　　　　　　　　　]

(2) 以下の文は(1)の法則が成り立つ理由を説明したものである。空欄に適する語句を答えよ。

①[　　　　　　　] ②[　　　　　　　] ③[　　　　　　　]

化学変化では，反応の前後で原子の（　①　）は変わるが，反応にかかわった原子の（　②　）と（　③　）は変わらないから。

(3) この実験が終わったあと，容器のふたを取り，しばらく放置してから，再びふたをして容器全体の質量をはかったとき，質量はどう変化すると考えられるか。簡潔に答えよ。

[　　　　　　　　　　　　]

重要 056 ［一定量の酸素と結びつく金属の質量］

銅とマグネシウムについて，右の図のような装置を用いて，酸素と結びついたときの質量の変化を測定した。あとの問いに答えなさい。

〔実験1〕　1gの銅を空気中で加熱し，よく冷やしてから質量を測定した。その後，銅粉が飛び散らないようにかき混ぜてから再び空気中で加熱し，よく冷やしてから質量を測定するという操作を数回くり返した。また，マグネシウムについても，同様の操作をくり返した。その結果がグラフ1である。

〔実験2〕　銅とマグネシウムの量を2，3，4，5gと変えて**実験1**と同様の操作を行い，加熱後の質量に変化が見られなくなったところで結果を記録し，**実験1**の結果と合わせてグラフにしたものが**グラフ2**，**グラフ3**である。

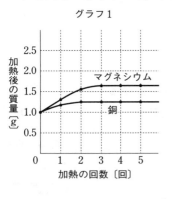

グラフ1

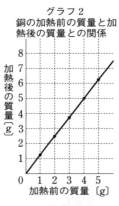

グラフ2
銅の加熱前の質量と加熱後の質量との関係

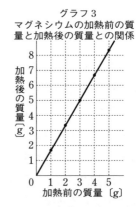

グラフ3
マグネシウムの加熱前の質量と加熱後の質量との関係

(1)　**実験1**の結果を説明したものとして最も適するものを，次の**ア〜エ**から1つ選び，記号で答えよ。　　　　　　　　　　　　　　　　　　　　［　　　］

ア　一定量の銅やマグネシウムと反応する酸素の質量には限界がない。

イ　一定量の銅やマグネシウムと反応する酸素の質量には限界がある。

ウ　一定量の銅と反応する酸素の質量には限界がないが，一定量のマグネシウムと反応する酸素の質量には限界がある。

エ　一定量の銅と反応する酸素の質量には限界があるが，一定量のマグネシウムと反応する酸素の質量には限界がない。

(2)　**実験2**の結果から，一定量の酸素と反応する銅の質量をa〔g〕，マグネシウムの質量をb〔g〕とするとき，aとbの比$a:b$を求めよ。　　　　　　　　　　　　［　　　］

(3)　「銅とマグネシウムを一定の割合で混ぜて加熱したとき，その混合物と反応する酸素の質量は，銅やマグネシウムだけを加熱したときに反応する酸素の質量の和と変わらない」という仮説を立て，その仮説が正しいかどうか確かめるために銅とマグネシウムの質量が2：3の割合になるように混ぜて実験を行った。

　　仮説が正しいとすると，実験の結果を示すグラフはどのようになると考えられるか。次のア〜エのなかから最も適するものを1つ選び，記号で答えよ。　　　　　　　［　　　］

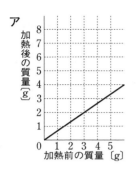
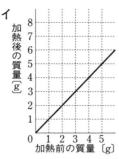
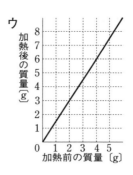
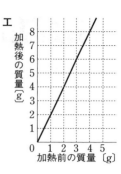

---

057 [酸化銅の還元]

次の実験について，あとの問いに答えなさい。

〔実験〕

① 酸化銅 6.00 g と乾燥した炭素粉末 0.15 g をはかり取り，よく混ぜたあとで試験管に入れて図のように加熱した。

② 気体が出なくなってから，ガラス管を水槽から取り出し，ガスバーナーの火を消して，ゴム管をピンチコックで止めた。

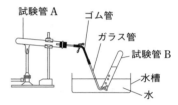

③ その後，試験管を冷却し，反応後の試験管の中にある物質の質量を測定した。

④ 酸化銅の質量は 6.00 g のままにして，炭素の質量を 0.30 g，0.45 g，0.60 g，0.75 g，0.90 g に変え，同じことを行った。

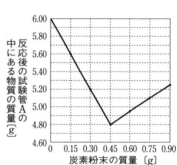

表は，実験の結果をまとめたものであり，グラフは，炭素粉末の質量と，反応後の試験管の中にある物質の質量との関係を表したものである。

反応後の試験管 A の中にある物質の質量〔g〕	5.60	5.20	4.80	4.95	5.10	5.25
加えた炭素粉末の質量〔g〕	0.15	0.30	0.45	0.60	0.75	0.90
酸化銅の質量〔g〕	6.00	6.00	6.00	6.00	6.00	6.00

(1) この実験で，酸化銅 6.00 g と炭素粉末 0.45 g をよく混ぜて加熱したときに発生する気体は何 g か。小数第 2 位まで求めよ。　　　　　　　[　　　　　]

(2) この実験では，試験管の中に単体の銅ができる。炭素粉末の質量を 0.30 g にし，酸化銅の質量をさまざまに変えてこの実験を行ったとき，酸化銅の質量と反応後の試験管の中にある銅の質量との関係はどのようになるか。その関係をグラフに表せ。

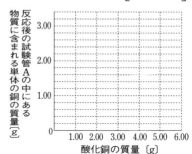

> ガイド (1) グラフより，このとき過不足なく反応していることがわかる。
> (2) 炭素 0.30 g と過不足なく反応する酸化銅の質量を求める。

最 高 水 準 問 題 ——————————————————————————— 解答 別冊 p.15

058 次の文章を読み，あとの問いに答えなさい。答えが割り切れない場合は小数第2位を四捨五入し，小数第1位まで求めること。 （大阪・清風南海高）

銅の粉末をステンレス皿の上で加熱する実験を行い，**表1**の結果となった。

表1

加熱前の質量〔g〕	0.50	0.70	0.90
加熱後の質量〔g〕	0.60	0.84	1.08

表1のデータは，教科書のデータと異なっていた。この原因は，加熱する前の銅が黒っぽい色をしていたためだと考えた。そこで，新しい銅の粉末で再度実験をしたところ，黒色の物質に変化し，ほぼ教科書通りのデータが得られた。別の文献ではさらに強熱すると赤色の別の物質に変化すると書いてあったので，高温（1000℃程度）にできるバーナーに交換して，実験で得られた黒色の物質をさらに強熱すると，赤色に変化し，質量が減少した。**表2**は以上の結果をまとめたものである。

表2

加熱前の質量〔g〕	0.40	0.80	1.20
加熱後の質量〔g〕	0.50	1.00	1.50
強熱後の質量〔g〕	0.45	0.90	1.35

(1) 銅が加熱により黒色に変化した化学反応を化学反応式で書け。ただし，銅原子と酸素原子は1個ずつ結びついているものとする。 [   ]

(2) 銅原子1個の質量は，酸素原子1個の質量の何倍になるか。 [   ]

(3) **表1**の実験室の銅の粉末では，教科書のデータと異なる結果になったのはなぜか。次のア～エから最も適切なものを1つ選び，記号で答えよ。 [   ]

ア　実験室の銅の粉末には，加熱後の黒い物質が，はじめから1%程度混ざっていたから。

イ　実験室の銅の粉末には，加熱後の黒い物質が，はじめから20%程度混ざっていたから。

ウ　実験室の銅の粉末には，加熱後の黒い物質が，はじめから50%程度混ざっていたから。

エ　実験室の銅の粉末はすべて，加熱後の黒い物質に変化していたから。

(4) 赤色の物質の化学式を次のア～オのうちから1つ選び，記号で答えよ。 [   ]

ア　CuO_2　　イ　CuO_3　　ウ　Cu_2O　　エ　Cu_2O_3　　オ　Cu_2O_7

銅の粉末のかわりに新しいマグネシウムを使って加熱すると，**表3**のようになった。

表3

マグネシウムの質量〔g〕	0.60	0.90	1.20
加熱後の質量〔g〕	1.00	1.50	2.00

(5) この反応の化学反応式を書け。ただしマグネシウム原子と酸素原子は，1個ずつ結びついているものとする。 [   ]

(6) 銅原子1個の質量は，マグネシウム原子1個の質量の何倍か。 [   ]

059 次の文を読み，あとの問いに答えなさい。 (千葉・麗澤高)

　1811年イタリアの化学者アボガドロは「同じ温度，同じ圧力，同じ体積の気体中にはどんな気体でも同数の気体分子を含む」ことを明らかにした。これによれば化学反応式の係数比が気体の体積比を表すことになる。いま，体積が自由に変えられる容器に一酸化炭素(CO)と酸素を合わせて90cm^3となるように入れ，完全に燃焼させて反応後の気体の体積を測定した。ただし，気体の体積は同じ温度・同じ圧力で測定したものとする。

(1)　一酸化炭素が完全に燃焼するときの化学反応式を答えよ。

[　　　　　　　　　　　　　]

(2)　一酸化炭素70cm^3と酸素30cm^3をこの容器に入れ完全に燃焼させたとき，反応後の気体の体積を求めよ。 [　　　　　　]

(3)　一酸化炭素30cm^3と酸素60cm^3をこの容器に入れ完全に燃焼させたとき，反応後の気体の体積を求めよ。 [　　　　　　]

難(4)　一酸化炭素と酸素を合わせて90cm^3となるようにこの容器に入れ，一酸化炭素と酸素の体積比をいろいろ変えて完全に燃焼させた。一酸化炭素の体積と，反応後の気体の体積の関係をグラフに表せ。

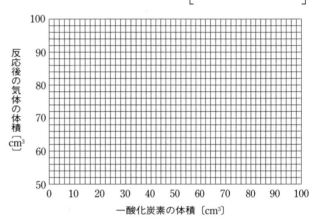

060 次の文を読み，あとの問いに答えなさい。

　体積4cm^3で不純物を含んだマグネシウムを用意して塩酸と反応させたところ，気体が発生した。加えた塩酸の体積から発生した気体の体積をはかると，右の図のようなグラフとなった。また不純物を含まないマグネシウム1gを完全に反応させて発生する気体の体積は1Lであることがわかっている。実験室内の気圧と温度は一定であるとして，次の問いに答えなさい。 (神奈川・法政大第二高)

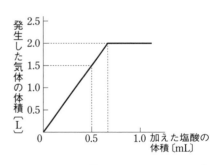

(1)　塩酸を0.2mL加えたときに発生する気体の体積は何Lか求めよ。 [　　　　　　]

難(2)　このマグネシウムには不純物(塩酸とは反応しない)が0.8g混ざっていることがわかった。この不純物を含んだマグネシウムの密度は何g/cm^3か求めよ。 [　　　　　　]

解答の方針

059　(2)(3) (1)で答えた化学反応式の係数を利用して求める。

060　(2)密度を$x〔\text{g/cm}^3〕$とし，不純物を含まないマグネシウムの質量をxを用いて表す。

061 次の文を読み，あとの問いに答えなさい。 （愛知・滝高）

　①空気中でのマグネシウムやアルミニウムの粉末の燃焼は，反応が完全に進行する。しかし，反応物が十分にあっても反応が一部しか進行しないものもある。この場合，反応物の一部が未反応で残っている。その一例としては，②窒素と水素からアンモニアを合成する反応(下式)があげられる。

$$N_2 + 3H_2 \longrightarrow 2NH_3$$

(1)　下線部①について，アルミニウム粉末の燃焼を化学反応式で書け。ただし，酸化アルミニウムの化学式は Al_2O_3 である。　　　　　　　　　　　　　　[　　　　　　　]

(2)　下線部①について，1.2 g のマグネシウムを燃焼させて得られる物質は 2.0 g だった。マグネシウム原子 1 個と酸素原子 1 個の質量の比を求めよ。　　　　　　[　　　　　　　]

(3)　下線部②について，3.0 L の窒素と 3.0 L の水素を反応させたところ，全体の体積が 4.5 L になった。反応物の水素のうち，何 % が反応したと考えられるか。

　　一般に気体の反応では，同じ温度・圧力において，反応する気体や生成する気体の体積の比は，化学反応式の係数の比と一致する。　　　　　　　　　　　[　　　　　　　]

(4)　(3)で得られた 4.5 L の混合気体を 1.0 L の塩酸に通した。残った気体は何 L になるか。ただし，塩酸から蒸発した水蒸気や塩化水素は混入しないものとする。　　[　　　　　　　]

062 次の文を読み，それぞれあとの問いに答えなさい。 （愛媛・愛光高）

I 　丸底フラスコに酸素と銅の粉末を入れ，バーナーで加熱して反応させた。毎回フラスコに入れる酸素の質量は 0.30 g とし，銅の粉末の質量をさまざまに変えて実験したところ，**表 1** のような結果を得た。このとき反応による生成物は 1 種類のみであった。

(1)　a〔g〕の酸素と過不足なく結びつく銅の質量を b〔g〕とすると，c〔g〕の酸素と過不足なく結びつく銅の質量は何 g か。a, b, c の数値を用いて答えよ。

[　　　　　　　]

表 1

入れた銅の粉末の質量〔g〕	0.40	0.60	0.80	…	1.50	2.10	2.70
反応後の粉末の質量〔g〕	0.50	0.75	1.00	…	1.80	2.40	3.00

(2)　「フラスコに入れた銅の粉末の質量」を「反応後の粉末中の酸素の質量」で割った値を**表 1**を参考に求め，その値を縦軸に，「フラスコに入れた銅の粉末の質量」を横軸にとってグラフを作成せよ。その際，フラスコ中の酸素と銅の粉末が過不足なく反応する点をグラフ上に求め，その点に○をつけよ。

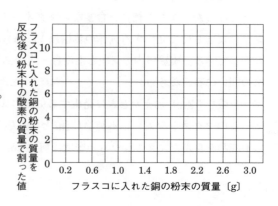

難 II 銅とは別の種類の金属 X を用意した。金属 X は酸素と反応してただ 1 種類の酸化物をつくる。この金属 X の粉末を，銅の粉末と酸素とともに丸底フラスコに入れ，バーナーで加熱して反応させた。毎回フラスコに入れる銅の粉末の質量と金属 X の粉末の質量は一定とし，酸素の質量をさまざまに変えて実験したところ，表 2 のような結果を得た。反応後の粉末を調べたところ，このなかの銅と反応した酸素の質量と，金属 X と反応した酸素の質量は毎回両方とも同じであった。

(3) 表 2 より，フラスコ内の銅の粉末と金属 X の粉末を，同時に過不足なく反応させるのに必要な酸素の質量を求めよ。　[　　　　　　]

(4) 金属 X 1.00 g と過不足なく反応する酸素の質量を求めよ。　[　　　　　　]

表 2

入れた酸素の質量〔g〕	0	0.50	1.00	1.50	2.00
反応後の粉末の質量〔g〕	3.57	4.07	4.57	4.83	4.83

---

063 次の文を読み，あとの問いに答えなさい。　　　　　　　　　　（鹿児島・ラ・サール高）

金属 Y の粉末を加熱して，酸化物 Y_mO_n の質量を測定したところ，金属 Y と酸化物 Y_mO_n の質量の関係は表のようになった。

実験	①	②	③	④	⑤	⑥
金属 Y の質量〔g〕	0.56	0.84	1.12	1.4	1.68	1.96
酸化物 Y_mO_n の質量〔g〕	1.04	1.56	2.08	2.6	3.12	3.64

酸素原子 1 個の質量を a〔g〕とすると，Y 原子 1 個の質量は $\dfrac{7a}{4}$〔g〕で表すことができる。

(1) 酸化物 Y_mO_n の m と n の比（$m:n$）を最も簡単な整数の比で答えよ。　[　　　　　　]

(2) (1)の答えを用いて，この実験の化学反応式を答えよ。

　　　　　　　　　　　　　　　　[　　　　　　]

---

064 右の図のように 4.0 g の酸化銅粉末をのせたステンレス皿をガラス管の中に入れ，下から加熱しながら水素を通すと，酸化銅はすべて還元され，銅 3.2 g と水 0.90 g になった。次の問いに答えなさい。　　（埼玉・淑徳与野高改）

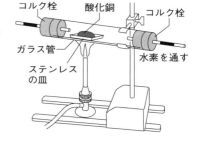

(1) 酸化銅粉末 4.0 g 中の酸素の質量の割合は何％か。

　　　　　　　　　　　　　　　　[　　　　　　]

(2) 酸化銅粉末 6.0 g をすべて還元するためには，水素は何 g 必要か。

　　　　　　　　　　　　　　　　[　　　　　　]

(3) 酸化銅粉末 8.0 g を還元したところ，反応させる水素が不足していたため，酸化銅粉末が残ってしまった。反応後の酸化銅粉末と銅の混合物の質量を測定したところ 6.8 g であった。反応しないで残っている酸化銅は何 g か求めよ。　　　　　　　　　　　[　　　　　　]

解答の方針

062 ⑷金属 X の質量をまず求める。それには，⑶で求めた酸素の値を利用して，銅の質量を求めるとよい。

1 下の化学反応式は，光合成でブドウ糖 $C_6H_{12}O_6$ と酸素がつくられたときの反応を示している。
（　　）にあてはまる係数を答えなさい。ただし，係数が１のときは１も書くこと。

（北海道・函館ラ・サール高）(完答で 10 点)

（　(1)　）CO_2 + （　(2)　）H_2O ⟶ （　(3)　）$C_6H_{12}O_6$ + （　(4)　）O_2

(1)		(2)		(3)		(4)	

2 金属の反応について調べるため，実験 1，2 を行った。あとの問いに答えなさい。（千葉・市川高）

((1)(7)各 5 点，ほか各 4 点，計 34 点)

〔実験 1〕

ある金属の粉末（粉末 A）を加熱する実験を 5 回行い，結果を次の表 1 にまとめた。

操作 1：粉末 A をはかり取った。［X〔g〕］

操作 2：はかり取った粉末 A を，ステンレス皿に①できるだけうすく広げ，粉末 A ごとステンレス皿の質量をはかった。［Y〔g〕］

操作 3：図 1 のように，粉末 A を②ガスバーナーで十分に加熱したあと，生成物ごとステンレス皿の質量をはかった。［Z〔g〕］

図1

表1

	1回目	2回目	3回目	4回目	5回目
X〔g〕	0.6	1.2	1.8	2.4	3.0
Y〔g〕	10.6	11.2	11.8	12.4	13.0
Z〔g〕	11.0	12.0	13.0	14.0	15.0

(1) 下線部①のような操作を行った理由を 20 字以内で答えよ。

(2) 下線部②のガスバーナーの操作について，誤っているものはどれか。

　ア　マッチに火をつけてから，ガスバーナーのガス調節ねじを開き，点火する。

　イ　空気調節ねじを押さえて，ガス調節ねじを少しずつ開き，青色の安定した炎にする。

　ウ　炎の大きさが大きいときは，ガス調節ねじを少しずつ閉じ，炎を小さくする。

　エ　火を消すときは，空気調節ねじ，ガス調節ねじ，ガスの元栓の順番で閉じ，空気調節ねじとガス調節ねじは，軽く閉じる。

(3) 生成物の質量を，X，Y，Z の記号を用いて表せ。ただし，使う必要がない記号があれば使わなくてもよい。

(4) 実験に使ったある金属の原子 1 個と，酸素原子 1 個の質量比は 3：2 であることがわかっている。この事実から，ある金属の元素記号を M として，この反応を化学反応式で表したとき，正しいものはどれか。ア〜エから 1 つ選び，記号で答えよ。

　ア　$4M + 3O_2 \longrightarrow 2M_2O_3$

　イ　$3M + O_2 \longrightarrow M_3O_2$

　ウ　$4M + O_2 \longrightarrow 2M_2O$

　エ　$2M + O_2 \longrightarrow 2MO$

〔実験 2〕

　炭素の粉末と酸化銅の混合物を加熱する実験を 5 回行い，結果を
表 2 にまとめた。

操作 4 : 炭素の粉末をはかり取った。

操作 5 : はかり取った炭素の粉末に，酸化銅を加え，十分に混合し
　　　　試験管に入れた

操作 6 : 図 2 のように，試験管をガスバーナーで加熱し，③発生した
　　　　気体を石灰水に通した。

図 2

操作 7 : 十分に加熱したあと，試験管の中に残った固体の質量を測定した。ただし石灰水はすべて白
　　　　くにごり，この実験で発生した気体は，すべて石灰水を白くにごらせた気体であったとする。

表 2

	1 回目	2 回目	3 回目	4 回目	5 回目
炭素の粉末〔g〕	0.15	0.30	0.45	0.60	0.75
酸化銅〔g〕	6.00	6.00	6.00	6.00	6.00
試験管に残った固体〔g〕	5.60	5.20	4.80	4.95	5.10

(5)　下線部③の気体の名称を漢字で答えよ。

(6)　試験管で起こった反応を化学反応式で表せ。ただし，酸化銅は，銅原子と酸素原子の数の比が
　　 1 : 1 であるものとする。

(7)　表 2 の実験結果について，正しいものをすべて選べ。

　ア　1 回目では，気体が 0.40g 発生している。

　イ　2 回目では，銅が 2.00g 生成している。

　ウ　3 回目では，酸化銅が過不足なく還元されている。

　エ　4 回目では，銅が 4.95g 生成している。

　オ　5 回目では，未反応の炭素の粉末が 0.30g 残っている。

(8)　別の実験で酸化銀 1.45g を完全に還元したところ，銀が 1.35g 得られた。銀原子と酸素原子の数
　　 の比は 2 : 1 で結びつくことがわかっている。表 2 の実験結果と合わせて，銀原子 1 個と銅原子 1
　　 個の質量比を，最も簡単な整数の比で表せ。

(1)						
(2)		(3)		(4)		(5)
(6)						
(7)				(8)		

3 次の文を読み，あとの問いに答えなさい。 （千葉・東邦大附東邦高改）

（(1)5点，ほか各4点，計25点）

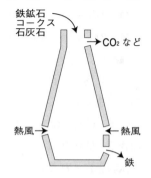

鉄は，灰白色の光沢をもった金属で，天然には赤鉄鉱（Fe_2O_3）や磁鉄鉱（Fe_3O_4）などの鉄鉱石として存在している。

鉄鉱石から金属の鉄を得る方法として，現在では，溶鉱炉での反応が用いられている。右図は，溶鉱炉の概略図である。鉄鉱石をコークス（主成分C），石灰石とともに溶鉱炉の上部から入れ，下部から約1300℃の熱風を送り込む。コークスの燃焼により，熱風は2000℃以上の高温になり，コークスの一部は一酸化炭素となる。

$$2C + O_2 \longrightarrow 2CO$$

生成した一酸化炭素は溶鉱炉中で酸化鉄 Fe_2O_3 などと反応することにより鉄が生成し，溶鉱炉の下部から高温の融解した鉄を得ることができる。

(1) 酸化鉄 Fe_2O_3 は，一酸化炭素と反応して，鉄と二酸化炭素を生じる。この反応の化学反応式を示せ。

(2) (1)の反応において，酸化された物質はどれか。物質名を答えよ。

(3) (1)の反応によって酸化鉄 Fe_2O_3 40gと一酸化炭素21gが反応して，鉄28gが得られた。このとき同時に生じた二酸化炭素は何gか求めよ。

(4) 炭素と酸素が反応して一酸化炭素が生じるとき，一酸化炭素21gが生じるためには，炭素何gが必要か求めよ。

(5) 日本では古くから「たたら製鉄」という製鉄法が用いられてきた。これは，砂鉄（主成分 Fe_3O_4）と木炭を反応させて鉄を得る方法である。この方法で，四酸化三鉄 Fe_3O_4 58gをすべて反応させると，鉄と二酸化炭素が生じた。このとき，鉄は最大で何g得ることができるか。

(6) 石灰石を強く加熱すると，成分の炭酸カルシウム $CaCO_3$ が分解して気体が発生し，同時に酸化カルシウム CaO が生じた。このとき発生した気体に関する次のア～オの記述のうち，誤っているものを1つ選び，記号で答えよ。

　ア　この気体は，酸化銅 CuO に塩酸を加えると発生する。

　イ　この気体は，酸化銅 CuO を炭素とともに加熱すると得られる。

　ウ　この気体は，炭酸水素ナトリウムを加熱すると得られる。

　エ　この気体は，炭酸カルシウムに塩酸を加えると発生する。

　オ　この気体を石灰水に吹き込むと白くにごる。

(1)			(2)		(3)	
(4)		(5)		(6)		

4 次の文章を読み，あとの問いに答えなさい。 （千葉・東邦大附東邦高）（各4点，計16点）

メタン（CH_4）やエチレン（C_2H_4）を完全燃焼させると，いずれも二酸化炭素と水が生じる。気体のメタン8.0g中にはメタン分子が N 個含まれ，これを完全燃焼させるのに，32gの酸素が必要であった。

また, 気体のエチレン 14g 中にはエチレン分子が N 個含まれ, これを完全燃焼させるのに, 48g の酸素が必要であった。

(1)　メタン分子 N 個が 8.0g, エチレン分子 N 個が 14g であることから, メタン分子 1 個の質量は $\frac{8.0}{N}$〔g〕, エチレン分子 1 個の質量は $\frac{14}{N}$〔g〕である。炭素原子 1 個の質量は何 g か。次のア～カから最も適切なものを 1 つ選び, 記号で答えよ。

ア　$\dfrac{2.0}{N}$　　　イ　$\dfrac{6.0}{N}$　　　ウ　$\dfrac{7.0}{N}$

エ　$\dfrac{8.0}{N}$　　　オ　$\dfrac{12}{N}$　　　カ　$\dfrac{14}{N}$

(2)　酸素原子 1 個の質量は何 g か。次のア～カから最も適切なものを 1 つ選び, 記号で答えよ。

ア　$\dfrac{2.0}{N}$　　　イ　$\dfrac{6.0}{N}$　　　ウ　$\dfrac{7.0}{N}$

エ　$\dfrac{8.0}{N}$　　　オ　$\dfrac{12}{N}$　　　カ　$\dfrac{14}{N}$

(3)　メタン 8.0g を完全燃焼させたとき, 生じる水の質量は何 g か。

(4)　ある量のエチレンを完全燃焼させたところ, 生成した二酸化炭素の質量は 44g であった。燃焼させたエチレンの質量は何 g か。

(1)		(2)		(3)		(4)	

5　次の(1)～(3)の記述について, 下線部のうち誤っているものを選び, 正しい内容に直しなさい。ただし, すべてが正しければ○と答えなさい。　　　(東京学芸大附高國, 東京・お茶の水女子大附高國)

(各 5 点, 計 15 点)

(1)　酸化銀を試験管に入れて加熱すると, ①酸素が発生する。残った白い固体は, かたいものでみがくと②金属光沢があり, ③電流が流れ, たたくと④ガラスのようにくだけてしまうことから, ⑤金属の銀であることがわかる。

(2)　鉄粉と硫黄の粉末を質量比 7：4 に混合し, その一部を加熱して十分に反応させた。磁石を近づけると加熱前の物質は, ①磁石につくものがあるが, 加熱後の物質は②磁石につかない。うすい塩酸を加えると, 加熱前の物質は③気体が発生しないが, 加熱後の物質は④においのする気体が発生する。このような性質の違いから, 加熱によって⑤原子の結びつきが起こったことがわかる。

(3)　石灰岩とチャートはどちらも堆積岩であるが, うすい塩酸を使って見分けることができる。この操作をすると, ①石灰岩では②二酸化炭素が発生する。このとき, 反応した岩石では③化学変化が起きている。

(1)		(2)	
(3)			

1 生物と細胞

（解答）別冊 p.19

標 準 問 題

065 [植物細胞と動物細胞]

植物と動物の細胞のつくりを調べるために，ムラサキツユクサの葉の裏側
の表皮と，ヒトのほおの内側の細胞を顕微鏡で観察した。図1はムラサキ
ツユクサの細胞で，図2はヒトのほおの内側の細胞である。これについて，
次の問いに答えなさい。

(1) 図1の三日月形の細胞を何というか。　　　　　　[　　　　　　　]

(2) 細胞に染色液を滴下した場合としていない場合では，どのようなちが
　　いが見られるか簡単に答えよ。

　　　　　　　　　　　[　　　　　　　　　　　　　　　　　]

三日月形の細胞

染色液を滴下
したもの
図1

(3) 次の文の空欄に適する語句を答えよ。

　　　　　　　①[　　　　　　　] ②[　　　　　　　]
　　　　　　　③[　　　　　　　] ④[　　　　　　　]

染色液を滴下
したもの
図2

　　今回の観察から，ムラサキツユクサの葉の裏側の表皮の細胞と，ヒトのほおの内側の細胞
に共通したつくりとして，1つの細胞の中に1個の（　①　）があることがわかった。また，
ムラサキツユクサの葉の裏側の表皮にある三日月形の細胞には（　②　）とよばれる緑色の粒
が見られたが，ヒトのほおの内側の細胞には見られなかった。

　　植物の細胞では，細胞膜の外側に（　③　）というじょうぶな仕切りがある。さらに，光合
成を行う細胞の中には（　②　）がある。また，一般に，植物の細胞には（　④　）も見られる。

066 [細胞のつくり]

図の細胞Aおよび細胞Bは，一方が動物細胞，もう一方が植物細胞を表し，a〜dは細胞の
つくりを示した模式図である。これについて，次の問い
に答えなさい。

(1) 細胞A，細胞Bはそれぞれ動物細胞，植物細胞のど
　　ちらか答えよ。

　　細胞A[　　　　　　　] 細胞B[　　　　　　　]

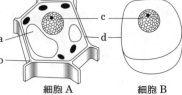

細胞A　　　細胞B

(2) (1)のように判断した理由を簡単に答えよ。

　　　　　　　　　　　[　　　　　　　　　　　　　　　　　　　]

(3) 図のa〜dの名称をそれぞれ答えよ。

　　　　　　　　a[　　　　　　　] b[　　　　　　　]
　　　　　　　　c[　　　　　　　] d[　　　　　　　]

ガイド (2)一方の細胞にしかないものに着目する。

067 [細胞の観察]

次の図のA〜Cは，顕微鏡で観察した細胞のスケッチである。これについて，あとの問いに答えなさい。

Aオオカナダモ
の葉

Bタマネギの
表皮

Cヒトのほお
の内側の粘膜

(400倍)　　　　　(70倍)　　　　　(100倍)

(1) 図のAは，光を十分に当てたオオカナダモの葉を脱色したのちに，ヨウ素液をたらして観察したものである。図のAの細胞中に多く見られる粒が，ヨウ素液に反応して色がつくのはなぜか。粒で行われるはたらきにふれて，その理由を簡単に答えよ。

[　　　　　　　　　　　　　　　　]

(2) 図のB，Cの細胞のようすを観察しやすくするために用いる染色液は何か。最も適当なものを次のア〜エから1つ選び，記号で答えよ。　　　　　　　　　　[　　　]

ア　ベネジクト液

イ　酢酸オルセイン溶液

ウ　うすい塩酸

エ　BTB溶液

(3) 図のBの細胞のつくりには，図のCの細胞のつくりにはないじょうぶな仕切りが見られた。このじょうぶな仕切りを何というか。その名称を答えよ。

[　　　　　　　　　　　]

ガイド (2) この染色液は，核を見やすくするために用いるものである。

068 [1つの細胞からなる生物と多くの細胞からなる生物]

図は，3種類の水中の生物である。これについて，次の問いに答えなさい。

(1) ケイソウやミカヅキモは，からだが1個の細胞だけでできている。このような生物を何というか。　　　[　　　　　　　]

ケイソウ
(280倍)

ミカヅキモ
(70倍)

ミジンコ
(28倍)

(2) ミジンコは(1)と異なり，たくさんの細胞でからだができている。このような生物を何というか。

[　　　　　　　　　　　]

最高水準問題 ——————————————————— 解答 別冊 p.20

069 次の問いに答えなさい。 (兵庫・灘高⨳)

(1) 生物のからだは，たくさんの細胞が集まってできている。細胞内には，さまざまな構造物が存在する。以下の構造物①〜⑤の説明として正しいものをア〜カより1つずつ選び，記号で答えよ。

①[　　　] ②[　　　] ③[　　　] ④[　　　] ⑤[　　　]

① 細胞壁　　② ゴルジ体　　③ 葉緑体　　④ ミトコンドリア　　⑤ 核

ア　光合成を行う。

イ　染色液でよく染まる。

ウ　酸素を使って，炭水化物などからエネルギーを取り出す。

エ　物質の分泌を行う。

オ　細胞の形を維持する。

カ　物質の輸送を行う。

(2) 細胞内において，特に植物細胞で発達し，物質の貯蔵を行う構造物の名称を答えよ。

[　　　　　　　]

(3) 次にあげる動物細胞のうち，そのはたらきから，ゴルジ体が特に発達していると考えられるものをア〜エより1つ選び，記号で答えよ。 [　　　　　]

ア　だ液を分泌する細胞　　　イ　食道の内壁の細胞

ウ　筋肉の細胞　　　　　　　エ　皮膚の細胞

(4) 動物では胃や小腸，目や耳などが器官である。では，植物の場合，何が器官であるか。次のア〜オより植物の器官を2つ選び，記号で答えよ。 [　　　][　　　]

ア　葉緑体　　イ　茎　　ウ　葉　　エ　気孔　　オ　葉脈

070 植物の細胞を顕微鏡で観察すると，図のようになっていた。図のA〜Eの部分についての説明として誤っているものはどれか。次のア〜エから1つ選び，記号で答えなさい。

(茨城・水戸短大附高)

[　　　]

ア　Aは動物の細胞にはなく，植物のからだを支えるはたらきをしている。

イ　Bは動物の細胞にはなく，自ら養分をつくりだすはたらきをしている。

ウ　Cは動物の細胞にもあり，養分をたくわえるはたらきをしている。

エ　Dの膜は動物の細胞にもあるが，Eはふつう，動物の細胞には見られない。

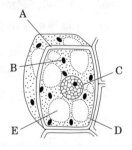

071 皮ふなどの組織の細胞から，さまざまな細胞になれるので「万能細胞」ともよばれる，京都大学の山中伸弥教授の研究グループがつくった細胞はどれか。次のア〜オから，最も適当なものを1つ選び，記号で答えなさい。 (愛知・名城大附高) [　　　]

ア　T細胞　　イ　iPS細胞　　ウ　gPS細胞　　エ　S細胞　　オ　TS細胞

072 次のア〜エのうち，どちらも単細胞生物であるものはどれか。1つ選び，記号で答えなさい。

（岩手県）

[　　　　]

ア　ゾウリムシとミジンコ

イ　オオカナダモとミジンコ

ウ　ミカヅキモとゾウリムシ

エ　ミカヅキモとオオカナダモ

073 図のア〜オは，オオカナダモの葉，タマネギの表皮，ヒトのほおの粘膜，ヒヤシンスの根，ムラサキツユクサの葉の裏のいずれかの細胞である。あとの文中の□□□には適する語を答え，（　　）にはア〜オより適するものを選んで，記号で答えなさい。（奈良・東大寺学園高⊠）

①[　　　]　②[　　　　　]　③[　　　]
④[　　　]　⑤[　　　　　]　⑥[　　　　　]

ア

イ

ウ

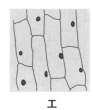
エ

オ

　ヒトのほおの粘膜の細胞は（　①　）である。そのように判断できるのは，ア〜オのうち，　②　がないのがヒトのほおの粘膜の細胞だけだからである。

　（　③　）と（　④　）だけには細胞中に　⑤　が観察できる。このうち，（　④　）では　⑥　が見られないのでオオカナダモの葉であると考えられる。

解答の方針

071　この細胞に関する研究は新聞などでもときどき取り上げられており，今後の利用方法が注目されている。

072　オオカナダモは単細胞生物ではない。

073　イの細胞では細胞分裂が見られる。細胞分裂は成長がさかんな部分で行われる。くわしくは3年生で学習する。タマネギの表皮には葉緑体が見られない。

2 植物のからだのつくりとはたらき

標 準 問 題 ──────────────────────────────── (解答) 別冊 p.20

重要 074 〉[光合成の実験]

光合成について調べるため，鉢植えしたコリウスの，ふ入りの葉を使って実験を行った。その実験の手順と結果は，下に表示してある。図1は，実験中の葉を模式的に表したものであり，図2は，実験結果のA～Dの各部分を示したものである。あとの問いに答えなさい。

〔手順〕

1 図1のように，葉の一部を表裏ともにアルミニウムはくでおおい，光の当たる場所に置いた。

2 十分に光を当てたあと，茎から葉を切り取り，アルミニウムはくをはずして熱湯にしばらく入れた。

3 熱湯に入れた葉を取り出し，あたためたエタノールにつけた。

4 あたためたエタノールから葉を取り出して水洗いし，ヨウ素液につけた。

5 ヨウ素液から取り出した葉の色の変化を観察した。

〔結果〕

葉の部分	ヨウ素液による葉の色の変化
A：光が当たった緑色の部分	青紫色になった
B：光が当たった白い部分	変化なし
C：アルミニウムはくでおおわれていた緑色の部分	変化なし
D：アルミニウムはくでおおわれていた白い部分	変化なし

(1) 手順3で使用するエタノールを安全にあたためる方法を，簡潔に書け。

[　　　　　　　　　　　　　　　　　　　　　　　　]

(2) 下の①，②が正しいのかを判断するためには，どの部分とどの部分をくらべればよいか。それぞれ1組ずつ選び，A～Dの記号で答えよ。

① 光合成には光が必要である。 [　　と　　]

② 光合成には葉緑体が必要である。 [　　と　　]

(3) 植物には，光合成に必要な日光を効率よく受けるためのしくみがある。その1つに，葉のつき方がある。日光を効率よく受けるために，葉は茎にどのようについているか。簡潔に書け。

[　　　　　　　　　　　　　　　　　　　　　　　　]

ガイド (2)1つを除いて同じ条件のものどうしで比較することで，結論が得られる。

075 > [光合成と呼吸(1)]

二酸化炭素と酸素の出入りを調べる実験を①～④の手順で行った。あとの問いに答えなさい。

① 透明なポリエチレンの袋A～Dを用意し，図のように，袋Aと袋Cには日のよく当たる所で育てた同じくらいの大きさの葉を1枚ずつ入れ，袋Bと袋Dには何も入れず，袋の口をひもでしばった。

② 袋Aに小さな穴をあけ，ストローをさしこみ，息を吹きこんだ。次に，ストローを抜き取り，二酸化炭素用気体検知管と酸素用気体検知管を順番にさしこみ，袋Aの中の二酸化炭素と酸素のそれぞれの割合(濃度)を調べた。その後，小さな穴は，セロハンテープでふさいだ。袋B～Dにも順番に同様の操作を行った。

③ 袋Aと袋Bは明るいところに，袋Cと袋Dは暗いところに，それぞれ2時間置いた。

袋A（明るいところ）　　袋B（明るいところ）　　袋C（暗いところ）　　袋D（暗いところ）

ヒマワリ
の葉

④ 再び，小さな穴をあけて，二酸化炭素用気体検知管と酸素用気体検知管を順番にさしこみ，袋A～Dの中の二酸化炭素と酸素のそれぞれの割合を調べた。表は，袋A～Dの測定時間とそれぞれの2時間後の結果を示したものである。

		袋A	袋B	袋C	袋D
二酸化炭素の割合〔%〕	測定開始時	2.7	2.7	2.7	2.7
	2時間後	2.0	2.7	3.1	2.7
酸素の割合〔%〕	測定開始時	17.6	17.6	17.6	17.6
	2時間後	18.1	17.6	17.1	17.6

(1) 実験に使用した二酸化炭素用気体検知管と酸素用気体検知管のうち，酸素用気体検知管を使った直後に，注意しなければならないことはどんなことか，簡潔に答えよ。

[　　　　　　　　　　　　　　　　　　　　　]

(2) 袋Bは袋Aと，袋Dは袋Cと比べるために用意したものである。このように，何もしてないものを用意して比べる実験を何というか。　　　　[　　　　　]

(3) 袋Cの中の酸素の割合が変化した理由を簡単に答えよ。

[　　　　　　　　　　　　　　　　　　　　　]

(4) 右の図は，表の結果を参考にして，袋Aに入れた葉のはたらきについて表したものである。袋Aの葉のはたらきを　①　，　②　に答えよ。また，　①　，　②　のはたらきを比較して，出入りする二酸化炭素については，多いほうを ➡ または ⬅，少ないほうを → または ← で，出入りする酸素については多いほうは ⟹ または ⟸，少ないほうを ┈▶ または ◀┈ で示せ。

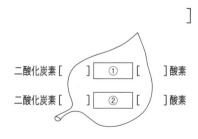

二酸化炭素 [　] 　①　 [　] 酸素
二酸化炭素 [　] 　②　 [　] 酸素

076 [光合成と呼吸(2)]

植物のはたらきを調べるために，アサガオの葉とモヤシ（暗い場所で発芽させたダイズ）を用いて，次の Ⅰ～Ⅴ の手順で実験を行った。この実験に関して，あとの問いに答えなさい。

Ⅰ 無色，透明なポリエチレンの袋を４つ用意し， 右の図のように，袋Ａと袋Ｂには，アサ
ガオのつるがついたふ入りの葉（白い部分がある葉）を，
袋Ｃと袋Ｄにはモヤシを入れ，それぞれ十分な量の空気
を入れて密封した。なお，アサガオの葉は，前日から日
光の当たらない暗い場所に置いたものであり，袋Ａと袋Ｂ，
袋Ｃと袋Ｄに入れる植物や空気の量などの条件は同じに
なるようにした。

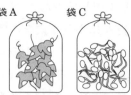

袋Ａと袋Ｃを日光が十分に
当たる場所に３時間放置した

Ⅱ 袋Ａと袋Ｃを日光が十分に当たる場所に，袋Ｂと袋
Ｄを日光が当たらない場所に，３時間放置した。

Ⅲ ストローを使って，袋Ａと袋Ｃの気体を，それぞれ石
灰水に通したところ，袋Ａの気体では石灰水に変化が見
られなかったが，袋Ｃの気体では石灰水が白くにごった。

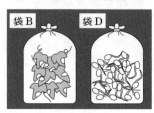

袋Ｂと袋Ｄを日光が当たらない
暗い場所に３時間放置した

Ⅳ 袋Ｂと袋Ｄの気体も，それぞれ石灰水に通して石灰水
の色の変化を観察した。

Ⅴ 袋Ａと袋Ｂの葉を１枚ずつ取り出して，それぞれ熱湯に入れたあと，あたためたエタノ
ールに入れて脱色した。その後，水洗いしてから，ヨウ素液にひたしたところ，①袋Ａの葉
では，白い部分に変化が見られなかったが，白い部分以外の部分は青紫色に染まった。一方，
②袋Ｂの葉では，白い部分以外の部分にもまったく変化が見られなかった。

(1) Ⅲについて，袋Ｃの気体を，石灰水に通したところ，石灰水が白くにごったのは，植物
の何というはたらきによるものか。その用語を答えよ。 [   ]

(2) Ⅳについて，袋Ｂと袋Ｄの気体を，それぞれ石灰水に通したときに観察された石灰水の
変化として，最も適当なものを，次のア～エから選び，その記号で答えよ。 [   ]

　ア 袋Ｂの気体を通した石灰水と袋Ｄの気体を通した石灰水は，どちらも白くにごった。

　イ 袋Ｂの気体を通した石灰水と袋Ｄの気体を通した石灰水は，どちらも白くにごらなか
　　った。

　ウ 袋Ｂの気体を通した石灰水だけが白くにごった。

　エ 袋Ｄの気体を通した石灰水だけが白くにごった。

(3) Ⅴについて，下線部①，②で，袋Ａの葉の白い部分と，袋Ｂの葉の白い部分以外の部分
に変化が見られなかったのは，どちらも光合成が行われなかったからである。なぜ光合成が
行われなかったのか，それぞれ，その理由を答えよ。

　　　　　　　　　　　袋Ａ[   ]
　　　　　　　　　　　袋Ｂ[   ]

ガイド (1)石灰水を白くにごらせる気体は二酸化炭素である。

重要 **077** **[光合成と呼吸⑶]**

植物の光合成と呼吸を調べるために，次のような実験を行った。
この実験に関してあとの問いに答えなさい。

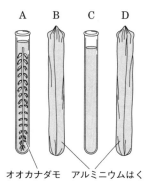

オオカナダモ　アルミニウムはく

〔実験〕　青色のBTB溶液に息を吹き込んで緑色にし，これ
　を4本の試験管A〜Dに入れた。図のように，試験管A
　とBにオオカナダモを入れ，試験管BとDはアルミニウ
　ムはくで包んだ。それぞれを日当たりのよい窓際に並べて
　2時間放置し，溶液の色の変化を調べた。表は，実験とそ
　の結果を示したものである。

試験管	A	B	C	D
オオカナダモ	入れた。	入れた。	入れなかった。	入れなかった。
アルミニウムはく	包まなかった。	包んだ。	包まなかった。	包んだ。
溶液の色の変化	青色になった。	黄色になった。	緑色のままだった。	緑色のままだった。

⑴　試験管Aでは，葉の表面や茎の断面から小さな気泡がたくさん発生した。この気泡に含
　まれるおもな気体の名称を答えよ。　　　　　　　　　　　　　　　[　　　　　　　　　]

⑵　試験管A，Bそれぞれのオオカナダモについて述べた文として最も適切なものを，次のア
　〜オのなかから1つずつ選び，その記号で答えよ。　　　　　A[　　　] B[　　　]

　ア　光合成だけを行っていた。

　イ　呼吸だけを行っていた。

　ウ　光合成も呼吸も行っていなかった。

　エ　光合成で吸収した気体の量が，呼吸で放出した気体の量よりも多かった。

　オ　光合成で吸収した気体の量が，呼吸で放出した気体の量よりも少なかった。

⑶　この実験のなかで，オオカナダモを入れなかった試験管C，Dの実験はどのようなことを
　証明するために行ったのか，答えよ。

　　　　　　　　　　　　　　[　　　　　　　　　　　　　　　　　　　　　　　　　　　]

⑷　くもりの日に，同じ実験を行ったところ，試験管AのBTB溶液は，2時間放置しても緑
　色のままだった。その理由を答えよ。

　　　　　　　　　　　　　　[　　　　　　　　　　　　　　　　　　　　　　　　　　　]

ガイド　⑴ 葉の表面に見られる気孔からは反応で生成された物質が放出される。

　　　　⑷ 植物が晴れの日にできて，くもりの日にできないことは何か。

078 〉[**植物の葉の蒸散を調べる実験**]

ホウセンカの葉のつくりとはたらきについて調べるため，次の実験を行った。あとの問いに答えなさい。

〔実験〕① 葉の数と大きさ，茎の太さと長さをそろえ，からだから蒸散する水の量が同じになるようにした3本のホウセンカA，B，Cと，同じ形で同じ大きさの3本のメスシリンダーを用意した。

② ホウセンカAは，すべての葉の表側だけにワセリンを塗り，ホウセンカBは，すべての葉の裏側だけにワセリンを塗った。また，ホウセンカCは，ワセリンをどこにも塗らなかった。

③ 図のように，ホウセンカA，B，Cを，水が同量入ったメスシリンダーに入れ，それぞれの水面に食用油をたらした。

④ ホウセンカA，B，Cを入れたメスシリンダーを，風通しのよい明るい場所に同じ時間置き，水の減少量を調べた。

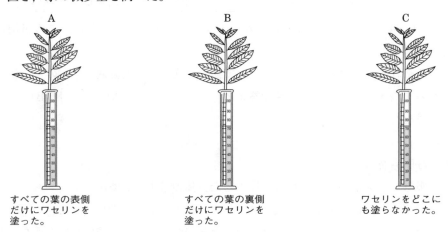

すべての葉の表側だけにワセリンを塗った。　　すべての葉の裏側だけにワセリンを塗った。　　ワセリンをどこにも塗らなかった。

ただし，ワセリンは水や水蒸気を通さないものとし，また，ホウセンカの葉の表側または裏側に塗ったワセリンは，塗らなかった部分の蒸散に影響を与えないものとする。

表は，実験の④の結果をまとめたものである。

次の問いに答えなさい。

ホウセンカ	A	B	C
水の減少量〔cm³〕	a	b	c

(1) 実験の③で，メスシリンダーの水面に，食用油をたらした理由を簡単に答えよ。　　[　　　　　　　　　]

(2) 実験で，ホウセンカの葉の表側と裏側から蒸散した水の総量は，表のa，b，cを用いるとどのように表すことができるか。ホウセンカ1本あたりの量として最も適当なものを，次のア～クのなかから選んで，記号で答えよ。

ただし，水の減少量とホウセンカのからだから蒸散した水の量は同じであるとし，また，蒸散は，葉以外の茎などからも行われるものとする。　　[　　　]

ア $a+b$ 　　　　イ $c-a$ 　　　　ウ $c+a$

エ $a+b+c$ 　　オ $a+b-c$ 　　カ $c-a-b$

キ $2a+2b-c$ 　ク $2c-a-b$

(3) 蒸散は，おもに気孔の開閉により行われている。ホウセンカの気孔と蒸散について説明した文について最も適当なものを，次のア～オのなかから選んで，その記号を書け。

[　　　]

ア　葉の表皮にある気孔の数は，葉の裏側よりも葉の表側に多くあり，蒸散する水蒸気の量は，葉の表側からよりも裏側からのほうが多い。

イ　葉の表皮にある気孔の数は，葉の裏側よりも葉の表側に多くあり，蒸散する水蒸気の量も，葉の裏側からよりも表側からのほうが多い。

ウ　葉の表皮にある気孔の数は，葉の表側よりも葉の裏側に多くあり，蒸散する水蒸気の量は，葉の裏側からよりも表側からのほうが多い。

エ　葉の表皮にある気孔の数は，葉の表側よりも葉の裏側に多くあり，蒸散する水蒸気の量も，葉の表側からよりも裏側からのほうが多い。

オ　葉の表皮にある気孔の数は，葉の表側と裏側で同じであり，蒸散する水蒸気の量も，葉の表側と裏側で同じである。

> **ガイド**　(2)A～Cについて，葉のどの部分から蒸散したかを判断する。

---

079 ▷ **[葉・茎のつくり]**

植物のはたらきについて，次の問いに答えなさい。

(1) トウモロコシの茎を赤インクに浸し，しばらく放置してから切片を作成した。切片を正しく表している図をア～オから選び，記号で答えよ。

[　　　]

ア　　　　　　イ　　　　　　ウ　　　　　　エ　　　　　　オ

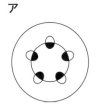 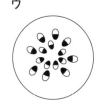 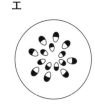 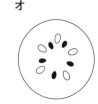

(2) 右の図は，葉の断面を表している。葉でつくられた栄養分を運ぶはたらきをする細胞が集まっている組織を図のa～eから1つ選び，記号で答えよ。

[　　　]

(3) aの組織の細胞には緑色をした粒が多数観察される。aの他に緑色をした粒を含むものをb～fからすべて選び，記号で答えよ。

[　　　]

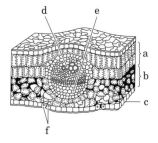

> **ガイド**　(2)トウモロコシなどの単子葉類では，栄養分や水分などを運ぶ管が束になってみられる。
> 　　　(3)緑色の粒は葉緑体である。

最 高 水 準 問 題

解答 別冊 p.21

080 植物の葉のはたらきを調べるために次の実験を行った。あとの問いに答えなさい。

(長崎・青雲高改)

〔実験〕

手順1 同じ容積の広口びんを3つ用意し，それぞれ装置Ⅰ，Ⅱ，Ⅲとする。

手順2 広口びんの中にペトリ皿を置き，その中に炭酸水素ナトリウム水溶液(二酸化炭素濃度をつねに一定に保てる薬品)を入れる。

手順3 それぞれの広口びんに植物Aの葉を10gずつ入れる。

手順4 広口びんの口をゴム栓でふさぎ，ゴム栓に温度計，活栓(管を自由に開閉できる栓)のついたガラス管，管内の断面積が1cm²のガラス管を差し込む。

手順5 活栓を閉じ，装置Ⅰは箱で覆って暗黒にし，装置ⅡにはL_1ルクス(ルクスは明るさの単位)，装置ⅢにはL_2ルクスの光を照射する。すべての容器内の温度は室温と同じ25℃に保つ。

手順6 活栓を閉じてから20分後のガラス管内の赤インキの移動距離を測定する。

装置Ⅰ

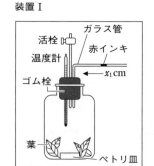

装置Ⅱ

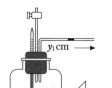

装置Ⅲ

〔結果〕 装置Ⅰでは左にx_1 cm，装置Ⅱでは右にy_1 cm移動した。装置Ⅲでは赤インキの移動は見られなかった。

(1) 赤インキの移動で増減が測定できる気体は何か。名称で答えよ。　　　　　　[　　　　　]

(2) 植物Aの葉1gが1時間に呼吸している気体の量は何cm³か。図中の記号を用いて答えよ。

[　　　　　]

(3) L_1ルクスとL_2ルクスの光の強さはどちらが強いと考えられるか。　　　　[　　　　]

(4) 装置Ⅲで気体の増減が見られなかった理由を40字以内で述べよ。

[　　　　　　　　　　　　　　　　　　　]

(5) 植物Aとは異なる種類の植物Bで同様の実験を行ったところ，赤インキは，装置Ⅰでは左にx_2 cm，装置Ⅱでは右にy_2 cm，装置Ⅲでは右にz cm移動した。ただし，$x_1 > x_2$，$y_1 > y_2$であった。これらのことから，植物Aと植物Bについてどのようなことがいえるか。最も適当なものを，次のア〜オから1つ選んで記号で答えよ。　　　　　　　　　　　　[　　　　]

ア　植物Aのほうが植物Bよりも呼吸量も光合成量も大きく，植物Bよりも弱い光で生育することができる。

イ　植物Aのほうが植物Bよりも呼吸量も光合成量も大きいが，生育のために必要な光の強さは同じである。

ウ　植物Bのほうが植物Aよりも光合成量は小さいが，呼吸量も小さいため植物Aよりも弱い光

で生育することができる。

エ　植物Bのほうが植物Aよりも呼吸量も光合成量も小さいが，生育のために必要な光の強さは同じである。

オ　植物Aのほうが植物Bよりも呼吸量は大きいが，光合成量は小さく，生育のために必要な光の強さに関してはこの実験からは判断できない。

081 暗室に1日置いたオオカナダモを呼気を入れた水に入れ，強さの異なる光を当てて発生する気泡の数を数える実験を行った。あとの問いに答えなさい。 （大阪教育大附高平野）

まず，試験管から30cm離れたところに，ある強さの光源を置いて光を当てたところ，1分間に60個の気泡が出た。このときの明るさを「10」とした。

これを基準として，明るさを2～40まで変化させ同様の実験を行ったところ，明るさと1分間に発生した気泡の数の関係は下のグラフのようになった。

なお，明るさは光源の強さに比例し，光源からの距離の2乗に反比例する。

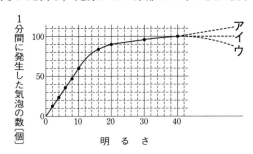

(1)　明るさを40以上にしたときの気泡の数の変化を正しく表しているのは，グラフ中の点線ア～ウのどれか。　　　[　　]

(2)　下線部で，光源の強さを4倍にすると，発生する気泡の数は何個になるか。　　　[　　　　]

(3)　下線部で，光源を60cm離すと，発生する気泡の数は何個か。　　　[　　　　]

解答の方針

080　(2)実験では20分間の照射である点に注意する。

　　(5)光合成量，呼吸量をそれぞれ比較する。

081　(3)問題文の最後の行をもとに考える。

082 植物の光合成と呼吸について調べるために，次のような実験を行った。あとの問いに答えなさ
い。 (北海道・函館ラ・サール高改)

〔実験〕 ビーカーに①水とBTB溶液を入れて，ストローで息を吹き込んでBTB溶液の色を緑色にした。
オオカナダモを試験管に入れ，その試験管内に緑色にしたBTB溶液を入れて試験管内に空気が残
らないように口に栓をして密閉した。さらにそれと同様の試験管を多数用意した。（試験管に入れ
るオオカナダモは，大きさや重量が同じものを使った。）

　強い光と弱い光をさまざまな長さの時間照射したところ，②BTB溶液の色が変化した。その後，
暗黒下に置いてBTB溶液の色が緑色に戻るまでの時間を測定した。その結果を下の表にまとめた。

　ただし，暗黒下に置いたあとにBTB溶液の色を確認するときは，ごく短時間にできるだけオオ
カナダモに光が当たらないように行ったので，その間の光合成については考える必要はない。また，
実験を通して温度はつねに一定だったものとする。

強い光を照射した時間〔分〕	5	10	15	20	30	40
暗黒下に置いてからBTB溶液が緑色になるまでの時間〔分〕	27	54	81	105	111	111

弱い光を照射した時間〔分〕	5	10	15	20	30	40
暗黒下に置いてからBTB溶液が緑色になるまでの時間〔分〕	3	6	9	12	18	24

(1)　実験中の下線部①においてストローで息を吹き込む前の段階では，BTB溶液は何色になるよう
に調節しておくとよいか。 [　　　　　]

(2)　実験中の下線部②で，BTB溶液は何色に変化したと考えられるか。 [　　　　　]

(3)　強い光を照射した実験で，照射時間が30分のときと40分のときで同じ結果になったのはなぜか。
次のア～カのなかから1つ選び，記号で答えよ。 [　　　　　]

　ア　30分から40分の間は，光合成も呼吸も行っていないから。
　イ　30分から40分の間は，呼吸は行っているが光合成を行っていないから。
　ウ　30分から40分の間で，試験管中の酸素がほとんどなくなったから。
　エ　30分から40分の間で，試験管中の二酸化炭素がほとんどなくなったから。
　オ　30分までの間に，試験管中の酸素がほとんどなくなったから。
　カ　30分までの間に，試験管中の二酸化炭素がほとんどなくなったから。

(4)　強い光を照射したときの30分から40分の間にオオカナダモが行っていることとして最も適当な
ものを次のア～エのなかから1つ選び，記号で答えよ。 [　　　　　]

　ア　呼吸のみ行っている。
　イ　光合成のみ行っている。
　ウ　呼吸と光合成の両方を行っている。
　エ　呼吸と光合成の両方を行っていない。

083 植物に関する次の［Ⅰ］［Ⅱ］の文章を読み，あとの問いに答えなさい。

（北海道・函館ラ・サール高改）

［Ⅰ］　ビニールハウスを建物（実験棟）の中につくり，照明を用いて昼の長さと夜の長さを自由に変えられるようにした。そして内部の気温などを一定に保ち，光合成に必要な二酸化炭素を十分に入れる。なお，植物の呼吸する速度，光合成速度は，一定であると考える。

(1)　このビニールハウス内では昼の1時間で0.7gの二酸化炭素が減少した。また，夜の1時間で0.3gの二酸化炭素が増加した。昼が12時間，夜が12時間で実験を行うと，1日の間に何gの二酸化炭素がビニールハウス内で減少するか。小数第1位まで答えよ。　　　　　　　　　［　　　　　　　］

(2)　(1)と同じ実験棟のビニールハウス内の1日あたりの光合成量が呼吸量を上回るようにするためには，1日のうちで最低何時間の昼が必要か。小数第1位まで答えよ。

　　　　　　　　　　　　　　　　　　　　　　　　　　　　　　　［　　　　　　　］

［Ⅱ］　実験棟の中に別のビニールハウスCとDを設置し，ビニールハウスCには植物cのみ，ビニールハウスDには植物dのみを1000本ずつ植えた。そして，暗黒，弱い光，強い光の3種類の光条件で育てたときの1時間あたりの二酸化炭素量の変化を調べ，結果を下の表のようにまとめた。

1時間あたりのビニールハウス内の二酸化炭素の量の変化

	暗黒	弱い光	強い光
ビニールハウスC	0.2g 増加	0.3g 減少	1.2g 減少
ビニールハウスD	0.4g 増加	0.1g 減少	2.6g 減少

(3)　この実験結果から推測されることとして適当なものを下のア〜キのなかから2つ選び，記号で答えよ。ただし，実験は日本で行われたものとし，実験棟の外で植物の受ける光は太陽光だけとする。

　　　　　　　　　　　　　　　　　　　　　　　　　　　　　　　［　　　　　　　］

ア　実験棟の中で，植物cは弱い光の連続照射のもとでは成長し続けられない。

イ　実験棟の中で，植物dは弱い光の連続照射のもとでは成長し続けられない。

ウ　実験棟の外で，日当たりの悪いところ（弱い光とほぼ同じ明るさ）では，植物cは成長できるが，植物dは成長し続けられない。

エ　実験棟の外で，日当たりの悪いところでは，植物dは成長できるが，植物cは成長し続けられない。

オ　実験棟の外で，日当たりの悪いところでは，植物c，植物dともに成長し続けられない。

カ　実験棟の外で，日当たりの良いところ（強い光とほぼ同じ明るさ）では，植物cは植物dよりも成長が速い。

キ　実験棟の外で，日当たりの良いところでは，植物dは植物cよりも成長が速い。

解答の方針

082　(3)光合成を行うためには，光のほかに材料となる物質が必要である。

083　(3)弱い光と強い光を当てたときの二酸化炭素の減り方に注意する。

3 消化と吸収・呼吸と排出

重要 **084** [だ液のはたらき]

デンプンの消化におけるだ液のはたらきについて調べるために，次の実験を行った。あとの問いに答えなさい。

〔実験〕

(a) 同じ量のデンプンのりを入れた 6 本の試験管 A ～ F を用意し，A，C，E にはだ液を，B，D，F には水を入れ，図のように 5℃ の水，40℃ の湯，80℃ の湯の中に 10 分間放置した。

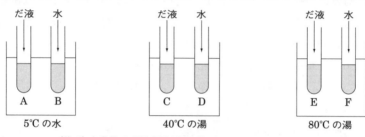

(注 1) A,C,E のだ液は同じ量である。
(注 2) B,D,F の水は，A,C,E のだ液と同じ量である。

(b) それぞれの試験管から，少量の液を取り出し，その液にヨウ素液を加え，色の変化を観察したところ，A，B，D，E，F から取り出した液は青紫色に変化した。

(c) C に残った液に，ベネジクト液を加えて加熱したところ，赤かっ色に変化した。

(1) だ液のはたらきを調べる実験で，B，D，F のようにだ液を入れない実験をするのはなぜか。簡潔に答えよ。 [   ]

(2) 実験の(b)でヨウ素液を加えたことにより，存在が確認できる物質を答えよ。
[   ]

(3) 実験の(c)でベネジクト液を加えて加熱したことにより，存在が確認できる物質を答えよ。
[   ]

(4) この実験結果からわかるだ液のはたらきについて，温度と物質の変化に着目して，簡潔に答えよ。 [   ]

(5) 次の文は，デンプンの消化について述べたものである。文中の①～③にあてはまる語をそれぞれ答えよ。

①[   ] ②[   ] ③[   ]

実験結果のようにだ液がはたらくのは，だ液の中に ① が含まれているからである。デンプンに対してはたらく ① は，だ液のほかに， ② という消化液の中や小腸の壁にも存在し，デンプンを小腸から吸収されやすい物質に分解する。分解されてできた物質は，小腸の壁のひだに数多く見られる ③ から吸収されたのち，毛細血管などに入る。

085 〉[消化酵素のはたらき]

2種類の消化酵素 X，Y を用いて，消化酵素のはたらきを調べる実験を行った。図のように，ビーカー A 〜 C のうち，A には水を，B には消化酵素 X を水に溶かした液を，C には消化酵素 Y を水に溶かした液を，それぞれ同じ量入れ，液温を 35℃に保った。このように準備した A 〜 C を 2 組用意した。

〔実験 1〕　1 組目の A 〜 C の液中にデンプン溶液をしみ込ませたろ紙をそれぞれ入れ，10 分後に各ビーカーからろ紙を取り出し，取り出したろ紙にヨウ素液をかけ，ろ紙の色の変化を調べた。次に，ろ紙を取り出した A 〜 C の液中にそれぞれ同じ量のベネジクト液を加えて加熱し，加熱前と加熱後で液の色の変化を調べた。

〔実験 2〕　2 組目の A 〜 C の液中にゼラチン（タンパク質の一種）のかたまりをそれぞれ入れ，1 日後にゼラチンのかたまりのようすを調べた。

実験 1，2 の結果をビーカーごとにまとめると，次のようになった。

(1)　実験の結果から，「デンプンは，水のはたらきではなく，消化酵素のはたらきによって分解され，麦芽糖などに変

		ビーカー A	ビーカー B	ビーカー C
実験 1	ろ紙の色	青紫色に変化した（結果①）	変化しなかった（結果②）	青紫色に変化した（結果③）
	液の色	変化しなかった（結果④）	赤かっ色に変化した（結果⑤）	変化しなかった（結果⑥）
実験 2	ゼラチン	変化しなかった（結果⑦）	変化しなかった（結果⑧）	見えなくなった（結果⑨）

化した」と推定できる。どの実験の結果の組み合わせからこのように推定できるか。次のア〜エから選んで，記号で答えよ。　　　　　　　　　　　　　[　　　]

ア　結果①，結果②　　　　　　　　イ　結果②，結果⑤

ウ　結果①，結果②，結果③，結果⑤　エ　結果①，結果②，結果④，結果⑤

(2)　実験の結果から，消化酵素 Y についてわかることとして，最も適当なものを，ア〜エから選んで，記号で答えよ。　　　　　　　　　　　　　　　　　　[　　　]

ア　消化酵素 Y は，デンプンとゼラチンのそれぞれにはたらく。

イ　消化酵素 Y は，デンプンにはたらくが，ゼラチンには，はたらかない。

ウ　消化酵素 Y は，ゼラチンにはたらくが，デンプンには，はたらかない。

エ　消化酵素 Y は，デンプンやゼラチンには，はたらかない。

ガイド　(2)実験 2 の結果より，ゼラチンが見えなくなったのはビーカー C なので，消化酵素 Y はゼラチンにはたらくことがわかる。

086 〉[栄養分の消化・吸収(1)]

生命の維持と生物の成長に関する次の問いに答えなさい。

〔観察〕バナナが熟すときの細胞のようすを調べるために，バナナ
の切り口をスライドガラスにこすりつけ，デンプンを確認する
薬品Xを1滴落として，プレパラートをつくり，顕微鏡で観察
した。

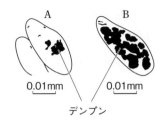

図のA・Bは，それぞれ，バナナが熟す前と熟したあとのいず
れかの細胞のようすを表したものであり，どちらも細胞内のデ
ンプンは青紫色に染まった。

(1) 次の文の①，②の｛　　｝のなかから，それぞれ適当なものを1つずつ選び，ア～エの記
号で書け。　　　　　　　　　　　　　　　　　　　　　　①[　　　]　②[　　　]

　薬品Xは，①｛ア　ベネジクト液　イ　ヨウ素液｝である。バナナには，ヒトの消化酵素
であるアミラーゼと同じはたらきをする物質が含まれており，バナナが熟す過程で，この物
質がはたらく。このことから，図のAとBのうち，熟したあとのバナナの細胞のようすを
表したものは，②｛ウ　A　エ　B｝であると考えられる。

(2) ヒトの小腸の内部の表面には，ひだや柔毛があり，効率よく栄養分を吸収できるのはなぜ
か。その理由を簡単に書け。　　　　　　　　　　[　　　　　　　　　　　　　　　　]

(3) 次のア～エのうち，生命を維持するための器官のはたらきについて述べたものとして，最
も適当なものを1つ選び，その記号を書け。　　　　　　　　　　　　　　　[　　　]

ア　胆のうは，消化酵素は含まないが脂肪の分解を助ける胆汁を出す。

イ　肝臓は，吸収されたアミノ酸からグリコーゲンを合成する。

ウ　すい臓は，タンパク質を分解するリパーゼを含むすい液を出す。

エ　じん臓は，細胞内でできた有害なアンモニアを尿素に変える。

087 〉[栄養分の消化・吸収(2)]

ヒトの消化・吸収のしくみについて，次の問いに答えなさい。

(1) ヒトが外から取り込んだ食物の通路は，口から始まり肛門で終わる1本の管になっている。
次のア～カの器官のうち，口や肛門と同じように食物の通路となっているものをすべて選び，
口を最初，肛門を最後として，順番に並べて記号で答えよ。

　　　　　　　　　　　　　　　[口　→　　　　　　　　　　　　→　肛門]

ア　食道　　　　イ　大腸　　　　ウ　小腸

エ　気管　　　　オ　胆のう　　　カ　胃

(2) デンプン，タンパク質，脂肪について，それぞれの消化に関係しているものを次のア～エ
からすべて選び，記号で答えよ。ただし，ア～エは何度用いてもよい。

　　　　　　　デンプン[　　　　　]　タンパク質[　　　　]　脂肪[　　　　]

ア　胃液中の酵素　　　　イ　小腸の壁の酵素

ウ　すい液中の酵素　　　エ　胆汁

(3)　図は，ヒトの小腸に存在する柔毛を模式的に表したものである。図に示す柔毛の内部にある毛細血管とリンパ管は，栄養分を吸収するはたらきを担っている。毛細血管とリンパ管でそれぞれ吸収される栄養分の組み合わせとして適当なものを次のア～エから1つ選び，記号で答えよ。　　　　　　　　　　　　　　　　　　　[　　　　　]

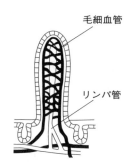

毛細血管

リンパ管

	ア	イ	ウ	エ
毛細血管	ブドウ糖・脂肪	ブドウ糖	脂肪・アミノ酸	ブドウ糖・アミノ酸
リンパ管	アミノ酸	脂肪・アミノ酸	ブドウ糖	脂肪

ガイド　(1) 食物が通らない管をまず除外して考える。

重要　088　[肺のしくみ]

ヒトの肺のしくみについて，次の問いに答えなさい。

(1)　多数の小さな肺胞のまわりを，毛細血管が網の目のようにとり巻いていることは，肺のはたらきにどのように役立つと思われるか。簡単に答えよ。

[　　　　　　　　　　　　　　　　　　　]

(2)　肺がふくらんだり縮んだりするときに，大きく関係している膜を何というか。その名称を答えよ。　　　　　　　　　　　　　　　　　[　　　　　]

(3)　右図は呼吸をしているときの胸の内部を表している。息を吸った状態を表している図はア，イのどちらか。記号で答えよ。

[　　　　]

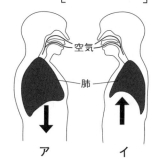

空気

肺

ア　　　　イ

ガイド　(1) ガス交換は血液を通じて行われる。

重要　089　[肺の内部]

図はヒトの肺の内部に多数あるうすい袋状の部分を示したものである。この袋状の部分を何というか。名称を答えなさい。

[　　　　　　　]

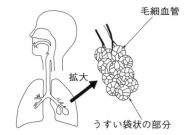

毛細血管

拡大

うすい袋状の部分

重要 090 **[呼吸]**

表はヒトの吸う息とはく息に含まれる気体の体積の割合〔%〕を，息に含まれる水蒸気を除いて

まとめたものである。次の問いに答えな
さい。

(1) はく息で，吸う息と比べて表の「そ
の他」が増加している。「その他」のな
かで，最も増加していると考えられる
気体は何か。名称を答えよ。

	吸う息に含まれる気体の体積の割合〔%〕	はく息に含まれる気体の体積の割合〔%〕
窒 素	79.0	79.2
酸 素	20.9	16.3
その他	0.1	4.5

[   ]

(2) ヒトは，からだの中にとりこまれた酸素を，おもにどのように利用しているか。「養分」と
いう語句を使って，簡潔に答えよ。 [   ]

091 **[排出]**

不要な物質の排出について，次の問いに答えなさい。

(1) 次の文は，細胞において二酸化炭素や水以外にできる不要な物質について述べたものであ
る。文中の（ a ）から（ c ）にあてはまる語句の組み合わせとして最も適当なものを，下
のア〜エのなかから1つ選び，記号を書け。 [   ]

> 細胞では，二酸化炭素や水以外に，有害な（ a ）ができる。この（ a ）は血液によ
> って運ばれ，（ b ）で無害な（ c ）に変えられる。

	a	b	c
ア	尿素	肝臓	アンモニア
イ	尿素	胆のう	アンモニア
ウ	アンモニア	肝臓	尿素
エ	アンモニア	胆のう	尿素

(2) 次の文は，ヒトの尿が体外に排出されるしくみについて述べたもので
あり，図はヒトのじん臓の断面を模式的に表したものである。文中の
（ A ），（ B ）にあてはまる名称を，それぞれ書け。

A[   ] B[   ]

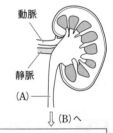

> じん臓は，血液をろ過して血液中の不要な物質をとり除いている。血液からとり除かれ
> たさまざまな不要な物質や水分から尿がつくられ，図の（ A ）を通り，いったん（ B ）
> にためられたあと，体外に排出される。

092 **[じん臓のはたらき]**

じん臓には太い血管がつながっており，血液中のさまざまな物質をこし出して，そのあとで，
再び必要なものを吸収するしくみがある。一方からだに不要なものは尿中に排出される。表は，
健康なヒトの血液と尿に含まれるさまざまな物質の割合〔%〕を示したものである。次の問いに

答えなさい。

	血液に含まれる割合〔%〕	尿に含まれる割合〔%〕
ブドウ糖	0.10	0.00
カリウム	0.02	0.15
ナトリウム	0.30	0.35
尿　素	0.03	2.00

(1) じん臓でこし出されたあとに，ほとんどすべての量が再び吸収されているものは何か。最も適当なものを表のなかから1つ選び，名称を答えよ。[　　　　　]

(2) 尿に含まれる尿素は，同じ量の血液に含まれる尿素の何倍か。小数第1位を四捨五入して整数で答えよ。[　　　　　]

(3) からだの中で，タンパク質が分解されてできる有害なアンモニアは無害な尿素に変えられる。アンモニアを尿素に変えるはたらきをしているのは何という器官か。その名称を答えよ。[　　　　　]

ガイド (1)ほとんどすべてが再び吸収されているものは，尿にほとんど含まれていない。

重要 093 [各器官のはたらき]

ヒトのからだのつくりとはたらきについて，あとの問いに答えなさい。

右の図はからだの中を正面から見たようすを模式的に表したものである。下の表には図の一部の器官のおもなつくりとはたらきを示した。

器官	つくり	はたらき
①	小さな袋がたくさん集まっている。	血液中に空気中の酸素の一部をとりこむ。
②	多数のひだがあり，その表面には柔毛が見られる。	養分の多くを吸収する。
③	筋肉でできており，だいたい自分のにぎりこぶしぐらいの大きさである。	規則正しく縮むこと(拍動)によって血液を循環させている。

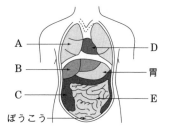

(1) 表の①～③の器官は，どの器官を示しているか。最も適当なものを図のA～Eからそれぞれ選んで，記号で答えよ。①[　　] ②[　　] ③[　　]

(2) 表の①，②の器官は，袋やひだがたくさんあるのでそれぞれのはたらきが効率よく行われている。これらのつくりで効率がよくなるのはなぜか。共通する理由を答えよ。[　　　　　　　　　]

(3) 背中側に存在するために図にはかかれていない器官のはたらきを示したものはどれか。最も適当なものを次のア～エから選び，記号で答えよ。また，その器官のはたらきをもう1つ簡単に答えよ。記号[　　] はたらき[　　　　　　]

ア　食べ物から水分を吸収する。　　イ　アンモニアを無害な尿素に変える。

ウ　血液中から物質をこしとって不要な物質をとりのぞく。

エ　尿を体外に排出する前に一時的にためる。

ガイド (2)小さな袋とひだの共通点は何かを考える。表面積はどうなるか。

最 高 水 準 問 題 ——————————————— 解答 別冊 p.24

094 下の図は，ヒトの消化・吸収にかかわる器官を模式的に示したものであり，表は，さまざまな
物質が体内で消化されるようすを示したものである。あとの問いに答えなさい。

（神奈川・法政大二高）

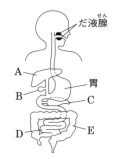

器官名	だ液腺	胃	図のB	図のC	図のD
消化酵素など	X	Y	胆汁		

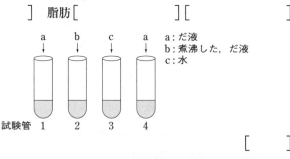

(1) 次の①，②のはたらきをする器官を図のA～Eから選び，記号で答えよ。

①[　] ②[　]

　① おもに水分を吸収する。

　② 消化酵素は含まれていないが，脂肪の消化を助ける消化液をつくる。

(2) だ液と胃液にそれぞれ含まれる消化酵素名X，Yを答えよ。 　　　X[　　　　　]

Y[　　　　　]

(3) タンパク質，脂肪はそれぞれ消化されてどのような物質になり，吸収されるか。物質名をタンパ
ク質は1つ，脂肪については2つ答えよ。

タンパク質[　　　　] 脂肪[　　　][　　　]

(4) デンプン溶液を同量ずつ入れた右の図
の試験管1～4にa～cの液体を入れ，
試験管1～3は37℃の湯に，試験管4
は5℃の水につけてデンプンが分解する
ようすを調べた。このうちデンプンが分
解した試験管の番号を答えよ。

[　]

(5) (4)の結果からわかることを簡潔に答えよ。

[　　　　　　　　　　　　　　　　　　　　]

095 デンプンはだ液によって麦芽糖などに分解される。そのはたらきについて調べるために，次の
ような実験を行った。

（愛媛・愛光高改）

〔実験〕

　デンプンのりを水に少量溶き，それを2本の試験管に入れた。次に片方の試験管にはだ液を加え，
(a)もう一方の試験管にはだ液と等量の水を加えた。両方の試験管内の温度を37℃に保ちつつ1時間
ほど置いたあと，(b)ベネジクト液を使って反応液の中に麦芽糖などができているかどうかを調べると，
だ液を加えたほうには赤かっ色の沈殿物が生じたが，水を加えたほうは青色のままであった。この
ことから，だ液にはデンプンを分解して麦芽糖などをつくるはたらきがあることがわかった。

(1) 下線部(a)のような，結果を比較するための実験を何というか。漢字で答えよ。

[   ]

(2) 下線部(b)に関して，反応液にベネジクト液を加えたあと，どのような操作を行えばよいか。簡単に答えよ。 [   ]

(3) だ液で行った実験と同じ方法で，胃液，胆汁，すい液の消化液にデンプンから麦芽糖などをつくるはたらきがあるかどうかを調べた。このときの実験結果を正しく示しているものを，次のア～エから1つ選び，記号で答えよ。 [   ]

ア 胃液，胆汁，すい液で処理したものはいずれも青色のままだった。

イ 胃液で処理したものには赤かっ色の沈殿が生じたが，他の消化器官からの消化液で処理したものは青色のままだった。

ウ 胆汁で処理したものには赤かっ色の沈殿が生じたが，他の消化器官からの消化液で処理したものは青色のままだった。

エ すい液で処理したものには赤かっ色の沈殿が生じたが，他の消化器官からの消化液で処理したものは青色のままだった。

(4) からだの大きさに対する小腸の長さは肉食動物と草食動物とでどのようになっているか。次のア～エから最も適当なものを1つ選び，記号で答えよ。 [   ]

ア 一般に肉食動物のほうが草食動物より長い。

イ 肉食動物と草食動物とではさほど長さは変わらない。

ウ 一般に肉食動物のほうが草食動物より短い。

エ 動物の種類によって異なるので，肉食動物と草食動物に違いがあるとはいえない。

096 ▶ 1回の呼吸で，吸う息とはく息に含まれる気体の量を，それぞれ $500 cm^3$ とする。その場合，1回の呼吸で，約何 cm^3 の酸素が肺でとりこまれるか。右の表をもとに，小数第2位を四捨五入して求めなさい。 （宮崎県改）[   ]

吸う息とはく息に含まれる
気体中の酸素の割合〔％〕

気体	吸う息	はく息
酸素	20.79	15.26

097 ▶ ヒトの外呼吸について調べたところ，はき出した空気 250mL には酸素がおよそ 45mL 含まれ，成人は1分間の呼吸で 5L の空気を肺に出し入れしていることがわかった。空気中の酸素の割合を 21% として，この成人が 10 分間で血液に取り込む酸素の体積は何 mL になるか求めなさい。

（埼玉・淑徳与野高）

[   ]

解答の方針

094 (4)消化酵素は温度の影響を受ける。

095 (4)草食動物は草を食べるので，食物繊維を消化しなければならない。食物繊維を消化するには時間がかかる。このことから小腸の長さはどのようになると考えられるか。

097 吸う空気 5L とはく空気 5L 中に酸素がどれだけ含まれるかをまず求める。

098 ▶ キンギョの呼吸のしかたについて，次のような観察を行った。あとの問いに答えなさい。

(山口県囡)

〔観察〕

① 図1のように，チャックつきのポリエチレン袋の中に水を入れ，
さらにBTB溶液を加えて緑色にしたあと，この袋の中にキンギョを
入れて，チャックを閉めた。

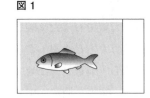

図1

② 袋の中のBTB溶液を観察すると，<u>キンギョのえらぶた付近は黄色
に変化し</u>，えらぶたから離れたところは緑色のまま変化していなか
った。その後，キンギョをすみやかに水槽に戻した。

(1) 観察②の下線部のことから，えらぶた付近の水は何性になったと考えられるか。酸性・中性・
アルカリ性のいずれかで答えよ。 [ ]

(2) (1)のようになった理由を簡単に答えよ。 [ ]

(3) 図2は魚のえらのつくりを示したものであり，たくさんの切
れこみがあるくし形になっている。えらのつくりが，このよう
なくし形になっていると，多くの酸素を効率よく吸収できるの
はなぜか答えよ。

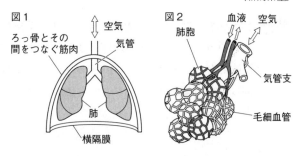

図2

えらの一部

[ ]

099 ▶ 呼吸に興味をもったので，人間の肺のつくりなどについて調べた。次の問いに答えなさい。

(新潟県囡)

図1は，人間の肺，_aろっ骨とその間をつな
ぐ筋肉，横隔膜などを模式的に表したもので
ある。鼻や口から吸いこまれた空気は，気管
を通って肺に入る。気管は，枝分かれして気
管支となり，その先には，図2のように，
_b肺胞という小さな袋がたくさんあり，外側
を毛細血管が網のように取りまいている。

図1

ろっ骨とその
間をつなぐ筋肉

空気

気管

肺

横隔膜

図2

肺胞

血液　空気

気管支

毛細血管

(1) 下線部aについて，肺に空気が入ったり，肺から空気が出たりするときの，ろっ骨とその間をつ
なぐ筋肉，横隔膜の役割を書け。

[ ]

(2) 下線部bについて，肺胞がこのようなつくりになっているのはなぜか。その理由を「表面積」とい
う語句を用いて書け。

[ ]

100 じん臓は，血液中の不要な物質を濃縮し体外に排出するはたらきをしている。血液中の血しょうは，じん臓でろ過されて原尿（尿の元になる液体で，タンパク質を含まないこと以外は血しょうの成分と同じ）となる。その原尿の中から，ブドウ糖やアミノ酸などのからだに必要な物質は毛細血管に吸収されて血液中に戻される。水分もまた99％以上が吸収され，吸収されずに残ったものが尿として排出される。しかし，からだに不要な物質の一部も水と一緒に吸収される場合もある。あとの問いに答えなさい。 　　　　　　　　　　　　　　（千葉・東邦大附東邦高）

じん臓のはたらきをくわしく調べるため，イヌリンという物質を用いて以下の実験を行った。

(注)　イヌリン　・体内に元々存在しない物質で，からだの中では利用されず，じん臓でろ過されて原尿に出てくる。

　　　　　　　　・毛細血管にはまったく吸収されずに尿中にすべて排出される。

〔実験〕　イヌリンをある正常なヒトの体内に注射で投与し，しばらくしてから血しょうと尿の成分を調べ，表にまとめた。なお，このヒトの24時間の尿量は1.5kgとする。
　　次の問いに答えなさい。

物質名	血しょう中濃度〔％〕	尿中濃度〔％〕
アンモニア	0.001	0.04
尿素	0.03	2
イヌリン	0.003	0.36
ブドウ糖	0.1	0

(1)　血しょう中のイヌリンは，何倍の濃度に濃縮されて尿中に排出されたことになるか。

[　　　　　　　]

(2)　(1)の結果から考えて，このヒトのじん臓で1日にろ過されてできた原尿は何kgと考えられるか。

[　　　　　　　]

(3)　じん臓でろ過されてできた原尿中の尿素のうち，尿として排出される量と血液中に吸収される量の比を，最も簡単な整数の比で答えよ。 [　　　　　　　]

(4)　ヒトの全身の細胞で発生したアンモニアは，アンモニアのまま，もしくは尿素に変えられて排出される。体内ではアンモニア0.57gから尿素1gが生成する。

　　このことと，血液の成分が日によって大きな変動がなくほぼ一定に保たれているということをもとにして，1日に全身の細胞で発生するアンモニアが何gかを求めよ。 [　　　　　　　]

101 下の表は，ある健康なヒトについて，血しょう，尿に含まれるさまざまな成分の濃度を表したもので，すべて100mLあたり何g含まれているかを表す。ある成分の尿中での濃度が，血しょう中での濃度の何倍に濃縮されたかを示す値を濃縮率という。表の成分のうち，濃縮率が3番目に高い成分を答えなさい。 　　　　　　　　　　（北海道・函館ラ・サール高改）

	血しょう	尿		血しょう	尿
タンパク質	7.5	0	尿素	0.03	1.8
ブドウ糖	0.1	0	尿酸	0.005	0.05
ナトリウムイオン	0.3	0.3	クレアチニン	0.001	0.075
カリウムイオン	0.03	0.18			

[　　　　　　　]

解答の方針

098　(1)(2)BTB溶液の色が黄色になったことから，ある気体が水に溶けたことが考えられる。

100　(4)アンモニアのまま排出される分については，表の数値を使って求めることができる。尿素につくりかえられた分については，問題文の条件を使ってアンモニアの質量を求めることができる。

4 血液と循環

解答 別冊 p.26

標準問題

102 [血液の流れとその観察]

メダカの血管とその中を流れている血液について調べるため，次の観察を行った。これに関して，あとの問いに答えなさい。

〔観察〕

① 図1のように，チャックつきビニルぶくろに水とメダカを入れ，チャックを閉めた。

② 図2のように，チャックつきビニルぶくろを顕微鏡のステージにのせた。メダカの尾の毛細血管とその中を流れている血液のようすを観察したところ，毛細血管の中をたくさんの赤血球が流れていた。図3は，そのときのスケッチである。

図1

図2

(1) 観察①で，メダカをチャックつきビニルぶくろに入れるとき，どのようにすればよいか。簡潔に答えよ。

[ ]

(2) 図3の毛細血管Aを観察したときのようすを述べたものはどれか。ア～エから最も適当なものを1つ選び，記号で答えよ。 [ ]

ア 赤血球の形は，球状と棒状の2つである。

イ 毛細血管は，ポンプのように収縮して，赤血球を送り出している。

ウ 赤血球は，毛細血管の壁から外に出たり入ったりしている。

エ 赤血球は，ころがるようにして，一方向に流れている。

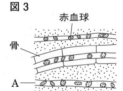
図3

(3) メダカやヒトの血液が赤く見えるのは，赤血球に何という物質が含まれているためか。

[ ]

> **ガイド** (2)赤血球は，毛細血管から出ることはない。

103 [心臓のつくりとはたらき]

図は，ヒトの心臓の模式図である。図のA～Dは心臓の4つに区切られた部屋を表しており，ア～オの部位から先は，血管である。次の問いに答えなさい。なお，図はヒトを正面から見たときの心臓を表している。

(1) Aの名称を答えよ。 [ ]

(2) 肺と心臓を直接結ぶ血管は，ア～オのどの部位からのびる血管か。適切なものをすべて選び，ア～オの記号で答えよ。

[ ]

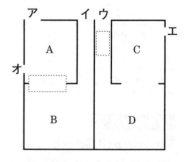

(3) 心臓は厚い筋肉でできていて，血液の流れをつくるポンプの役割をしているが，A〜Dの部屋の筋肉の壁は同じ厚さではなく，血液をどの部位に送り出すかによって，筋肉の厚みが異なる。最も筋肉の壁が厚いと考えられるのはA〜Dのどの部屋か。記号で答えよ。また，その理由を簡潔に答えよ。　　　　　　　　　　　　　　　　　　　　　記号［　　　］

理由［　　　　　　　　　　　　　　］

(4) 心臓には血液が逆流しないように弁がある。図の点線で囲まれた部位に見られる弁を，図にかきこめ。

> **ガイド** (4)血液の流れがどのようになっているかを考えると，弁の向きもわかる。

重要 104 ［血液の成分］

図は，ヒトの血液を顕微鏡で観察した模式図である。これについて，次の問いに答えなさい。

(1) 図のP〜Sの名称を答えよ。

P［　　　　　］ Q［　　　　　　］
R［　　　　　］ S［　　　　　　］

(2) 固形成分P〜Rについて，それぞれのはたらきを以下のア〜ウから選び，記号で答えよ。

P［　　　］ Q［　　　］ R［　　　］

ア　血液を固める。

イ　酸素を運ぶ。

ウ　細菌を分解する。

(3) 図のP〜Sのなかで，ヘモグロビンが含まれているのはどの成分か。P〜Sの記号で答えよ。　　　　　　　　　　　　　　　　　　　　　　　　　　　　　　　　　［　　　　］

(4) ヘモグロビンの性質について，「酸素の多いところ」と「酸素の少ないところ」ではどのように異なるか。それぞれ簡単に答えよ。

酸素の多いところ［　　　　　　　　　　　　　　　　　　　　　］
酸素の少ないところ［　　　　　　　　　　　　　　　　　　　　　］

(5) 次の文は，血液の流れとはたらきについて述べたものである。文中の空欄に適する語句を入れよ。　　　　　　　　　①［　　　　　　］ ②［　　　　　］ ③［　　　　　］

血液は　①　のはたらきによって送り出され，一定の向きに流れながら，酸素や養分を運んでいる。血液中の　②　の一部は，細い血管の壁からしみ出して　③　となり，酸素や養分を細胞へわたしている。

> **ガイド** (5)細い血管の壁からしみ出すのは，液体成分である。

重要 105 **[血液循環(1)]**

図は，ヒトの各器官と血液の循環経路を示した模式図である。次の問いに答えなさい。なお，矢印は血液の流れる方向を示している。

(1) 図の血管 a〜i で，酸素が最も豊富にある血液が流れる血管はどれか。記号で答えよ。 [   ]

(2) 図の血管 a〜i で，静脈血が流れる動脈はどれか。記号で答えよ。 [   ]

(3) 図の血管 a〜i で，食事をしたあと，ブドウ糖を最も多く含む血液が流れる血管はどれか。記号で答えよ。 [   ]

(4) 図の血管 a〜i で，血圧が最も高いのはどれか。記号で答えよ。 [   ]

(5) 図の血管 a〜i で，合成された尿素が最初に流れ出すのはどの血管か。記号で答えよ。 [   ]

(6) 肺に血液が送られる循環は何とよばれるか。 [   ]

(7) 血液の通り道である血管や，ポンプの役割をする心臓などをまとめて何というか。次のア〜オから１つ選び，記号で答えよ。 [   ]

　　ア 呼吸系　　イ 神経系　　ウ 排出系　　エ 循環系　　オ 消化系

(8) 図に示した全身の細胞は，血液の循環によって運ばれてきたある物質と栄養分(養分)を使ってエネルギーをとり出している。血液の循環によって運ばれてきたある物質とは何か。名称を答えよ。 [   ]

> **ガイド** (4)血圧が高いということは，血液を勢いよく送り出す必要がある血管であることが推測できる。
> 　　　　(5)アンモニアを尿素に変える器官がどこかわかれば，どの血管か選ぶことができる。

106 **[血液循環(2)]**

次の問いに答えなさい。

(1) ヒトの血液循環の経路を以下に示した。A・B は心臓の部屋の名称，C・D は血管の名称を，それぞれ漢字で答えよ。

　　　　　A[　　　　] B[　　　　] C[　　　　] D[　　　　]
　　A　→　大動脈　→　全身の各部　→　大静脈　→　B　→　右心室　→　C　→
　　肺胞　→　D　→　左心房

(2) 血液の成分が毛細血管の壁からしみ出して，細胞のすき間を満たしているものを何というか，漢字で答えよ。 [   ]

> **ガイド** (1)血液は心室から各組織へ送り出される。

107 〉[栄養分の消化・吸収]

以下の文を読み，あとの問いに答えなさい。

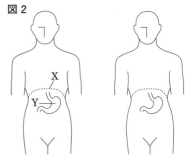

図1は，ヒトの主要な器官A〜Dと，これらの器官につなが
る血管および，血液中に含まれる6種類の物質に注目し，その量
的な変化(濃度の変化)を模式的に示したものである。図中の矢印
→は血液が流れる方向を示している。ただし，それぞれの器官に
出入りする物質は，特徴的なもののみ示している。

なお，三大栄養素のいずれかが消化されると，最終的に物質☆
や△ができる。また，物質☆が体内で分解されると，人体に有害
な物質◇がつくられる。

器官Aは，肺を示している。この器官を通過すると，ガス交
換によって物質●は減少し，物質○は増加する。

器官Bを通過すると，物質◇は，無害な物質■に変えられる。

器官Cを通過すると，物質☆や物質△は，いずれも増加する。

器官Dを通過すると，物質△や物質☆の濃度は変化しないが，物質■はほとんどなくなる。

(1)　図1の●および○は何という物質か。物質名を答えよ。

　　　　　　　　　　　　　●[　　　　　　　] ○[　　　　　　　]

(2)　図1の☆・△・■および◇は何という物質か。次のア〜オから1つずつ選び，記号で答
えよ。　　　　　　　　☆[　　] △[　　] ■[　　] ◇[　　]

　ア　尿素　　イ　アンモニア　　ウ　脂肪酸　　エ　ブドウ糖　　オ　アミノ酸

(3)　図1の器官B〜Dの名称を，次のア〜オから1つずつ選び，記号で答えよ。

　　　　　　　　　　　　　B[　　] C[　　] D[　　]

　ア　心臓　　イ　肝臓　　ウ　小腸　　エ　大腸　　オ　じん臓

(4)　右の図2は，ヒトの横隔膜(X)および胃(Y)を示して
いる。これらを参考にして，器官A(肺)および器官Bの
およその形と位置を，それぞれ右側の図にかき入れよ。
なお，かいた図中に器官A(肺)であればAと，器官Bで
あればBと明記せよ。

ガイド　有害な◇が無害な■に変わることから，◇と■がそれぞれ何であるかがわかり，器官Bもわかる。
また，器官Dでは■が排出されていることから，器官Dもどの器官なのかがわかる。

最高水準問題 —————————————————————— 解答 別冊 p.27

108 ヒトの血液について，次の問いに答えなさい。　　　　　　　　（千葉・渋谷教育学園幕張高）

血液に含まれる赤血球の数を顕微鏡を使ってはかることにした。

まず，カバーガラスとスライドガラスのすき間が，正確に 0.1mm になるように調整された特別な
スライドガラスを準備した（図1）。このスライドガラスには，正確に 1 辺 0.25mm の方眼が刻まれて
いる（図2）。次に，カバーガラスとスライドガラスのすき間に，血液を 100 倍にうすめた液を注入し，
1 辺 0.25mm の方眼に入っている赤血球の数を数え，平均を算出した。

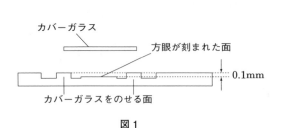

図1

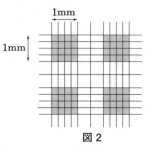

図2

(1)　1 辺 0.25mm の方眼の範囲に入っている赤血球の数の平均は，311 個であった。血液 $1mm^3$ 中には，
およそ何万個の赤血球が入っていると考えられるか。整数で答えよ。

[　　　　　　]

(2)　次の文中の（　　）にあてはまる語を答えよ。　　　　　　　　　　　[　　　　　　]

赤血球は，ヘモグロビンというタンパク質を大量に含み，酸素を運搬する。タンパク質は，たく
さんの（　　　）がつながってできている鎖状の分子で，途中で折れ曲がったり，らせん状になった
りして，独特の立体構造をつくっている。ヘモグロビンの立体構造の中には「ヘム」というつくりが
入っている。酸素は，ヘムに結合して運搬される。

(3)　ヘムは，金属原子を含む。この金属原子が不足すると，体内でのヘムの生成がとどこおり，貧血
症状となる。ヘムに含まれる金属原子とは何か。　　　　　　　　　　[　　　　　　]

(4)　次の文は，ヘモグロビンについて述べたものである。（　　）のなかから適切と思われるものを選
んで答えよ。

①[　　　]　②[　　　]　③[　　　]

ヘモグロビンの酸素との結合のしやすさは，まわりの環境によって変化する。酸素との結合のし
やすさは，酸素が多いところほど，①（高・低）い。また，二酸化炭素の割合にも影響される。二酸
化炭素が多いところほど，酸素との結合のしやすさは②（高・低）くなる。さらに，温度にも影響さ
れる。温度が高いところほど，酸素との結合しやすさは③（高・低）くなる。

109 次の各問いに答えなさい。　　　　　　　　　　　　　　　（千葉・東邦大附東邦高）

(1)　次の文は，血液の流れについて説明したものである。文中の　1　～　4　にあてはまる組み合

わせとして最も適切なものを，右のア～カのなかから1つ

選び，記号で答えよ。　　　　　　　　　　　[　　]

　　血液は，左心室から　1　を通って　2　へ送り出され，

右心室からは，　3　を通って　4　へ送り出される。

	1	2	3	4
ア	大動脈	全身	肺静脈	肺
イ	肺静脈	肺	大静脈	全身
ウ	大動脈	全身	肺動脈	肺
エ	肺動脈	肺	大動脈	全身
オ	大静脈	全身	肺静脈	肺
カ	肺静脈	肺	大動脈	全身

(2)　心臓は，血液を送り出すポンプである。そのポンプのは

たらきを保つために必要な酸素と養分が，冠状動脈という

細い専用の血管を流れる血液から出ている。

　　次に示すデータを用い，心臓から送り出される血液の

何％が，心臓を養うために用いられているか計算せよ。答えは小数第2位を四捨五入して小数第1

位まで答えよ。　　　　　　　　　　　　　　　　　　　　　　　　　　　　[　　　　　]

・身長　160 cm

・体重　50 kg

・心臓が1回の収縮で送り出す血液量　70 cm^3

・心臓自身の活動を維持するために必要な血液量　毎分 250 cm^3

・心拍数　毎分 70 回

110 次の値を使い，①，②のことがらについて計算で求めたい。あとの問いに答えなさい。

（東京・お茶の水女子大附高改）

①　ヒトの血液が心臓から出てからだをめぐり，心臓に戻ってくるまでの時間（すべての血液が同

　　じ時間で体内をめぐると仮定して）。

②　ヒトの血液1 cm^{3}中にある赤血球を1列に並べたときの長さ。

・血液の量（質量）は，体重の12分の1

・血液1000 cm^{3}の質量は1.05 kg

・心臓が1回の収縮で全身（肺以外）に送り出す血液の量は75 cm^3

・1分間の脈拍数（脈を打つ数）は72回

・血液1 mm^3（1辺1 mmの立方体の体積）に含まれる赤血球の数は500万個

・赤血球を1000個並べたときの長さは8 mm

(1)　体重が56.7 kgのヒトの血液の量は何 cm^{3}か。　　　　　　　　　[　　　　　]

(2)　①の値は，(1)で計算した量の血液が心臓から送り出される時間に等しいと考えられる。その時間

は何秒かを求めよ。　　　　　　　　　　　　　　　　　　　　　　　[　　　　　]

(3)　血液1 cm^{3}に含まれる赤血球の数を計算し，計算結果の桁数を答えよ。たとえば，50個の場合は

2と答える。　　　　　　　　　　　　　　　　　　　　　　　　　[　　　　　]

(4)　(3)の赤血球の数をもとに，②の長さを求めると何 mmになるか。　　[　　　　　]

⎯⎯⎯⎯ 解答の方針 ⎯⎯⎯⎯

108　(3)貧血のときに不足しているといわれるものは何か。

5 刺激の伝わり方と運動のしくみ

111 [目の構造]

図1は，ヒトの目の水平断面を示している。次の各問いに答えなさい。

(1) 光を受け取る細胞が図1のキにある。この細胞の名称を答えよ。 [　　　　　　　]

(2) 図1のキにピントのあった像を結ぶはたらきをしている部分はどこか。図1のイ～ケから1つ選び，記号で答えよ。 [　　　　]

(3) 次の①～③の説明に関するものを図1のイ～ケのなかから該当するものがあれば1つ選び，記号で答えよ。ない場合は「なし」と答えよ。

①[　　　] ②[　　　] ③[　　　]

① この部分に結ばれた像は見えない。
② ひとみの大きさを調節する。
③ 脳へ情報を伝える。

図1

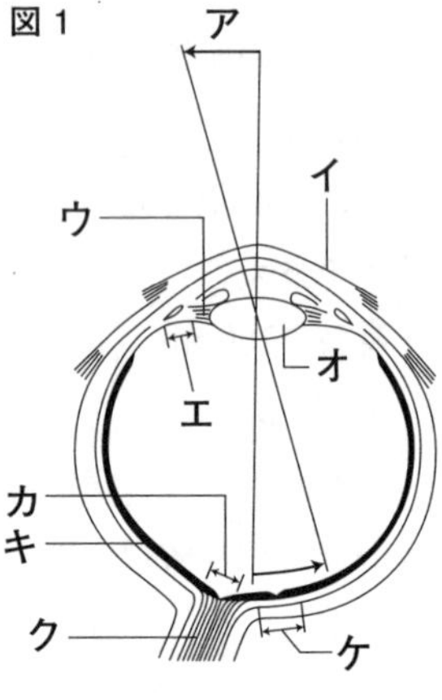

図2

(4) 図1のアの部分に図2の時計があったとき，図1のキの上には，どのような像が結ばれるか。ただし，像は図1のアのある側から見たものとする。下のA～Fから1つ選び，記号で答えよ。 [　　　　]

A　　　　　　B　　　　　　C　　　　　　D　　　　　　E　　　　　　F

(5) ヒトの目が近くを見るとき，図1のウ，エ，オはどのようになるか。右の表のA～Hから1つ選び，記号で答えよ。 [　　　　]

	ウ	エ	オ
A	ゆるむ	収縮する	厚くなる
B	ゆるむ	収縮する	うすくなる
C	ゆるむ	ゆるむ	厚くなる
D	ゆるむ	ゆるむ	うすくなる
E	引っぱられる	収縮する	厚くなる
F	引っぱられる	収縮する	うすくなる
G	引っぱられる	ゆるむ	厚くなる
H	引っぱられる	ゆるむ	うすくなる

112 [光の調節]

室内を明るくして自分のひとみの大きさを観察したあと，室内を
暗くしたところ，図のようにひとみの大きさが変化した。次の問
いに答えなさい。

明るいとき

うす暗いとき

(1) 図のように，うす暗くすると，ひとみの大きさが大きくなる
のは何のためか。ひとみに入る刺激と関連づけて答えよ。

[　　　　　　　　　　　　　　]

(2) 目などのように，外界からのさまざまな刺激を受け取る器官を何というか。

[　　　　　　　]

(3) 目に光が当たってから，まぶたを閉じはじめるまでの時間をはかるために1秒間に60枚
連続撮影できるデジタルカメラで，フラッシュをたいて目を撮影した。撮影した写真を調べ
ると，目に光が当たってから5枚目で，まぶたを閉じはじめる画像が写っていた。目に光が
当たってから，まぶたを閉じはじめるまでの時間はおよそ何秒か。小数第3位を四捨五入し
て小数第2位まで求めよ。　　　　　　　　　　　　　　　　　[　　　　　]

ガイド (1)このときの刺激は光である。

113 [骨格と筋肉]

ヒトは外界からの刺激を感覚器官で受け取り，最終的に筋肉を動かすことによって刺激に対す
る反応を行っている。多くの刺激の情報は大脳に伝えられるが，一部，大脳とは無関係に生じ
る反応もある。次の問いに答えなさい。

(1) 図はヒトのうでの骨格や筋肉のようすを示したものである。次の**運動1**
と**運動2**のとき，収縮する筋肉の組み合わせとして，正しいものはどれか。
次の①～④から1つ選び，記号で答えよ。　　　　　　[　　　]

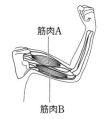

筋肉A

筋肉B

〔運動1〕 うで立てふせで，自分のからだをもち上げる
〔運動2〕 鉄棒にぶら下がり，自分のからだをもち上げる

	運動1	運動2
①	筋肉A	筋肉A
②	筋肉A	筋肉B
③	筋肉B	筋肉A
④	筋肉B	筋肉B

(2) 下線部のような反応を何というか漢字で答えよ。　　　　　　[　　　　　]

(3) 下線部の例として適当なものはどれか。次の①～④から1つ選び，記号で答えよ。

[　　　　　]

① 横断歩道で，信号が青になったので歩き出した。
② 暗い部屋に入ったら目の瞳が大きくなった。
③ 100m走で，ピストルの合図とともに走り出した。
④ 試験の最中，緊張によりお腹が痛くなった。

114 〉**[耳の構造]**

図は，耳の構造を示している。次の問いに答えなさい。

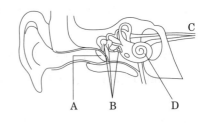

(1) 音の刺激は，耳にある感覚細胞で受け取られる。その感覚細胞がある部分は図のA〜Dのどれか。 [　　　]

(2) 図のB，Cの名称を答えよ。　B[　　　　　　]

　　　　　　　　　　　　　　　C[　　　　　　]

(3) 次の文の（　ア　）に適当な語句を入れ，（イ）は[　　]内から適当な語句を選択して答えよ。

　　　　　　　　　　　ア[　　　　　　] イ[　　　　　]

　　耳は音による空気の（　ア　）をAでとらえ，Bを通してDの中の(イ)[気体・液体・固体]を（　ア　）させることによって，音の刺激を受け取っている。

◆重要 115 〉**[刺激の伝わるしくみ⑴]**

わたしたちは，感覚器官で刺激を受け取り，それに応じたさまざまな反応をする。次のA〜Eはその例である。あとの問いに答えなさい。

　A　人ごみの中でうしろから名前を呼ばれたので，ふりむいた。

　B　プールの水の中に手を入れ，冷たさを確認したあと，水の中から手を出した。

　C　熱いやかんに手がふれたとき，熱いと感じる前に手を引っこめた。

　D　暗い部屋から明るい部屋へ移動すると，ひとみが小さくなった。

　E　花壇にさいている花がとてもよい香りだったので，思わず顔を近づけた。

(1) A〜Eの下線部の反応のうち，反射の例となるものをすべて選び，記号で答えよ。

　　　　　　　　　　　　　　　　　　　　[　　　　　　　　]

(2) B，Cの下線部は，神経を通る信号が，温度の刺激を受け取る部分から運動を起こす部分まで伝わることで起きた反応である。B，Cのそれぞれについて，次のア〜オのうちからその経路となったものをすべて選び，信号が伝わった順に並べよ。なお，必要があれば，例のように同じ記号を何度も用いること。

　　(例) ア，イ，ア，…　　B[　　　　　　　　] C[　　　　　　　　]

　　ア　骨格　　イ　せきずい　　ウ　皮ふ　　エ　脳　　オ　筋肉

(3) 反射は，わたしたちヒトをはじめ多くの動物に備わった反応である。この反応は，動物が生きていくうえで，からだのはたらきを調節すること以外に，どのようなことに役立っているか。簡潔に答えよ。　　　　　　　　　[　　　　　　　　　]

◆重要 116 〉**[刺激の伝わるしくみ⑵]**

刺激に対する反応について，次の実験を行った。あとの問いに答えなさい。

〔実験〕

　① 図のように20人が手をつないだ。

　② 一方の端の人がストップウォッチを押すと同時に，となりの人の手をにぎり，にぎられた人はとなりの人の手をにぎった。

③　最後の人は，手をにぎられたらすぐに合図をし，最初の人は，その合図でストップウォッチを止め，かかった時間を記録した。

④　①〜③を3回くり返した。

(1)　④の記録から，1人の人が手をにぎられてから次の人の手をにぎるまでにかかる時間の平均は0.2秒であった。右手から左手まで信号が流れる神経の距離を平均1.5mとして，伝わる速さは何m/sか求めよ。

　　　　　　　　　　　　　　　　　[　　　　　　]

(2)　神経の中を信号が伝わる速さは，60〜100m/sである。これと比べて，(1)で求めた速さが遅い理由として，最も適当なものを，次のア〜エから1つ選び，記号で答えよ。[　　　　　]

ア　手をにぎられた刺激の信号が神経に伝わるまでに時間がかかるから。

イ　手をにぎられた刺激の信号に対する感覚の判断や，反応の指示に時間がかかるから。

ウ　手をにぎられたことで体温が上がり，刺激の信号が伝わりにくくなるから。

エ　手をにぎられた刺激の信号が全身の神経に伝わってから反応が起こるから。

---

117 ▷ [刺激の伝わるしくみ(3)]

感覚器官で刺激を受け取ってから反応が起こるまでに，どれくらい時間がかかるかを調べるため次の手順で実験を行った。あとの問いに答えなさい。

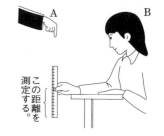

この距離を測定する。

〔実験〕

①　AとBが2人1組になり，Aはものさしの上端を支え，Bはものさしの下端(目盛り0)のところに，ふれないように指をそろえる。

②　Aが突然指を離したとき，Bがどの位置でつまめるかを調べる。

(1)　Bは7.5cmの位置でものさしをつかんだ。ものさしが落ちるのを見てからつかむまでに要した時間を次のア〜カから1つ選び，記号で答えよ。ただし，ものさしが落ちる距離と時間は下の表に示す。

[　　　　　]

落ちる距離〔cm〕	5	10	15	20	25	30
要する時間〔秒〕	0.10	0.14	0.17	0.20	0.23	0.25

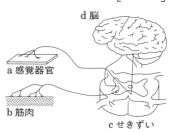

d 脳
a 感覚器官
b 筋肉
c せきずい

ア　0.10秒　　　イ　0.12秒

ウ　0.14秒　　　エ　0.15秒

オ　0.16秒　　　カ　0.17秒

(2)　この実験で，刺激が伝わり反応が起きる道すじはどのようになるか。上の図の記号を用い，例にならって答えよ。　　　　　[　　　　　]

　　(例) a → b → c

ガイド　(1)表の値を使って見当をつける。

最 高 水 準 問 題

解答　別冊 p.29

118 次の問いに答えなさい。

(石川県)

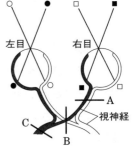
かた
a
d
c b
e
f
ひじ

難(1)　図は，うでを曲げたときの骨のようすを示した模式図である。この
とき縮んだ筋肉の両端のけんは，おもに a ～ f のどの部分についている
か。最も適切な組み合わせを，次のア～エから1つ選び，記号で答えよ。

[　　]

　　ア　a と b　　イ　a と c　　ウ　d と e　　エ　d と f

(2)　ヒトは，骨と筋肉のはたらきによって，からだを動かすことができる。
このこと以外に，骨のおもなはたらきを1つ答えよ。

[　　　　　　　　　　　　　　]

119 次の文を読み，あとの問いに答えなさい。

(鹿児島・ラ・サール高)

　図はヒトの左右の目に入る光と視神経の関係を示したものである。左右
の目のひとみから入った光は，図のように網膜上に像を結ぶ。そして，網
膜上に存在する視細胞と呼ばれる細胞が光を感知する。この情報は視細胞
に接続した視神経を通って大脳に伝えられる。図のように視神経は網膜の
内側から出る部分と外側から出る部分とに分かれている。また，図のよう
に左右の目の内側の網膜から出た視神経は交差し，外側の網膜から出た視
神経と合流して大脳へ伝えられる。

左目　右目
A
視神経
C
B

　図の A，B，C のいずれか1か所で視神経が切断されたとすると，左右
の目の視野はどのようになるか。それぞれ最も適するものを，次のア～キ
から選んで，記号で答えよ。

A[　　] B[　　] C[　　]

　ア　視野は両目とも正常である。

　イ　右目はまったく見えないが，左目の視野は正常である。

　ウ　左目はまったく見えないが，右目の視野は正常である。

　エ　左目では視野の右側が欠落し，右目では視野の左側が欠落する。

　オ　左目では視野の左側が欠落し，右目では視野の右側が欠落する。

　カ　両目とも視野の右側が欠落する。

　キ　両目とも視野の左側が欠落する。

120 次の実験 I，II について，あとの問いに答えなさい。

(秋田県)

〔実験 I 〕　水槽にメダカを入れ，メダカの動きが落ち着くの
　を待ってから，図1のように水槽にすばやく手を近づけた
　ところ，メダカは近づけた手とは反対側に泳いだ。

〔実験 II〕　メダカを入れた水槽のまわりに縦じま模様の紙を
　つるし，メダカの動きが落ち着くのを待ってから，図2の

図1

ように，縦じま模様の紙を矢印の向きに静かに動かしたところ，メダカは紙の動きと同じ向きに動いた。

図2

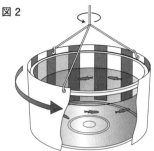

難(1)　実験Ⅰ・Ⅱで，どちらも下線部の状態になるのを待ってから実験を行ったのは何のためか。「反応」という語句を用いて，「メダカの動きが」という書き出しに続けて説明せよ。

[　　　　　　　　　　　　　　　　　　　　　]

(2)　実験Ⅰ・Ⅱで，メダカは，どちらも同じ感覚器官で刺激を受け取って反応している。受け取る刺激の種類を，次の例にならって答えよ。

(例) 鼻でにおいの刺激を受け取って反応した。

[　　　　　　　　　　　　　　　　　　　　　]

121▶次のA～Cは，ヒトが受け取る刺激とその反応の例を示したものである。あとの問いに答えなさい。

(富山県改)

> A.　自転車に乗っているとき，進行方向の信号が赤になったので，手で自転車のブレーキをにぎった。
> B.　熱いやかんに手が触れたとき，意識せずにとっさに手を引っ込めた。
> C.　花の香りがとてもよい香りだったので，顔を近づけた。

(1)　脳で命令が行われている例はどれか。A～Cからすべて選び，記号で答えよ。

[　　　　　　　　　　]

(2)　Bについて，刺激や命令の信号の経路となったものはどれか。次のア～クからすべて選び，伝わった順に記号で答えよ。(例：ア，イ，ウ)

ア　骨　　　イ　せきずい　　ウ　皮膚　　　エ　脳
オ　筋肉　　カ　関節　　　　キ　感覚神経　ク　運動神経

[　　　　　　　　　　]

(3)　明るい場所から暗い場所へ移動すると，ひとみの大きさが変化した。このとき，ひとみの大きさはどう変化するか，簡単に書け。

[　　　　　　　　　　　　　　　　　　　　　]

解答の方針

119　視神経が切断されることにより，視野の一部が欠落する。切断した視神経と，その神経が伝えるはずの信号(○や●など)に注目する。

121　反射による運動は，自分の意識と関係なく，刺激が感覚神経→せきずい→運動神経へと伝わることで起こる。

122 次の文を読み，あとの問いに答えなさい。

（奈良・西大和学園高）

生物は，外部からの情報である刺激を，目や耳，鼻などの器官で受け取る。このような器官を（　あ　）器官という。それぞれの器官が自然の状態で受け取ることができる刺激は決まっていて，これを適刺激という。ヒトの場合，目の適刺激は（　い　）で，(a)耳は音とからだの回転，(b)鼻は空気中の化学物質である。受け取ることのできる刺激の範囲や種類は動物によって異なり，イルカやコウモリはヒトよりも（　う　）い音を聞くことができるほか，ヘビは赤外線を受容する「ピット器官」という器官を，サメは電気刺激を受容する「ロレンチーニ器官」という器官をもつ。(c)受け取った刺激は（　え　）信号となって神経細胞を伝わる。信号は脳などへと伝わり，どのような反応をするかを決めて命令を出す。その命令は再び（　え　）信号となって神経細胞を伝わり，筋肉などの（　お　）器官に伝えられ，反応が起こる。

(1) 上の文の（　）にあてはまる語句を答えよ。ただし（　う　）は，「高」「低」のいずれかで答えよ。

あ［　　　　　　］　い［　　　　　　］　う［　　　　　　］

え［　　　　　　］　お［　　　　　　］

(2) 下線部(a)について，**図1**はヒトの耳を模式的に表したものである。

図1

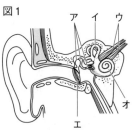

① 音の高低を聞き分ける部分はどこか。記号で答え，その部分の名前を答えよ。

記号［　　］　名前［　　　　　　］

② からだの回転を感じて平衡感覚をつかさどる部分はどこか。記号で答え，その部分の名前を答えよ。

記号［　　］　名前［　　　　　　］

(3) 下線部(b)について，ヒトには化学物質を適刺激とする器官がもう1つある。その器官名を答えよ。

［　　　　　　］

(4) 下線部(c)について，**図2**はヒトの神経系を模式的に表したものである。アは皮膚，イはうでの筋肉，ウは脳，エ～クは神経，ケは背骨の中を通っており脳とエやオをつなぐ役割をしている。

図2

① 「手に虫が乗った感触があったので，手を振り払って追いやった」という行動について，刺激や，命令の信号は，どのように伝わったか。アを出てイに到達する間の経路について，ウ～クのうち必要なものを選び，信号が伝わる順に並べて記号で答えよ。　　［　　　　　　］

② エ，オ，ケの名前を答えよ。

エ［　　　　　　］　オ［　　　　　　］　ケ［　　　　　　］

③ ウ～クのうち，末しょう神経はどれか。2つ選び，記号で答えよ。　　［　　］［　　］

123 ハチのなかまのヌリハナバチ(右図)は，河原の石などの上に巣をつくり， その中にミツや花粉を蓄えて卵をうむ。昆虫学者ファーブルは，ヌリハナ バチが巣から離れたところに運ばれても巣に戻ることができることを知り， 次の問いに答えなさい。

（長野県）

〔実験1〕　ヌリハナバチに印をつけ，巣から4km離れた地点に運んで放したところ，巣に戻ってく ることができた。

〔実験2〕　ヌリハナバチが巣から飛び立ったあと，巣の場所を2m動かした。すると，戻ってきたヌ リハナバチは，巣がもとあった場所をしばらく探した。動かされた巣のすぐ上を飛ぶこともあったが， 通り過ぎてしまい，けっきょく巣を見つけることはできなかった。巣の場所を動かすと巣に戻れな くなることを，さらにはっきりさせるために，巣を動かす距離を あ にして実験を行ったが，同 じ結果が得られた。

〔実験3〕　実験2の結果から，「ₐヌリハナバチは い のではないか。」と予想したファーブルは， ヌリハナバチが巣から飛び立ったあと，ᵦ巣を う ととりかえ同じ場所に置いた。すると，戻っ てきたヌリハナバチは，ᵪとりかえられた巣で仕事を続けた。

　実験2と実験3の結果から，ヌリハナバチは， い ことが確かめられた。さらに，ヌリハナバチ には巣のあった場所を覚えている能力があることもわかった。

(1) あ にあてはまる最も適切なものをア〜エから1つ選んで，記号で答えよ。　　　[　　　]

　ア　0m　　イ　1m　　ウ　4m　　エ　10m

(2) ファーブルは，下線部aの予想をもとに下線部bの実験を行い，下線部cの結果を得た。 い にあてはまる最も適切なものをX群から， う にあてはまる最も適切なものをY群から1つ選び， それぞれ記号で答えよ。　　　　　　　　　　　　　　　　　　　　い[　　　]　う[　　　]

　〔X群〕　ア　巣を違う場所に移しても，巣のあった場所に戻ることができる

　　　　　イ　巣を違う場所に移すと，巣のあった場所に戻ることができない

　　　　　ウ　自分の巣そのものを覚えていることができる

　　　　　エ　自分の巣そのものを覚えていることができない

　〔Y群〕　オ　巣のでき具合も，中にためてあるミツや花粉の量も同じ巣

　　　　　カ　巣のでき具合は違うが，中にためてあるミツや花粉の量は同じ巣

　　　　　キ　巣のでき具合は同じだが，中にためてあるミツや花粉の量は違う巣

　　　　　ク　巣のでき具合も，中にためてあるミツや花粉の量も違う巣

解答の方針

122　(4)虫が止まると振り払うのは学習によるもので，脳が経験から行う反応である。

123　実験2で，ヌリハナバチが動かされた巣の上を素通りしてしまう点に注目する。

1 次の文章について，あとの問いに答えなさい。　　　（愛知・名城大附高🅿）（各3点，計12点）

　わたしたちが授業で先生の書いた黒板の字をノートに書き写すとき，黒板に書かれた字は光の刺激としてわたしたちの目の（　①　）を通って（　②　）の上に像を結びます。このとき，（　①　）を通る光の量は（　③　）によって調節された（　④　）の大きさによって決まります。結ばれた像の刺激がₐ決められた経路をたどり，うでや手の筋肉を動かして，ノートに書き写すという行動になります。また，わたしたちが♭熱いものにうっかりふれると，熱いという意識が生じる前に手を引っ込めるという反応を示すことがあります。これはすばやく反応できることが特徴です。

(1)　文章中の（　①　）〜（　④　）に入る語句を示した組み合わせのうち，正しいものはどれか。次のア〜オから1つ選び，記号で答えよ。

　ア　①　ひとみ　　　　　　②　網膜　　　　　　　③　虹彩（こうさい）　④　水晶体（レンズ）

　イ　①　虹彩　　　　　　　②　水晶体（レンズ）　③　ひとみ　　　　　④　網膜

　ウ　①　水晶体（レンズ）　②　網膜　　　　　　　③　ひとみ　　　　　④　虹彩

　エ　①　角膜　　　　　　　②　水晶体（レンズ）　③　虹彩　　　　　　④　網膜

　オ　①　水晶体（レンズ）　②　網膜　　　　　　　③　虹彩　　　　　　④　ひとみ

(2)　下線部aについて，決められた経路として正しいものはどれか。次のア〜オから1つ選び，記号で答えよ。

　ア　刺激→感覚神経→大脳→せきずい→運動神経→筋肉

　イ　刺激→大脳→せきずい→感覚神経→運動神経→筋肉

　ウ　刺激→運動神経→大脳→せきずい→感覚神経→筋肉

　エ　刺激→せきずい→感覚神経→運動神経→筋肉

　オ　刺激→感覚神経→せきずい→運動神経→筋肉

(3)　下線部bのような反応が起こる場合の経路として正しいものはどれか。(2)の選択肢から1つ選び，記号で答えよ。

(4)　下線部bについて，熱いということが意識されるのはどこか答えよ。

(1)		(2)		(3)		(4)	

2 植物の吸水と蒸散について，次の観察や実験を行った。あとの問いに答えなさい。　　　（秋田県）

（各6点，計36点）

〔観察〕　植物の吸水について調べるため，図1のように，根のついた植物を色水の入った三角フラスコにさして，光が十分に当たる場所に置いた。数時間後，茎の断面と葉を観察したところ，図2，図3のように染色された部分が見られた。また，根を観察したところ，図4のような根毛が見られた。

図1

色水

図2

染色された管

〔考察Ⅰ〕　図2，図3から，_a水が通る管は，根から茎を通って葉までつながっていると言える。

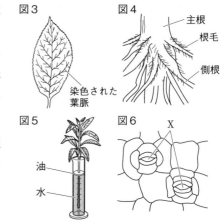

図3

図4　　　　　　　主根
　　　　　　　　　根毛
　　　　　　　　　側根

染色された
葉脈

図5　　　　　　図6　　　X

油
水

〔実験〕　蒸散について調べるため，葉の数と大きさ，茎の長さと太さが，それぞれほぼ同じ枝を4本用意し，気体の出入りができないようにするためのワセリンを，下の条件で葉に塗った。そして，それぞれの枝を，図5のように水の入ったメスシリンダーに別々にさし，_b水面に油を数滴たらして，光が十分に当たる場所に数時間置いたあと，結果を下の表にまとめた。次に，何も塗らなかった葉の表皮を顕微鏡で観察した。図6は，そのときのスケッチの一部である。

〔考察Ⅱ〕　表から，この実験では，葉の裏側からの蒸散で減った水の量は，葉の表側から減った水の量の約（　Y　）倍になると考えられ，蒸散は葉の裏側で盛んであると言える。

条件	何も塗らない	葉の表側に塗る	葉の裏側に塗る	葉の両面に塗る
減った水の量〔mL〕	4.9	3.8	1.4	0.3

(1)　次のア～エのうち，維管束が図2のように並んでいる植物はどれか，1つ選んで記号を答えよ。
　　ア　アブラナ　　イ　ツユクサ　　ウ　イネ　　エ　トウモロコシ

(2)　図4で，根毛があることの利点について説明した次の文が正しくなるように，Pにあてはまる内容を書け。

　　　根は根毛があることで　　P　　なり，土の中の水分を効率よく吸収することができる。

(3)　維管束に存在する管のうち，下線部aを何というか。

(4)　下線部bのようにするのは何のためか，「水面から」に続けて書け。

(5)　図6で，Xは水蒸気が出ていくすきまである。Xを何というか。

(6)　Yにあてはまる数値を，四捨五入して小数点第1位まで求めよ。

(1)			
(2)		(3)	
(4)			
(5)		(6)	

3 右の図は，動物の体内における物質Aの変化を示したものである。次の問いに答えなさい。

（大阪教育大附高池田）((1)〜(6)各3点，(7)(8)各4点，計39点)

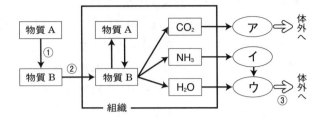

(1) 物質Aは，①の過程で消化酵素によって分解されて物質Bになる。物質Aの消化酵素を含む消化液を分泌する器官を次のア〜キよりすべて選んで答えよ。

　　ア　だ液腺　　イ　胃
　　ウ　胆のう　　エ　肝臓
　　オ　すい臓　　カ　小腸
　　キ　大腸

(2) 物質Bは，②の過程で体内に吸収される。物質Bをおもに吸収するのはどの器官か。正しいものを(1)の選択肢より1つ選んで，記号で答えよ。

(3) 物質Aおよび物質Bの名称を答えよ。

(4) 図中のア〜ウにあてはまる器官の名称を答えよ。

(5) 図中のNH_3は，器官イで物質Cに変えられて器官ウに運ばれる。物質Cとは何か。

(6) 図中のウでつくられた尿は，③の過程で輸尿管からある器官を経て体外に排出される。ある器官とは何か。

(7) 右の表は，図中のウに入る血管を流れる血液の成分とウでつくられる尿の成分を比較したものである。表の値はすべて％で示している。

　　血液中に含まれる物質Aとブドウ糖は，尿中にはまったく含まれない。その理由をそれぞれ簡潔に述べよ。

(8) 物質Cは，器官ウでまず血液中から尿の側に移行し，その後まったく血液側に回収されない物質であるとする。1分間につくられる尿の量が$2cm^3$だとすると，最初に血液中から尿の側に移行する液体の量は1分間あたりおおよそ何cm^3になるか。小数第1位まで計算し，四捨五入して整数で求めよ。

	血液	尿
物質A	7.0	0
ブドウ糖	0.1	0
ナトリウム	0.33	0.33
カリウム	0.02	0.02
物質C	0.03	2.0

(1)		(2)		(3) A		B	
(4) ア		イ		ウ		(5)	
(6)		(7) 物質A					
ブドウ糖						(8)	

4 ヒトの血液循環のしくみについて，次の問いに答えなさい。

（広島大附高）

（(1)6点，(2)7点，計13点）

(1) 図1は，からだの各部の細胞とその周囲に存在する毛細血管
を模式的に表したものである。毛細血管中の赤血球からからだ
の細胞へ酸素(○)が移動しているようすを適切に表しているも
のを，次のア～エから1つ選び，記号で答えよ。

　　ただし，毛細血管中には，赤血球のほかに固体の成分として
白血球と血小板(△)，液体の成分として血しょうが含まれてい
るものとする。

図1

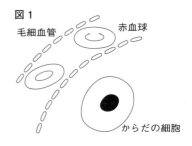

ア　酸素は赤血球から離された
　あと，血管中から外へしみ出
　た血しょうによって，細胞ま
　で運ばれる。

イ　赤血球が放出した物質によ
　って毛細血管の一部が溶かさ
　れ，その部分を通過した酸素
　が，細胞まで運ばれる。

ウ　毛細血管の一部が変形し，
　その部分を赤血球が通過する
　ことで，直接細胞まで酸素が
　運ばれる。

エ　酸素は赤血球から離された
　あと，血小板と結合し，外へ
　しみ出た血しょうによって，
　細胞まで運ばれる。

(2) 図2は，心臓，肺，全身をつなぐ血管を模式的に表し
たものであり，図3はからだのある部分の血管の断面を
模式的に表したものである。図2のア～エの血管のうち，
図3のようなつくりをもつ血管を1つ選び，記号で答えよ。

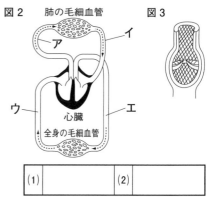

(1)		(2)	

1 電流の流れ方

解答 別冊 p.32

標準問題

124 [電流計と電圧計の接続]

図は，抵抗器 A に加わる電圧と流れる電流の大きさを
測定するための回路の一部を示したものである。この
図に必要な導線を表す線をかき加えて，回路を完成さ
せなさい。ただし，抵抗器 A に加わる電圧と抵抗器 A
に流れる電流を同時に測定できるようにつなぐこと。

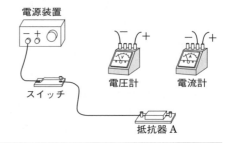

電源装置　電圧計　電流計
スイッチ
抵抗器 A

> **ガイド** 電流計も電圧計も＋端子は＋極側につなぎ，－端子は－極側につなぐ。

重要 125 [電流計の読み方]

－極側の導線を電流計の 5 A の－端子につなぎ，回路
に流れる電流を測定した。右の図は測定結果を表して
いる。次の問いに答えなさい。

(1) 何 A の電流が流れているか答えよ。　[　　　　]

(2) もし，導線の＋と－を逆にして電流計に取りつけ
ていたら，指針はどこを指すか。下の(2)の図に指針
をかき加えよ。

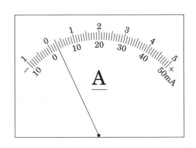

(3) 次に，－極側の導線を電流計の 500 mA の－端子につなぎかえて電流を測定した。指針は
どこを指すか。下の(3)の図に指針をかき加えよ。

(2)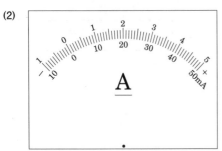

(3)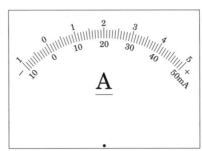

> **ガイド** (2)導線の＋と－を逆にすると，電流計の針のふれ方は逆になる。

重要 126 [電流計のつなぎ方]

図の電流計について，次の各問いに答えなさい。

(1) 図中の調整ねじの使用方法で正しいものはどれか。1つ選び，記号で答えよ。　[　　　　]

ア 使用前に針を中央に合わせる。

イ 使用中に針を中央に合わせる。

ウ 使用前に針を0に合わせる。

エ 使用中に針を0に合わせる。

オ 使用後に針を0に合わせる。

カ 針を読みやすい位置に合わせる。

(2) 回路を流れる電流の大きさが予測できないとき，どの
－端子につなげばよいか答えよ。 [   ]

(3) 500mAの－端子について正しいものはどれか。1つ選び，記号で答えよ。 [   ]

ア 最も大きな電流をはかることができる。

イ 500mA以下の電流をはかることができる。

ウ 500mA以上の電流をはかることができる。

エ 50mAから5Aの間の電流をはかることができる。

(4) 次の文章の□□□にあてはまる語句を答えよ。

ア[   ] イ[   ] ウ[   ] エ[   ]

電流計は，電流をはかりたい部分に ア につなぐ。乾電池に直接つないだり イ に
つないだりすると，電流計がこわれることがある。回路を流れる電流の大きさをあらかじめ
予測して－端子に接続する場合，0.3Aと予想できるときには ウ 端子につなぐ。もし予
想が難しいなら エ 端子からつなぐ。

> ガイド (4) 測定される電流の大きさが予想できないときは，大きい電流が測定できる端子につないで針のふ
> れ方を見る。ふれ方が小さければ，端子をつなぎかえる。

127 [電気用図記号]

図の回路を，次の電気用図記号を用いて回路図で表しなさい。ただし，電熱線aと電熱線b
は同じ記号を用い，区別しなくてよい。

| 電流計 Ⓐ | 電熱線 ⊏□⊐ | 直流電源 ⊣⊢ |
| 電圧計 Ⓥ | スイッチ ⟋ | 導線 — |

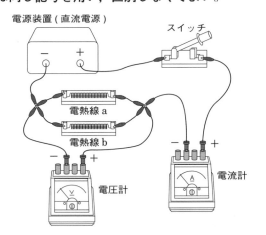

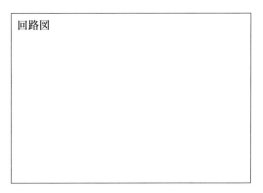

回路図

> ガイド 回路図では，導線は直線でえがくようにし，たるませてかかない。

重要 128 **[電流の関係]**

電圧が3Vの電池と，抵抗の大きさが10Ω，15Ωの抵抗を用意して，図のような回路をつくり，点a，b，cでの電流の大きさを調べた。次の問いに答えなさい。

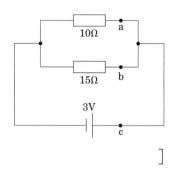

(1) 電流の大きさが最大であるのはどの点か。図中の記号で答えよ。 [　　　　]

(2) 点a，b，cに流れる電流の大きさをそれぞれ I_a，I_b，I_c とする。I_a，I_b，I_c の大小関係を不等式で表せ。 [　　　　　　　　　　]

重要 129 **[電圧の関係]**

電圧が1.5Vの電池と抵抗の大きさがそれぞれ10Ω，5Ωの抵抗を用意して図のような回路をつくり，回路全体を流れる電流の大きさと各抵抗にかかる電圧の大きさを調べた。点aを流れる電流の大きさは0.1Aであった。次の問いに答えなさい。

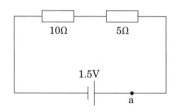

(1) かかる電圧が大きいのはどちらの抵抗か。 [　　　　]

(2) 10Ωの抵抗と5Ωの抵抗にかかる電圧をそれぞれ V_A，V_B とし，電池の電圧を V とする。このとき，V_A，V_B，V の大小関係を不等式で表せ。

[　　　　　　　　　　　　]

重要 130 **[直列回路と電流・電圧]**

図のように2つの抵抗を直列につないで電流を流したところ，10Ωの抵抗にかかる電圧は2.3Vであった。次の問いに答えなさい。

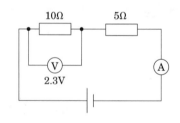

(1) 10Ωの抵抗を流れる電流は何Aか。 [　　　　]

(2) 図の電流計に流れる電流は何Aか。 [　　　　]

(3) 5Ωの抵抗にかかる電圧は何Vか。 [　　　　]

(4) 電源の電圧は何Vか。 [　　　　]

> **ガイド** (4)電源の電圧は，各抵抗にかかる電圧の和となる。

重要 131 **[並列回路と電流・電圧]**

図のように2つの抵抗を並列につなぎ，電流の大きさを調べたところ，電流計1に流れる電流は5Aであった。次の問いに答えなさい。

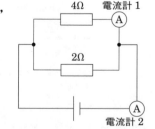

(1) 2Ωの抵抗に流れる電流は何Aか。 [　　　　]

(2) 電流計2に流れる電流は何Aか。 [　　　　]

(3) 4Ωの抵抗にかかる電圧は何Vか。 [　　　　]

(4) 電源の電圧は何Vか。 [　　　　]

> **ガイド** (4)並列回路では，電源の電圧は各抵抗にかかる電圧と等しい。

132 ▷ [電流の流れにくい物質]

次の文章の ア ～ オ にあてはまる語句や数値を答えなさい。

ア[   ] イ[   ] ウ[   ] エ[   ] オ[   ]

　抵抗器や電熱線を流れる電流は，それらに加わる電圧に比例する。この関係を ア という。電圧を V，電流を I とするとき，$\dfrac{V}{I} = R$ で表される比例定数を イ といい，電流の流れにくさを表す。R の大きさは，1 V の電圧を加えると，電流が 1 A 流れたとき，1 Ω とする。たとえば，5.0 V の電圧を加えたら，0.50 A の電流が流れるとき，R は ウ となる。R は，物質の種類によって異なり， イ が小さく，電流を流しやすい物質を エ といい，金属や黒鉛がある。また， イ が非常に大きく，電流をほとんど流さない物質を オ といい，プラスチックや紙などがある。

重要 133 ▷ [オームの法則(1)]

図の回路を用いて，電圧と電流の関係を調べる実験を行った。電圧と電流の関係を調べたところ，右下の表の結果が得られた。次の問いに答えなさい。

(1) この表をもとにして，電圧と電流の関係を表すグラフをかき入れよ。

(2) この電熱線の抵抗は何Ωか求めよ。

[   ]

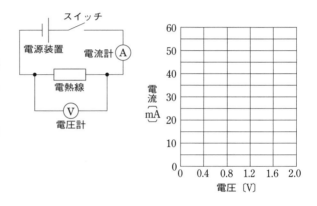

電圧〔V〕	0	0.8	1.2	2.0
電流〔mA〕	0	20	30	50

ガイド (1)このグラフは比例関係を示すものなので，折れ線グラフにしてはいけない。できるだけすべての点の近くを通るように直線をかく。

134 ▷ [電流]

図1，図2のような回路において，測定した I_1 と I_2，I_3 と I_4 の電流の大きさの関係として最も適当なものを，次のア～エから1つ選び，記号で答えよ。

[   ]

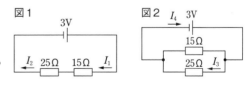

ア $I_1 < I_2$, $I_3 < I_4$　　イ $I_1 < I_2$, $I_3 = I_4$
ウ $I_1 = I_2$, $I_3 < I_4$　　エ $I_1 = I_2$, $I_3 = I_4$

135 [**オームの法則**(2)]

電流と電圧の関係について調べるため，金属を均一にうすく塗ってある紙テープ（以下テープという）を用いて回路をつくり，実験を行った。これに関してあとの問いに答えなさい。

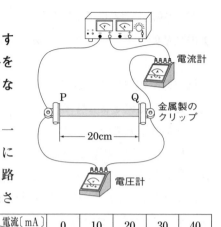

〔**実験**〕 金属製のクリップでテープの両はしをはさみ，一方のはしをP，もう一方のはしをQとした。図のようにPQ間のテープの長さが20cmになるようにして，回路に流れる電流を測定した。次に，PQ間のテープの長さを40cm，60cmにして電流と電圧を測定した。表はそのときの結果である。

(1) PQ間のテープの長さが20cmのとき，テープの抵抗は何Ωか。 [　　　　]

(2) この実験で，1本のテープの代わりに，長さXcmの2本のテープを直列につなげて30mAの電流を流したところ，電圧計は9.6Vを示した。このときの1本のテープの長さを求めよ。 [　　　　]

電流〔mA〕	0	10	20	30	40
PQ間の長さ20cmのときの電圧〔V〕	0	0.8	1.6	2.4	3.2
PQ間の長さ40cmのときの電圧〔V〕	0	1.6	3.2	4.8	6.4
PQ間の長さ60cmのときの電圧〔V〕	0	2.4	4.8	7.2	9.6

136 [**オームの法則とグラフ**]

次の実験Ⅰ，Ⅱを行った。あとの問いに答えなさい。

〔**実験Ⅰ**〕 図1の回路で，抵抗Pに加える電圧を変えて，Pに流れる電流の変化を調べたところ，電圧と電流の関係は，図2の①のグラフになった。次に，図1のPにかえて抵抗Qで同様の実験をしたところ，図2の②のグラフになった。

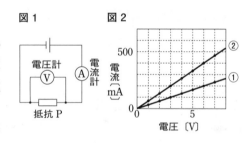

図1　図2

〔**実験Ⅱ**〕 図3のようにPとQをつなぎ，2つの抵抗に加える電圧を変えて，電流計に流れる電流の変化を調べた。

(1) Pの抵抗の大きさは何Ωか。 [　　　　]

(2) **実験Ⅰ**で，Qに10Vの電圧を加えたとすると，Qに流れる電流は何Aになるか。小数第3位を四捨五入して，小数第2位まで求めよ。 [　　　　]

(3) 図3の回路で，Pに流れる電流の大きさをI_P，Qに流れる電流の大きさをI_Qとするとき，$I_P : I_Q$はいくらになるか。 [　　　　]

(4) **実験Ⅱ**で，電圧と電流の関係を調べた結果を表すグラフを，右にかき入れよ。

図3

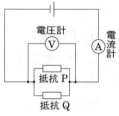

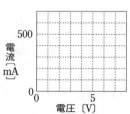

137 〉[抵抗のつなぎ方と電流]

右の図のように，抵抗値が 10 Ω，15 Ω，30 Ω の抵抗線 A，B，C があり，下のア〜エのように抵抗線をそれぞれ別の電源につないだ。P に 300 mA の電流が流れているとき，図の電流計に流れる電流を調べた。電流計に流れる電流の大きさが，大きい順になるようにア〜エの記号を並べかえなさい。

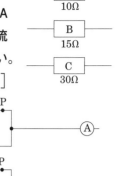

［　　　　　　　　］

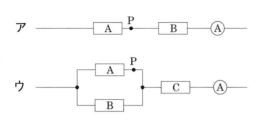

> **ガイド** 並列回路の電流を求めるにはそれぞれの抵抗を流れる電流を合計する。

138 〉[電熱線の長さと電流]

電熱線の抵抗や電熱線に流れる電流を調べるため，次の実験を行った。あとの問いに答えなさい。

〔実験〕　電源，スイッチ，端子，電流計を導線で接続し，図1のような回路をつくった。また，太さが一定の金属線をらせん状に均等に巻いてつくられている長い電熱線を用意し，切断して図2のように4本の電熱線をつくった。それぞれの電熱線を ab 間につないで，電熱線に流れる電流の大きさを測定した。

図1

図2

図3

　図3は，電源の電圧を 1.5 V にし，ab 間にそれぞれの電熱線をつないだときの結果について，横軸に電熱線の長さ〔cm〕を，縦軸に電熱線に流れる電流の大きさ〔mA〕をとり，その関係をグラフにしたものである。

図4

(1)　電熱線 A の抵抗は何 Ω か。　　　　　　　　　　　［　　　　　　　］

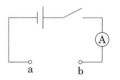

(2)　図4のように，電熱線 B を2つに切断し，電熱線 E と電熱線 F をつくった。図1の ab 間に電熱線 E を接続し，電源の電圧を 3.0 V にしてスイッチを入れ，電熱線 E に流れる電流を測定したところ 400 mA であった。電熱線 E の長さは何 cm か。最も適当なものを，次のア〜オから選び，記号で答えよ。　［　　　　］

ア　2 cm　　　イ　3 cm　　　ウ　4 cm　　　エ　5 cm　　　オ　6 cm

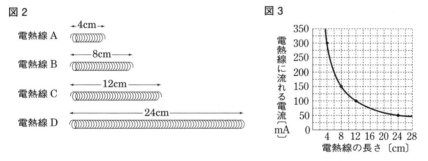

最高水準問題

解答　別冊 p.36

139 抵抗の長さ，面積と抵抗値の関係を調べたところ，図1，2のような結果が得られた。

図1はある抵抗線を何等分かに切り分け，その1本に同じ電圧をかけたときに流れる電流と等分した数の関係を示したものであり，図2は同じ抵抗線を何本か束ね，それに流れる電流が同じになる電圧と束ねた数の関係を示したものである。あとの問いに答えなさい。

（埼玉・淑徳与野高改）

図1

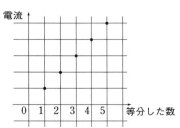

図2

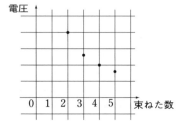

(1) 抵抗線を切り分けたときの1本あたりの抵抗値について正しく述べているものを次のア～エから1つ選び，記号で答えよ。　　　　　　　　　　　　　　　　　　[　　　]

　ア　1本あたりの抵抗値は切り分けた数に比例する。

　イ　1本あたりの抵抗値は切り分けた数に反比例する。

　ウ　1本あたりの抵抗値は切り分けた数に関係ない。

　エ　この実験では関係はわからない。

(2) 抵抗線を束ねたときの全体の抵抗値について正しく述べているものを次のア～エから1つ選び，記号で答えよ。　　　　　　　　　　　　　　　　　　　　　　　[　　　]

　ア　全体の抵抗値は束ねた数に比例する。

　イ　全体の抵抗値は束ねた数に反比例する。

　ウ　全体の抵抗値は束ねた数に関係ない。

　エ　この実験では関係はわからない。

(3) 2等分したときに0.5Aの電流を流す電圧が2.0Vであるとき，切り分ける前の抵抗線の抵抗値は何Ωか。　　　　　　　　　　　　　　　　　　　　　　　　　　　[　　　]

(4) 抵抗線を4本束ねて4.0Vの電圧をかけたとき流れる全電流は何Aか。　[　　　]

　次に，先の実験に用いた抵抗線を用いて図のように $\frac{1}{4}$ の長さにした抵抗線aと，4本を束ねた抵抗線bを接続し，電池につないだところ，抵抗線bには0.60Aの電流が流れた。

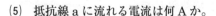

(5) 抵抗線aに流れる電流は何Aか。

　　　　　　　　　　　　　　　　　　　　　　　　　　　　　　　　　[　　　]

(6) 電池の電圧は何Vか。　　　　　　　　　　　　　　　　　　　　　[　　　]

140 図1の回路を組み，電流計と電圧計を用いて未知の抵抗 R の抵抗値を測定した。測定の精度を求めてみる。電流計や電圧計は内部の部品に金属が使われており，機器自体が抵抗をもっている。この抵抗を内部抵抗と呼ぶことにする。電流計や電圧計の内部抵抗を考えると，図1の回路は図2のような回路とみなすことができる。電池の電圧は 10 V とし，電流計の内部抵抗を 5 Ω，電圧計の内部抵抗を 500 Ω，抵抗 R の真の抵抗値を 20 Ω として，あとの問いに答えなさい。ただし，読み取りによる誤差はないものとする。あとの問いに答えなさい。

(群馬・前橋育英高)

図1

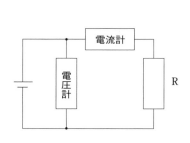

図2

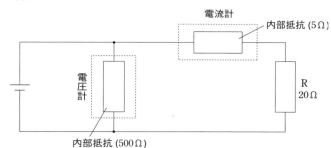

(1) 電流計の値は何 A であるか。　　　　　　　　　　　　　　　　　　　　　[　　　　　]

(2) 電圧計に流れる電流は何 mA か。　　　　　　　　　　　　　　　　　　　[　　　　　]

(3) 電流計と電圧計の測定値から，抵抗 R の抵抗値は何Ωと計算できるか。　　[　　　　　]

(4) (3)で求めた値は抵抗 R の真の値からずれている。一般的に測定の正確さの目安として相対誤差が用いられる。以下の式より，この測定値の相対誤差を求めよ。　　　　　　[　　　　　]

$$相対誤差〔\%〕 = \frac{(ある量を測定して求めた値) - (真の値)}{(真の値)} \times 100$$

141 図の抵抗はすべて 100 Ω である。eg 間の抵抗に 1.0 A の電流が流れているとき，次の問いに答えなさい。

(群馬・高崎健康福祉大高崎高)

(1) eh 間にかかる電圧を求めよ。　　　[　　　　　]

(2) ce 間に流れる電流を求めよ。　　　[　　　　　]

(3) cd 間にかかる電圧を求めよ。　　　[　　　　　]

(4) ac 間に流れる電流を求めよ。　　　[　　　　　]

(5) ab 間にかかる電圧を求めよ。　　　[　　　　　]

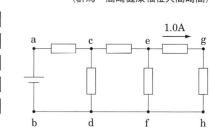

解答の方針

139 (3)図1より，長さが半分になれば流れる電流が2倍になることがわかる。

　　(4)図2より，束ねる数が2倍になると電圧が半分になることがわかる。よって，束ねる数が2倍になると抵抗が半分になる。

140 通常は電流計や電圧計の内部抵抗はないものとみなして問題を解くが，この問題では内部抵抗があるものとして扱っているので，電流計や電圧計をふつうの抵抗とみなして問題を解いていけばよい。

　　(4)相対誤差という言葉は聞きなれないかもしれないが，この設問では(3)で求めた数値を式にあてはめて計算していけばよい。%で出すので，×100 を忘れないこと。

141 並列回路にかきなおして考えるとわかりやすい。

難 142 次の文章中の ① にはあてはまる文字式を答え， ② にはあてはまる文を選択肢から選んで，記号で答えなさい。

(愛媛・愛光高改)

① [　　　]　② [　　]

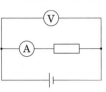

電流計や電圧計もそれ自体が電気抵抗をもつが，これらの抵抗は内部抵抗とよばれる。図の回路の場合，内部抵抗が測定に対してどのような影響をおよぼすか調べてみよう。ただし，電流計の内部抵抗は r_1〔Ω〕，電圧計の内部抵抗は r_2〔Ω〕，そして抵抗線の抵抗値は R〔Ω〕である。

このとき，電流計の読みは I_1〔A〕，電圧計の読みは V_1〔V〕であった。内部抵抗の影響がないとするならば，$\dfrac{V_1}{I_1} = R$ となるはずである。しかし，この回路では電圧計の読みは抵抗線の両端の電圧を正しく示していない。内部抵抗の影響を考えると $\dfrac{V_1}{I_1} = $ ① となる。$\dfrac{V_1}{I_1}$ を R にできるだけ近づけるためには， ② すればよい。

② の選択肢：

ア　r_1 の値を小さく

イ　r_1 の値を大きく

ウ　r_2 の値を小さく

エ　r_2 の値を大きく

143 次の文を読み，あとの問いに答えなさい。　(大阪・清風南海高)

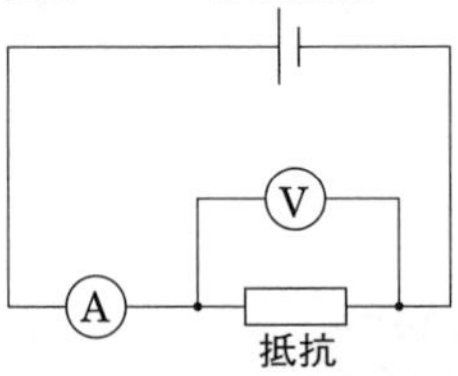

図1のように直流電源，抵抗，電流計および電圧計を接続し，電源の電圧を変えて抵抗にかかる電圧と電流の関係を測定すると，図2のAのようになった。抵抗を電球に変えて測定すると，図2のBのようになった。

(1) 抵抗の大きさを求めよ。

[　　　]

この電球を2個用いて，図3のような回路をつくり，電源の電圧を16.0Vにした。

難(2) 電球に流れる電流の大きさを求めよ。また，2個の電球の全体の抵抗を求めよ。

電流 [　　　]
全体の抵抗 [　　　]

図3

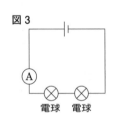

図1　直流電源

図2

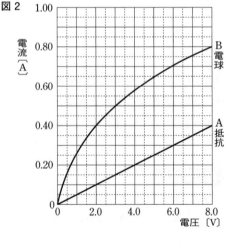

この電球と抵抗を用いて，図4のような回路をつくったところ，電圧計は5.0Vを示した。

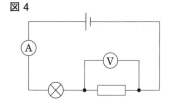

図4

難(3) 電流計の示す値を求めよ。また，電源の電圧を求めよ。

電流計[　　　　　]

電源[　　　　　]

この電球と抵抗を用いて図5のような回路をつくった。

難(4) 電圧計が3.0Vを示すとき，電流計の示す値を求めよ。

[　　　　　]

図5

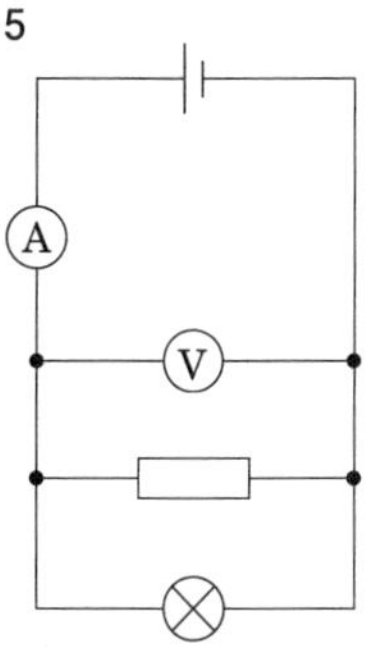

---

144 100Ωの抵抗6本を使って以下の実験を行った。文中の（　）に入る数値を答えなさい。ただし，導線や電流計の抵抗は無視できるほど小さい。

（東京・筑波大附駒場高）

①[　　　]　②[　　　]　③[　　　]　④[　　　]

〔実験1〕　図1のように，抵抗3本を三角形に接続して3つの頂点を端子とし，そのうち2つを選んで電源に接続した回路を組み立てた。このとき，電流計の値は（　①　）mAを示した。

〔実験2〕　図2のように，抵抗6本を六角形に接続して6つの頂点を端子とし，そのうち2つを選んで電源に接続した回路を組み立てた。このとき，2つの端子の選び方によって電流計は（　②　）つの異なる値を示し，最も小さな値は（　③　）mAとなる。また，最も大きな値は最も小さな値の（　④　）倍となる。

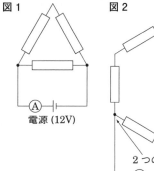

図1

電源(12V)

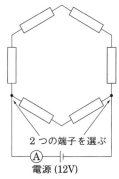

図2

2つの端子を選ぶ

電源(12V)

解答の方針

142 ①電流計には内部抵抗があるので，電流計にかかる電圧と，抵抗線にかかる電圧の和がV_1である。

143 見慣れないグラフなのでとまどうかもしれないが，直列回路，並列回路について電流，電圧の関係がどのようになるかをふまえれば，解くことができる。

(2)直列回路なので，2つの電球にかかる電圧の和が電源電圧の大きさとなる。2つの電球は同じ種類のものなので，かかる電圧は等しい。

(3)直列回路なので，抵抗に流れる電流と，電球に流れる電流の大きさは等しい。電球に流れる電流の大きさがわかれば，図2より電圧の大きさもわかる。

(4)並列回路なので，抵抗と電球にかかる電圧の大きさはそれぞれ等しい。どちらの回路も並列回路にかきなおすことができる。

2 電流による発熱・発光

（解答）別冊 p.38

標 準 問 題

重要 145 〉[電流による発熱]

図のように，コンセントに複数の電気器具を同時につないで使
うと，導線が熱くなることがある。導線 B，C に比べて導線 A
のほうが熱くなる理由を，導線 A ～ C に流れる電流の大きさに
ふれ，説明しなさい。

[   ]

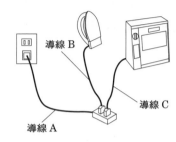

導線 B
導線 C
導線 A

重要 146 〉[電力]

図は，電気器具の電力の表示を書き写したものである。
次の文章の（　　）内にあてはまる数値を答えなさい。

　　　①[　　　]　②[　　　]　③[　　　]

　電気器具 A を日本の家庭用として最も多く使われて
いる（　①　）V のコンセントにつなぐと，（　②　）W
の電力を必要とし，同様に電気器具 B を A と同じコン
セントにつなぐと，合計（　③　）W の電力を必要とする。

| 電気器具 A | ▽ 91－30373 | 100 V |
| | 50/60 Hz | 500 W |

| 電気器具 B | ▽ 81－7030 | 100 V |
| | 50/60 Hz | 1050 W |

147 〉[電流・電圧と電力(1)]

家庭で使っている電気ポットに | 100 V　800 W | の表示があった。この電気ポットに水を入れて，
100 V のコンセントにつないで沸かすとき，電気ポットに流れる電流の大きさは何 A か求めな
さい。

[　　　　　]

ガイド　電力＝電圧×電流という関係がある。

148 〉[電流・電圧と電力(2)]

「100 V・100 W」と書かれた電球 A と，「100 V・60 W」と書かれた電球 B を，下の図のように
100 V 電源につないで電流を流した。次の問いに答えなさい。

(1)　「電球の両端にかかる電圧」・「電球を流れる電流」のそれぞれ
　　について，電球 A または B のどちらが大きくなるか。「A」また
　　は「B」の記号で答えよ。ただし，電球 A，B ともに同じ大きさ
　　であるときは「＝」の記号で答えよ。

　　　　　　　　　　電圧[　　　]　電流[　　　]

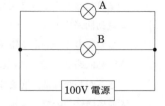

A
B
100V 電源

(2) 次に電球Aを回路から取りはずした。このとき，電球Bについて「電球の両端にかかる電圧」・「電球を流れる電流」はどう変化するか。Aを取りはずす前よりも大きくなるときは「大」，小さくなるときは「小」，同じであるときは「＝」の記号で答えよ。

電圧[　　　]　電流[　　　]

> ガイド　(1)並列回路なので，2つの電球にかかる電圧は等しい。このことから，それぞれに流れる電流の大きさがわかる。

---

149 **[電力と水の温度上昇]**

図のように，18.5℃の水100gに電熱線Xを入れ，6.0Vの電圧を加えて水をかき混ぜながら5分後と10分後の水温を調べた。また，電熱線Y，Zについても同じようにして調べた。表はその結果である。電熱線Xは6V−18W，Yは6V−9W，Zは6V−6Wである。次の問いに答えなさい。

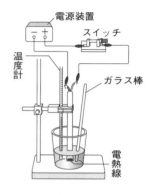

(1) この実験の結果から，一定時間電圧を加えたときの電熱線の抵抗の大きさと水の上昇温度の関係を表したグラフの形はどれか。最も適切なものを次のア〜オから1つ選び，記号で答えよ。

[　　　]

電熱線	水温〔℃〕		
	開始前	5分後	10分後
X	18.5	31.1	43.7
Y	18.5	24.8	31.1
Z	18.5	22.7	26.9

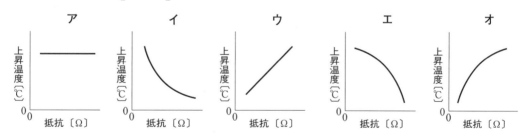

(2) 表から，電熱線のワット数と水の上昇温度には決まった関係があることがわかった。この関係をもとに考えると，図の装置の電熱線を6V−15Wのものにとりかえて行ったときには，5分後の水温は何℃になるか。次のア〜オから1つ選び，記号で答えよ。　[　　　]

ア　23.0℃　　イ　24.5℃　　ウ　26.0℃　　エ　27.5℃　　オ　29.0℃

> ガイド　(1)6Vの電源につないだとき，各電熱線に流れる電流の大きさが求められる。それから抵抗の大きさがわかる。
> (2)この電熱線の抵抗の大きさがわかれば，あとは(1)の関係を使って上昇温度の見当をつけることができる。

◆重要◆ 150 〉[**熱量**]

図1のように，容器の中に水を入れ，さらに電源に接続した電熱線を容器の中に入れ，水温の上昇を測定した。1gの水の温度を1℃上げるのに必要な熱量を4.2Jとして，あとの問いに答えなさい。ただし，電熱線で発生した熱はすべて水に吸収され，電熱線の温度変化による抵抗の変化はないものとする。

図1

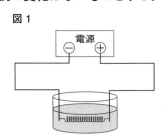

図2

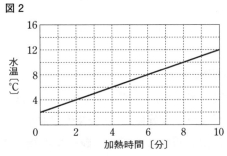

(1)　容器の中に2℃の水100gを入れ，電熱線に電流を流し，10分間水を加熱したところ，加熱時間と水温の関係は図2のようになった。このとき，水100gが10分間に吸収した熱量は何Jか。　　　　　　　　　　　　　　　　　　　　　　[　　　　　　]

(2)　(1)のとき，電源の電圧は100Vであった。このとき，電熱線に流れる電流は何Aか。
　　　　　　　　　　　　　　　　　　　　　　　　　　　　　[　　　　　　]

(3)　この電熱線の抵抗は何Ωか。小数第1位を四捨五入して求めよ。　[　　　　　　]

(4)　次に，同じ条件で20℃の水1リットルをこの電熱線で加熱する。このとき，水が沸騰するのは何秒後か。ただし，水1cm³の質量は1gとする。　　　　　[　　　　　　]

> ◆ガイド◆　(2)電力量＝電圧×電流×時間〔s〕，消費した電力量＝発生した熱量という関係を使う。熱量は(1)で求めた値である。
> 　(4)このときに必要な熱量を先に求めておき，沸騰までにかかる時間をt〔s〕として，(2)と同様に求めればよい。

151 〉[**電力表示**]

次の文を読んで，あとの問いに答えなさい。

　家庭のコンセントにつないである2つの白熱電球A，Bでは，明るさが異なっている。また，①電球Aだけつけた場合も，電球Aと電球Bを同時につけた場合も，電球Aの明るさは変わらない。図のように，②電球Aには100W，電球Bには60Wの表示がしてある。

(1)　電球Aと電球Bではどちらが明るいか。　　　[　　　　　]

(2)　下線部①のようになるのはなぜか。簡単に答えよ。
　　　　　　　　　　　　[　　　　　　　　　　　　　　]

電球A　　　　　　電球B

(3)　下線部②のように，電球に電力が表示してあると，日常生活においてどんな点でつごうがよいと考えられるか。簡単に答えよ。

　　　　　　　　　[　　　　　　　　　　　　　　　　　　]

152 ［回路全体で消費する電力］

抵抗が2Ωの電気抵抗Aと，抵抗の大きさがわからない電気抵抗Cを並列につなぎ，電圧を変化させたところ，電気抵抗Aには3.0Aの電流が流れ，電気抵抗Cには12Aの電流が流れた。この回路全体で消費する電力を求めなさい。　　　　　　［　　　　　］

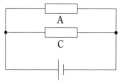

> **ガイド** 流れる電流の大きさから，電気抵抗Cの抵抗の大きさがわかる。電気抵抗Cに流れる電流は電気抵抗Aの4倍なので，抵抗の大きさは4分の1になる。ただし，ここでは電力を求めるので，抵抗Aにかかる電圧がわかればよい。

重要 153 ［使用される電力］

次の文の空欄に適する語句を入れなさい。

①［　　　　　］　②［　　　　　］　③［　　　　　］

　わたしたちの家で使用されている電気器具には，200Wとか150Wと表示されている。これらの値はその電気器具が（　①　）間に消費する電気エネルギーの量すなわち（　②　）を表している。また，（　②　）とその電気器具を使用した時間との積を（　③　）といい，その単位の記号にはWhなどが用いられている。

154 ［電力と発生する熱量］

図は電熱線を用いた電気器具と，それぞれの器具に100Vの電圧を加えたときに消費する電力を示している。消費した電力はすべて熱に変わるものとして，次の問いに答えなさい。

アイロン　　ドライヤー　　オーブントースター

800W　　　1000W　　　1200W

(1) 一定時間に発生する熱量が最も大きいものはどれか。　　　　　［　　　　　］

(2) 3つの電気器具を100Vのコンセントにつないで同時に使うとすると，消費電力は何Wになるか。　　　　　　［　　　　　］

> **ガイド** (1)熱量は電力と時間〔秒〕の積で求められる。

重要 155 **[電力量]**

次のア～エの電気器具を 100 V で( )内の時間だけ使用した。あとの問いに答えなさい。

 ア 消費電力 1200 W のドライヤー(12分) イ 消費電力 125 W のテレビ(50分)

 ウ 消費電力 44 W の扇風機(1時間30分) エ 消費電力 900 W のトースター(7分)

(1) ア～エを，流れる電流が大きい順に並べ，記号で答えよ。 [   ]

(2) ア～エを，消費した電力量が大きい順に並べ，記号で答えよ。[   ]

> **ガイド** 電力量＝電力×時間〔s〕である。

重要 156 **[家庭で使用される電源]**

表は，ある家庭の部屋で，100 V の電源につないで使用される電気製品の数と 1 日平均の使用時間を示したものである。あとの問いに答えなさい。ただし，室内灯は 2 本をひとまとめにして考えること。

電気製品	90 W のテレビ	60 W の電気スタンド	40 W の室内灯
使用数	1台	1台	2本
平均使用時間	3時間	4時間	8時間

(1) 家庭のコンセントから取り出す電流は，電池から流れる電流と異なり，電流の向きや大きさが周期的に変化している。このような電流を何というか。 [   ]

(2) この表の電気製品のうち，消費される電力が一番大きいのはどれか。 [   ]

(3) この表のすべての電気製品を同時に使うと，電源から流れる電流は何 A か。 [   ]

(4) 電気スタンドが 1 日平均で使用するエネルギーは何 kJ か。   [   ]

(5) この家庭の部屋の電気製品のなかで，1 日で消費する電力量が最大のものは何か。

                          [   ]

> **ガイド** (1)乾電池でつくる回路に流れる電流を直流という。直流では，電流の向きや大きさは一定である。
>   (3)家庭の電気配線は並列である。そのため，電気製品にかかる電圧はすべて等しい。

157 **[電力と上昇温度]**

6V－3W の電熱線と 6V－6W の電熱線を図のように直列につなぎ，それぞれの電熱線を水 100 cm³ が入ったカップの中に入れ，電圧計が表示する電圧が 6.0 V になるように電源装置で電圧を加えた。次の問いに答えなさい。

(1) 次の( )にあてはまる言葉として最も適切なものを，あとのア～ウから 1 つ選び，記号で答えよ。 [ ]

  電圧を加えた電熱線から発生した熱量は，( )と考えられる。

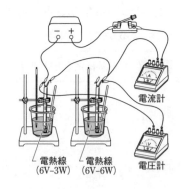

電流計

電熱線
(6V-3W) 電熱線
(6V-6W) 電圧計

ア 水の温度上昇にすべて使われ，カップやその周りの空気には逃げていない。

イ 水の温度上昇に使われるだけでなく，カップやその周りの空気にも逃げている。

ウ 水の温度上昇には使われず，カップやその周りの空気にすべて逃げている。

(2) カップの中の水の上昇温度として最も適切なものを，次のア～ウから1つ選び，記号で答えよ。　　　　　　　　　　　　　　　　[　　　]

ア 6V－3Wの電熱線が入っていたカップの水の方が上昇温度は大きい。

イ 6V－3Wの電熱線と6V－6Wの電熱線が入っていたカップの水の上昇温度は同じ。

ウ 6V－3Wの電熱線が入っていたカップの水の方が上昇温度は小さい。

重要 |158〉[電力量と電気料金]

電気使用量と電気料金について次の文を読み，あとの問いに答えなさい。

　ある家庭では，電力会社から毎月の電気使用量の通知書が届く。12月は使用量が270kWh(キロワット時)，料金が6000円と書かれていた。本問では，電気料金は電気使用量に比例するものとする。なお，1kWhは1000Wh(ワット時)のことであり，1Whは1Wの電力で1時間使用したときに消費される電力量のことである。

(1) この家庭の12月の通知書から考えて，1kWhの電気料金は何円か。割り切れないときは小数第1位を四捨五入せよ。　　　　　　　　　　　　　[　　　]

(2) 1kWhの電気料金が20円の家庭において，消費電力が200Wの液晶テレビを3時間使用した場合の電気料金は何円か。　　　　　　　　　　　　[　　　]

|159〉[消費電力]

次の問いに答えなさい。

(1) 白熱電球が使われなくなりつつある理由として適当でないものを，次のア～エから1つ選び，記号で答えよ。　　　　　　　　　　　　　　　　[　　　]

ア 蛍光灯や発光ダイオードのほうが，白熱電球よりも同じ程度の明るさを得るのに必要な消費電力が少ないから。

イ 蛍光灯や発光ダイオードのほうが，白熱電球よりも太陽の光のような自然な白い色を出しやすいから。

ウ 蛍光灯や発光ダイオードのほうが，白熱電球よりも発熱量が少ないから。

エ 蛍光灯や発光ダイオードのほうが，白熱電球よりも寿命が長いから。

(2) ある家庭では100V－40Wの白熱電球が20個使われている。20個の電球をつけたときと同じ明るさを保ちながら消費電力を40%にするためには，何個の電球を電球型蛍光灯に替えればよいか。ただし，この電球と同じ明るさの電球型蛍光灯の消費電力は8Wであり，家庭で使われている電圧は100Vである。　　　　　　　　　　　　[　　　]

ガイド (2)電球型蛍光灯の数をx〔個〕とし，それぞれの電球で消費される電力の和が消費電力の40%となるように方程式をつくればよい。

最高水準問題 ————————————————————————— 解答 別冊 p.41

160 断面が円形で，材質が同じ，均一な電熱線 X，Y，Z がある。ただし，電熱線 X の抵抗値は 20 Ω，電熱線 Y は長さだけが電熱線 X の 2 倍，電熱線 Z は断面の直径だけが電熱線 X の 2 倍である。次の問いに答えなさい。

（愛媛・愛光高）

難(1) 電熱線 Y，Z の抵抗値をそれぞれ求めよ。

Y[   ] Z[   ]

(2) 電熱線 X，Y，Z を図 1 のように 13V の電池に接続したとき，消費電力が最も少ないのはどれか。また，その消費電力は何 W か。

電熱線[   ] 消費電力[   ]

(3) 電熱線 X，Y，Z を図 2 のように 4V の電池に接続したとき，消費電力が最も少ないのはどれか。また，その消費電力は何 W か。

電熱線[   ] 消費電力[   ]

図 1

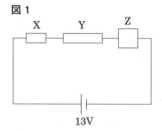

図 2

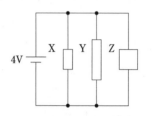

161 家庭で使われている電気器具について，次の問いに答えなさい。

（青森県）

(1) 表は，4 つの電気器具のそれぞれの消費電力を示したものである。このなかで，抵抗が最も大きいものはどれか。その名称を答えよ。

[   ]

(2) 家庭でたくさんの電気器具を同時に使うと危険である。その理由を「並列」，「電流」の 2 つの語を用いて答えよ。

[   ]

電気器具	消費電力
電気ストーブ	800 W
炊飯器	650 W
ドライヤー	1200 W
トースター	850 W

162 電源装置に抵抗値のわからない電熱線 a，b，c，電流計，電圧計を接続して，電熱線からの発熱量を測定する実験を行った。次の問いに答えなさい。

（千葉・東邦大附東邦高）

(1) 図 1 のように電熱線 a，b を接続した。電源電圧を 15V にしたとき，電熱線 a には 1.5A，電熱線 b には 3.0A の電流が流れた。電熱線 a の抵抗値は何 Ω か。

[   ]

(2) 次に図 2 のように電熱線 a，b を接続した。電源電圧を 15V にしたとき，電熱線 a に流れる電流の大きさは何 A か。

[   ]

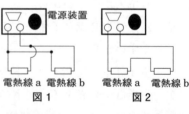

電熱線 a　電熱線 b　　電熱線 a　電熱線 b
図 1　　　　　　　図 2

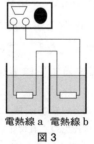

電熱線 a　電熱線 b
図 3

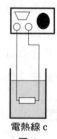

電熱線 c
図 4

(3) 図3のように電熱線a, bを接続した。電熱線は，断熱容器に入れた水の中に沈めておいた。はじめ容器内にはそれぞれ20.0℃の水を100gずつ入れておいた。電源電圧を15Vにし，3分30秒間電流を流した。電熱線aを入れた容器の水は何℃になったか。ただし，水1gを1℃上昇させるのに必要な熱量は4.2Jとする。　[　　　　　]

(4) 図4のように別の電熱線cを電源装置に接続し，電熱線を断熱容器に入れた水の中に沈めた。この容器内には0℃の水75gと細かく砕いた0℃の氷25gを入れておいた。電源電圧を一定にして10分間電流を流したときの温度の変化をグラフにしたところ，図5のグラフになった。

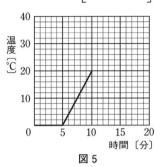

図5

いったん容器内の水を捨て，今度は0℃の水75gと細かく砕いた0℃の氷50gを入れて，電源電圧を変えないまま20分間電流を流した。このときの温度の変化をグラフにするとどのようになるか。次のア〜エから最も適切なものを1つ選び，記号で答えよ。　[　　　　　]

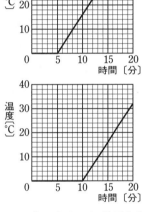

ア　　　イ

ウ　　　エ

(5) 図5のグラフの温度の変化から，0℃，1gの氷が0℃，1gの水になるのに必要な熱量は何Jか求めよ。　[　　　　　]

163 右の図はある家庭の配線を表している。照明器具の消費電力は，A が 30 W，C が 40 W，E が
120 W である。電源電圧が 100 V のとき，次の問いに答えなさい。 （大阪国際大和田高改）

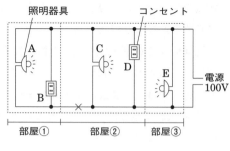

(1) 図の部屋②の×印で回路が切れた場合，使用でき
なくなる照明器具とコンセントをすべて選んで記号
で答えよ。 ［　　　　　］

(2) この回路は，全体で 5 A の電流まで流すことができ
る。照明器具 A，C，E をすべて点灯し，コンセント
D で 250 W の電気器具を使用したとき，コンセント
B では最大何 W まで電気器具を使用できるか。

［　　　　　　　　　］

---

164 次の実験について，あとの問いに答えなさい。 （愛知県）

回路における豆電球と発光ダイオードの光の明るさについて調べるため，次の実験を行った。ただし，
回路 A，B，C では同じ豆電球と電池を，回路 B，C では同じ発光ダイオードを用いている。

〔実験〕

Ⅰ 豆電球，発光ダイオード，電池を導線で接続して図の回路 A から回路 C までをつくり，豆電
球と発光ダイオードの光を観察した。

Ⅱ 次に，回路 A から回路 C までの電池の正負の向きを図とは逆にして，豆電球と発光ダイオー
ドの光を観察した。

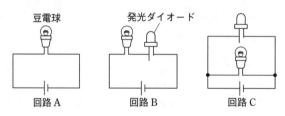

実験の Ⅰ では，すべての豆電球と発光ダイオードが点灯した。

実験の Ⅱ では，回路 A の豆電球が点灯した。このとき，回路 B と回路 C のそれぞれの豆電球の明
るさは，回路 A の豆電球の明るさと比べるとどうなるか。豆電球が点灯したかも含めて，40 字以
内で答えよ。ただし，「回路 A」，「回路 B」，「回路 C」という語をすべて用いること。

［　　　　　　　　　　　　　　　　　　　　　　　　　　　　　　　　　］

165 同じ豆電球Ａ・Ｂ・Ｃ・Ｄ・Ｅ・Ｆと，常に一定の電圧5Vを保つ電源装置を用いて，図のような回路をつくり，豆電球の明るさについて調べた。次の問いに答えなさい。(大阪・帝塚山学院高)

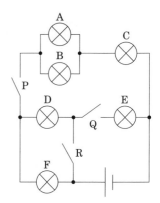

(1) Ｐ〜Ｒのうち2つのスイッチを入れて回路を閉じ，すべての豆電球がつくようにしたい。どのスイッチを閉じればよいか。

[   ]

(2) (1)のとき，最も明るい豆電球はＡ〜Ｆのどれか。

[   ]

166 2種類の電球がある。1つは100Vでの消費電力が60Wの白熱電球(電球Ａと呼ぶ)，もう1つは100Vで消費電力が12Wの電球型蛍光灯(電球Ｂと呼ぶ)で，形状はよく似ている。これらの電球を100Vで使用したときの特性をまとめたものが表である。なお，電球Ａ，Ｂは交流電源のもとで使用するが，ここでの計算は直流のときと同様に取り扱ってよいものとする。また，1kWhの電気料金が20円として考えることにする。次の問いに答えなさい。

(奈良・東大寺学園高)

	使用電圧〔Ｖ〕	消費電力〔Ｗ〕	電流〔Ａ〕	電球の寿命〔ｈ〕
電球Ａ	100	60	a	2000
電球Ｂ	100	12	b	8000

(1) 表の空欄 a，b に入る正しい値を求めよ。

a[   ] b[   ]

難(2) 電球Ａ，Ｂを非常に長い時間点灯させたときの経費を考えると，電球Ａは電球Ｂの何倍になるか。ただし，電球Ａ，Ｂの価格を100円および1000円とし，電球の寿命により使用不可となればただちに新しいものと交換して点灯を続けることとする。割り切れないときは小数第1位を四捨五入せよ。

[   ]

(3) 電気使用量1kWhあたり0.37kgの二酸化炭素を発電所から排出しているとすると，電球Ａのかわりに電球Ｂを何時間点灯させれば，排出される二酸化炭素の差は1kgとなるか。割り切れないときは小数第1位を四捨五入せよ。

[   ]

解答の方針

163 (2)コンセントＢに流れる電流を求めると，コンセントＢで使える電力もわかる。

165 (2)最大電流が流れ込む豆電球が，いちばん明るくなる。

166 (2)8000時間点灯したものとしてそれぞれの経費を計算してみるとわかりやすい。

(3)使用した時間を x〔ｈ〕とし，電球Ａ，Ｂの電力量の差を x で表す。

3 電流と電子

解答 別冊 p.44

標 準 問 題

167 [静電気]

静電気に関する次の問いに答えなさい。

(1) 電気が空間を移動する現象は，一般に何とよばれるか。その名称を答えよ。

[　　　　　]

(2) 次のア～エのなかから，気圧を低くした空間に大きな電圧を加えると，空間に電流が流れるという現象を利用している照明機器を1つ選び，記号で答えよ。　　[　　　]

ア　豆電球　　イ　蛍光灯　　ウ　LED照明　　エ　白熱電球

重要 **168** [電流と放電管]

次の実験について，あとの問いに答えなさい。

〔実験1〕　図1のように放電管に誘導コイルと電流計をつなぎ，高い電圧を加え，管内の空気を真空ポンプで抜いていくと，管内が光りはじめ，電流が流れはじめた。

〔実験2〕　実験1の放電管を，蛍光板の入った図2のような放電管につなぎかえて高い電圧を加えると，蛍光板上に _a明るい光の線が観察できた。

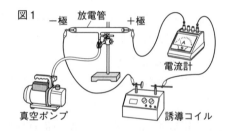

(1) 実験1について，管内で見られた現象を何というか。漢字4字で書け。　　[　　　　　]

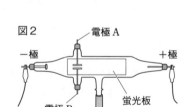

(2) 実験2について，次の①，②の問いに答えなさい。

① 蛍光板を光らせたものの名称を何というか。次のア～エから1つ選び，記号で答えよ。　　[　　　]

ア　静電気　　イ　α線　　ウ　陰極線　　エ　磁力線

② 次のア～ウは，蛍光板を光らせたものの性質について述べたものである。誤っているものはどれか。ア～ウから1つ選び，記号で答えよ。　　[　　　]

ア　＋極から出て－極へ向かう。　　イ　小さい粒子の流れである。　　ウ　直進する。

(3) 次のア～エは，実験2の状態で図2の電極AB間に電圧を加えたときの下線部aの変化について説明したものである。正しいものはどれか。ア～エから1つ選び，記号で答えよ。

[　　　　　]

ア　電極Aを＋極，電極Bを－極にしたとき，下側に曲がった。

イ　電極Aを＋極，電極Bを－極にしたとき，変化が見られなかった。

ウ　電極Bを＋極，電極Aを－極にしたとき，下側に曲がった。

エ　電極Bを＋極，電極Aを－極にしたとき，変化が見られなかった。

(4) 実験2の状態で図3のようにU字形磁石を近づけたとき
に下線部 a に生じる変化と最も関係が深い現象を，次のア～
エから1つ選び，記号で答えよ。　　　　　　　[　　　]

ア　ドアノブに手を近づけると，火花が見えた。

イ　扇風機の電源を入れると，モーターが作動してはねが回った。

ウ　電熱線に電流を流すと，熱が発生して赤くなった。

エ　光が空気中から水に入射すると，屈折して進んだ。

169 〉[摩擦によって生じる電気]

静電気について，次の各問いに答えなさい。

(1) 電気を通しにくい異なる物質をこすり合わせると，それぞれの物質は静電気をおびる。こ
れは一方の物質から他方の物質に何が移動したためか。　　　　　　　[　　　　　]

(2) アクリル管，塩化ビニル管，発泡ポリスチレンには以下のような関係がある。

・アクリル管を発泡ポリスチレンでこすると，アクリル管は＋の電気をおびる。

・塩化ビニル管を発泡ポリスチレンでこすると，塩化ビニル管は－の電気をおびる。

これをふまえて，次の実験に関する問いに答えよ。

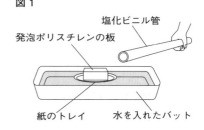

〔実験〕　水に浮かべた紙のトレイに，アクリル管をこす
った発泡ポリスチレンの板を置いた。その後，すぐに別
の発泡ポリスチレンで強くこすった塩化ビニル管を図1
のように横から発泡ポリスチレンに近づけると，トレイ
はどうなるか。　　　　　[　　　　　　　　]

(3) 0.5 g のポリエチレンのひもの一端をしばって細かくさき，ティ
ッシュペーパーで強くこすって，そのひもを空中に放り投げた。
その後すぐに，発泡ポリスチレンの板でこすった塩化ビニル管
を図2のようにひもの真下から近づけると，ひもは広がった。
ひもが広がった理由を答えよ。

[　　　　　　　　　　　　　　　　　　　]

ガイド (2)それぞれのもつ電気の種類を判断する。発泡ポリスチレンは同じ電気なら反発し，異なる電気な
ら引き寄せられる。

170 〉[電流の正体]

図のように乾いた布でこすったプラスチックの下敷きに，蛍光灯の一端をつけた。

(1) 蛍光灯にはどのような変化が見られるか。

[　　　　　　　　　]

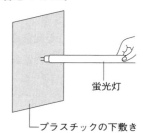

(2) このように，電気が空気中を移動する現象を何というか。

　　　　　　　　　　[　　　　]

(3) 電気の流れを何というか。　　　　　[　　　]

最 高 水 準 問 題 ──────────────────────────── 解答 別冊 p.44

171 次の①～④は，物質どうしを摩擦したときに，静電気が起こるしくみやその性質について，模式的な図を用いて説明しているものである。図中の●や○は，それぞれ＋あるいは－の電気のいずれかを表している。あとの問いに答えなさい。

(広島大附高)

① 物質の中にはふつう＋の電気と－の電気が同じだけある。

② ●で示した電気が綿布からストローに移動し，物質の中の電気にかたよりが生じる。

③ 綿布で摩擦したストローどうしを近づけると，力がはたらく。

④ ストローと綿布を，互いに摩擦したあと，近づけると，力がはたらく。

ストロー　綿布

ストローと綿布を摩擦する

(1) ②の●は＋，－のいずれの電気を表すか。　　　　　　　　　　　　［　　　　　］

(2) ③，④で力がはたらくとあるが，それらの力はしりぞけ合う力か，引き合う力か。それぞれ答えよ。

③［　　　　　］　④［　　　　　］

(3) ③，④ではたらく力は電気力と呼ばれる力である。この電気力のように，物体が離れていてもはたらく力を1つ答えよ。　　　　　　　　　　　　　　　　　　　　　　［　　　　　］

(4) 静電気で起こる自然現象の例を1つあげよ。　　　　　　　　　　　［　　　　　］

172 物体をこすり合わせたときに生じる電気について調べるために，次の実験を行った。これらをもとに，あとの問いに答えなさい。

(石川県)

〔実験Ⅰ〕　ナイロンの布でこすった発泡ポリスチレン球Aと，ポリエチレンの袋でこすった発泡ポリスチレン球Bを，図1のように，電気を通さない糸で木製の棒につるしたところ，AとBは引き合った。

〔実験Ⅱ〕　ティッシュペーパーでよくこすったポリ塩化ビニル管に，図2のように，蛍光灯の電極を近づけたところ，蛍光灯が一瞬だけ光った。

また，蛍光灯のかわりに豆電球を近づけると，豆電球は光らなかった。

図1

木製の棒
A　B

図2

蛍光灯
ポリ塩化ビニル管

(1) 実験Ⅰで，発泡ポリスチレン球をこすったあとのナイロンの布は，＋の電気をおびていた。このとき，発泡ポリスチレン球A，Bはそれぞれ＋，－どちらの電気をおびているか。次のア～エから適切な組み合わせを1つ選び，記号で答えよ。

［　　　　　］

ア　A：＋，B：＋　　イ　A：＋，B：－　　ウ　A：－，B：＋　　エ　A：－，B：－

(2) 実験Ⅱでポリ塩化ビニル管にたまっていた電気が流れ出し，蛍光灯が光ったことについて，次の①，②に答えよ。

① このような現象を何というか，答えよ。　　　　　　　　　　　　［　　　　　］

② たまっていた電気が流れ出す現象を，気象から1つ答えよ。

［　　　　　］

173 次の(1)〜(3)の実験をした。あとの問いに答えなさい。

(高知学芸高)

〔実験〕

(1) ポリエチレンのひもの一端をしばって細くさき，ティッシュペーパーで強くこするとひもは開いた。これを電気クラゲと呼ぶことにする。

(2) 電気クラゲを手の上にのせるとまとわりついた。

(3) セーターで摩擦したプラスチックの下敷きにネオン管を近づけていくと，ネオン管が点灯した。

それぞれの実験で観測された現象と共通する静電気の性質で説明できる文はどれか。次のア〜オから1つずつ選び，記号で答えなさい。

(1)[　　　]　(2)[　　　]　(3)[　　　]

ア 水道のじゃ口から水を細く流す。この水の流れに，ティッシュペーパーで強くこすったプラスチックのものさしを近づけると水がものさしのほうへ曲がる。

イ モーターに電流を流すと，軸が回転する。

ウ 地球上で方位磁針のN極は北をさす。

エ 電気を発生させる装置(バンデグラフ)に手を触れ電気を発生させると，髪の毛が逆立つ。

オ 空気の乾燥した日にドアノブに触れると，パチッと音がして手に痛みを感じた。

174 静電気に関連する記述として適切でないものを，次のア〜エから1つ選び，記号で答えなさい。

(茨城・岩瀬日本大高)

[　　　]

ア バンデグラフの上に人形を乗せて，スイッチを入れたとき，人形の髪の毛が逆立ち広がった。

イ 冬にセーターを脱いだとき，ぱちぱちと音がした。

ウ 真夏の午後に，積乱雲で雷が発生した。

エ 部屋の照明のスイッチを入れると，蛍光灯が光った。

175 次の文は，放射性物質について述べたものである。下のア〜エのうち，文中の(X)，(Y)にあてはまることばの組み合わせとして正しいものはどれか。1つ選び，記号で答えなさい。

(岩手県)

放射性物質は，(X)を出す物質のことである。また，(X)が人体にどれくらいの影響があるかを表す単位は(Y)である。

	ア	イ	ウ	エ
X	放射線	放射線	放射能	放射能
Y	シーベルト	ワット	シーベルト	ワット

解答の方針

171 (2)同じ電気をおびているか，違う電気をおびているかで判断する。

174 静電気による現象でないものを選べばよい。

4 電流と磁界

標 準 問 題 ————————————————————— (解答) 別冊 p.46

176 [磁石の磁界]

図のように, 木の机の上に棒磁石を置き, その上に透明なプラス
チックの板を置いて鉄粉をまき, できる模様を観察した。あとの
問いに答えなさい。

鉄粉

透明なプラスチックの板

(1) 鉄粉の模様から考えられる磁界のようすを模式的に表したも
　　のとして最も適切なものをア〜エから1つ選べ。　　[　　　]

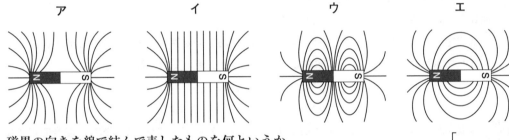

ア　　　　　　　　イ　　　　　　　　ウ　　　　　　　　エ

(2) 磁界の向きを線で結んで表したものを何というか。　　　　　　　　[　　　]

177 [直線電流のつくる磁界]

図のように導線に電流を流した。このときにできる磁界のようす
を右の図にかき表しなさい。

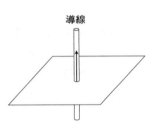

導線

178 [コイルのつくる磁界]

エナメル線を巻いたコイルを用いて, 次の実験を行った。あとの問いに答えなさい。

〔実験〕

① 図1のようにつくった実験装置を用い, 図2の回路をつくり,
　 コイルの近くに磁針を置いた。スイッチを入れて電流を流し,
　 ふれた磁針の針が静止したのを確認してからスイッチを切った。

② 図2の磁針を取りのぞき, 図3のようにコイルのまわりに鉄
　 粉をまいた。スイッチを入れて矢印の向きに電流を流し, 厚紙
　 を軽くたたいて, 鉄
　 粉の模様ができたの
　 を確認してからスイ
　 ッチを切った。

図1

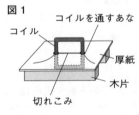

コイルを通すあな
コイル
厚紙
木片
切れこみ

図2

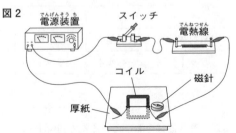

電源装置
スイッチ
電熱線
コイル
磁針
厚紙

図3

電流の向き

(1) 図4は，図2のコイルがある部分を表したものである。実験①でふれた磁針の針が静止したとき，針の向きはどのようになっていたか。図4に示したコイルの位置をXとし，磁針を真上から見たものとして，最も適当なものをア〜エから1つ選び，記号で答えよ。　　　　　　　　　　　　[　　　]

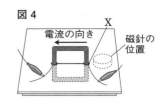

図4

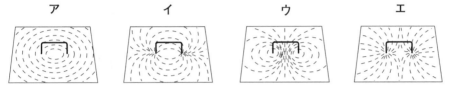

(2) 実験②でできた鉄粉の模様を模式的に表したものはどれか。最も適当なものをア〜エから選び，記号で答えよ。　　　　　　　　　　　　[　　　]

ア　　　　　　　イ　　　　　　　ウ　　　　　　　エ

(3) 鉄粉の模様をもとにして磁力線をかいていくと，磁界の強いところがわかる。磁界の強いところは磁力線がどのようになっているか。簡単に答えよ。
[　　　　　　　　　　　　　　　　　　　　　　　　　]

> **ガイド** (1)電流の向きに対する磁界の向きは決まっており，磁針のN極の向きは磁界の向きと同じになる。

重要 179 [電流がつくる磁界]

電流がつくる磁界について，次の問いに答えなさい。

(1) 図は，コイルに流れる電流がつくる磁界のようすの一部を模式的に表したものである。このように磁界のようすを表した線を何というか。　　　　　[　　　]

(2) 図のコイルに流れる電流の向きは，図中の矢印①，②のどちらか。また，図中の点Aにおける磁界の向きは矢印X，Yのどちらか。その組み合わせとして最も適当なものを，次のア〜エから1つ選んで，記号で答えよ。
[　　　]

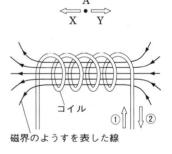

	電流の向き	点Aの磁界の向き
ア	①	X
イ	①	Y
ウ	②	X
エ	②	Y

180 〉[電流が磁界から受ける力]

図のように，直流電源に接続したレールのすぐ下に，長方形の磁石を並べた。図の A, B, C, D, E はレール上の位置を表している。あとの問いに答えなさい。

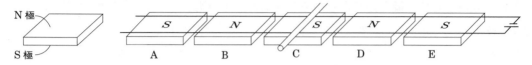

(1) 金属棒（磁石にはくっつかない素材）を C の位置に置いたとき，金属棒はどのような動きをするか。ア～オから最も適切なものを選び，記号で答えよ。ただし，金属棒はレール上を回転したり，レールからずり落ちたりしないものとする。またレールの電気抵抗と金属棒の摩擦力は無視できるものとする。　　　　　　　　　　　　　　　　　　[　　　　]

　ア　B を通り過ぎ A のほうに動いていった。　　イ　D を通り過ぎ E のほうに動いていった。

　ウ　C と B の間を行ったり来たりする。　　エ　B と D の間を行ったり来たりする。

　オ　動かない。

(2) 下図のように磁石をすべて N 極が上になるように並べた。そして金属棒を A 地点に置いたところ，右向きに滑りはじめた。

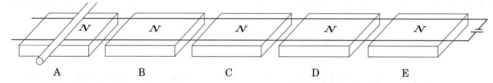

　　このときの金属棒の動きとして最も適切なものを 1 つ選び，記号で答えよ。　　[　　　　]

　ア　速さを速くしたり遅くしたりしながら，右向きに動く。

　イ　だんだん速さを速くしながら，右向きに動く。

　ウ　右向きに動いたあと，いったん止まって左向きに動く。

> **ガイド** (2)金属棒は，それぞれの磁石から同じ向きに力を受けることになる。

▶ 181 〉[コイルが磁界から受ける力]

右の図のような装置を用いて電流と磁界の関係について調べた。次の問いに答えなさい。

(1) はじめに図の装置を用いてスイッチを閉じると，コイルが動いた。動いたのは磁石の手前側か，それとも奥のほうか。　　　　　　　　　　[　　　　]

(2) はじめと電流が逆向きに流れるように導線をつなぎかえたとき，コイルが(1)と同じ向きに動くようにするにはどのようにすればよいか。簡単に答えよ。

　　　　　　　　　　　　　　　　[　　　　]

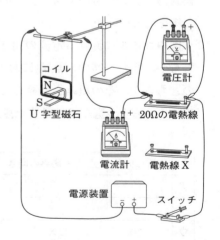

(3) コイルの動きを大きくするにはどのようにすればよいか。簡単に答えよ。

[　　　　　　　　　　　　　　　]

(4) 図の装置を用いて，電源装置の電圧は変えずに，電熱線Xを20 Ωの電熱線に並列につないでからスイッチを閉じると，電熱線Xをつなぐ前と比べてコイルの動き方が変化した。どのように変化したか簡単に答えよ。　　　　[　　　　　　　　　　　　　　　]

> **ガイド** (4)電熱線Xを並列につなぐと，回路全体の抵抗は電熱線Xをつなぐ前よりも小さくなる。

重要 182 〉[**フレミングの左手の法則とモーターの原理**]

次の文を読み，あとの問いに答えなさい。

英国の物理学者フレミングは磁界，電流，力の向きの関係を**図1**のように左手の指3本で表したことで有名である。ここで，それぞれの指が表すものの組み合わせとして正しいものは（　①　）である。

図2のようにエナメル線を加工してコイルをつくり，磁石の間に置き，電流を流すとコイルは→のほうから見て（　②　）の向きに回転した。この実験を成功させるための重要な点の1つが，図中にあるコイルとクリップの接続部のしくみである。

エナメル線の一方の端はエナメルをすべてはがしてあるのに対し，他方は半分だけエナメルを残しておく。これは，（　③　）ためである。この装置はモーターの原理として知られている。

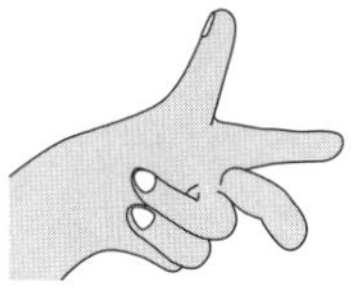

図1

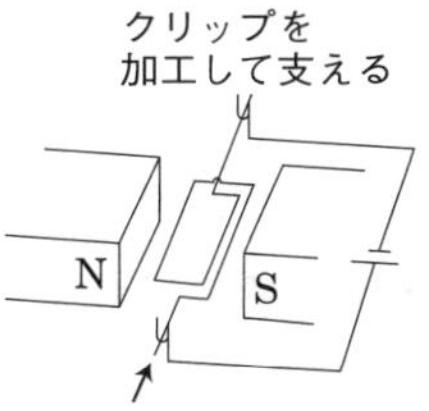

クリップを
加工して支える

図2

(1) 空欄①にあてはまる組み合わせとして正しいものを表のア〜エから選び，記号で答えよ。

[　　　]

	ア	イ	ウ	エ
親　　指	磁界	電流	力	力
人さし指	電流	磁界	磁界	電流
中　　指	力	力	電流	磁界

(2) 空欄②の向きは時計まわりか，反時計まわりか。

[　　　　　　　　　　　　　　　]

(3) 空欄③にあてはまる理由として最もふさわしいものを下のア〜エから選び，記号で答えよ。

[　　　]

ア　コイルに流れる電流が大きくなりすぎて，必要以上に回転してしまうのを防ぐ。

イ　コイルとクリップの接続部分で発熱が起こるのを防ぐ。

ウ　コイル自身の重さによって回転のバランスが崩れるのを防ぐ。

エ　コイルが半回転したところで，電流が磁界から受ける力の向きが逆向きになり，1回転できなくなるのを防ぐ。

183 [電流計のしくみ]

図1は電流計の針の部分である。小さいコイルに測定したい電流を流し，そのそばに置かれた永久磁石を用いて針を動かす。このコイルにはつるまきバネがつけられており，電流が流れなくなると，自然と一定の位置に針が戻るようになっている。この原理をかんたんに理解するために図2，図3の模式図で考えてみる。図2はコイルに流れる電流のようすを示しており，電流は図2のA→B→C→Dの向きに流れている。図3は図2を矢印の方向から見たものである。このとき，ABにはたらく力の向きを図3の①〜⑧から選び，記号で答えなさい。

[　　　]

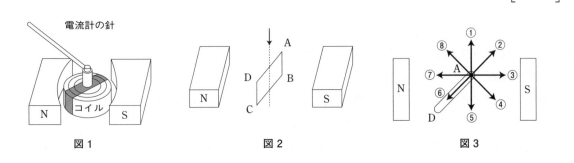

図1　　　　　　　　　　図2　　　　　　　　　　図3

> **ガイド**　フレミングの左手の法則で，電流と磁界の向きから判断する。

重要 184 [磁界の変化で生じる電流(1)]

電流と磁界に関する実験を行った。あとの問いに答えなさい。

〔実験1〕　図1のように，コイルに検流計をつなぎ，棒磁石のN極をコイルへ近づけると，検流計の針が右にふれた。

〔実験2〕　図1のコイルと検流計はそのままの状態で，図2のように，ふりこの先にN極がコイルに向くように棒磁石をとりつけ，AとBの間を1往復させた。

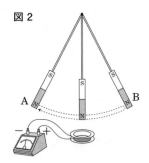

(1)　実験1で，検流計の針のふれを大きくするためには，どのようにすればよいか。その具体的な方法を1つ答えよ。ただし，実験器具は変えないものとする。

[　　　　　　　　　　　　　　　]

(2)　実験1と同じ針のふれ方をするのは次のア〜ウのうちどれか。　　　[　　　]

ア　N極を遠ざける。

イ　S極を近づける。

ウ　S極を遠ざける。

(3)　実験2で，次の①，②の場合について，検流計の針のふれ方はどのようになるか。あとのア〜エから1つずつ選び，記号で答えよ。

①[　　　]　②[　　　]

① 棒磁石がA→Bにふれるとき。

　　ア　右にふれる。　　　　　イ　左にふれる。

　　ウ　はじめは右にふれ，途中から左にふれる。

　　エ　はじめは左にふれ，途中から右にふれる。

② 棒磁石がB→Aにふれるとき。

　　ア　右にふれる。　　　　　イ　左にふれる。

　　ウ　はじめは右にふれ，途中から左にふれる。

　　エ　はじめは左にふれ，途中から右にふれる。

(4)　この実験のように，コイルの内部の磁界が変化すると，コイルに電流を流そうとする電圧
　　が生じ，電流が流れる。この現象を何というか。　　　　　　　　　[　　　　　　]

(5)　(4)の現象で流れる電流を何というか。　　　　　　　　　　　　　[　　　　　　]

> ガイド　(3)棒磁石の動かし方は異なるが，考え方は棒磁石を上下に動かすときと同じでよい。

重要 | 185 〉[磁界の変化で生じる電流(2)]

図のように，板を傾けて斜面をつくり，Qの位置に設
置したコイルを検流計につなぎ，棒磁石を固定した台
車を斜面の上端にN極が斜面の下向きになるように置
いた。台車を動かすと，コイルを通過する前後で検流
計の針がふれた。次の問いに答えなさい。

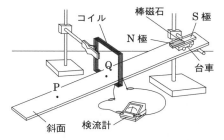

(1)　台車がコイルに近づくときと，通り抜けて遠ざかるときに，検流計の針はそれぞれどのよ
　　うにふれたか。次のア〜エから1つ選び，記号で答えよ。ただし，斜面の下側からコイルを
　　見て右まわりに電流が流れたとき，検流計は右向きにふれるとする。　　　　[　　　]

　　ア　近づくとき左向き，遠ざかるとき右向き

　　イ　近づくとき右向き，遠ざかるとき左向き

　　ウ　近づくときも，遠ざかるときも左向き

　　エ　近づくときも，遠ざかるときも右向き

(2)　この実験のあと，コイルをPの位置に移動して同様の実験を行ったところ，検流計の針
　　のふれは，コイルがQの位置にあったときよりも大きくなった。この理由を説明せよ。た
　　だし，台車にはたらく摩擦力や空気の抵抗は考えないものとする。

　　　　　　　　　　[　　　　　　　　　　　　　　　　　　　　　　　　　　　　　]

> ガイド　(2)斜面を走る台車は，しだいに速さが大きくなっていく。斜面を運動する物体の速さの変化は，3年
> 　　　　生の学習内容だが，日常経験などから坂を下るときに速さが大きくなることがわかると思われる
> 　　　　ので，ここでとりあげた。近年は，このように斜面とコイルを組み合わせた問題が頻出している。

最 高 水 準 問 題 ——————————————— 解答 別冊 p.48

186 次の問いに答えなさい。

(東京・お茶の水女子大附高)

(1) 図1のように4.0cm離れている2本の平行な直線状の電線a, bにそ
れぞれ矢印の向きに同じ大きさの電流が流れている。電線に直交する
直線 l の上に点ア, イ, ウがあり, 点ア, イは電線aから1.0cm, 点ウ
は2.0cm離れている。点ア, イ, ウにおける磁界の強さを比べ, 解答
例にならって, 各記号を不等号, 等号を用いて表せ。なお, 電流がつ
くる磁界の強さは, 電流から離れるにつれて, 距離に反比例して弱く
なる。

(解答例　イ＜ア＝ウ)　　　　　　　　　　[　　　　　　　　　]

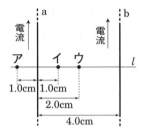

図1

(2) (1)において, 電線a, bには互いに引き合う力がはたらいていた。い
ま電線bを取り去り, 図2のように電線aに棒磁石のN極を近づけた。
電線aには矢印の向きに電流が流れている。図3は, 電線aと磁石を図
2の目の位置から見た図で, 電線a付近の磁界が磁力線でかかれている。
図3において, 電線aが磁界から受ける力の向きを図に矢印でかき入れ
よ。

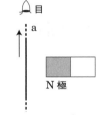

図2

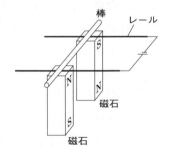

図3

187 図のようになめらかなレールを2本用意し, 20Vの電源をつなぎ,
レールの下側に棒磁石を置いた。5gの金属棒(磁石にはくっつ
かない素材)を磁石の上方のレールに置き, 電流を流した。上か
ら見たとき, 金属棒はどのように動くか。簡単に答えなさい。

(茨城・岩瀬日本大高図)

[　　　　　　　　　　　　　　　]

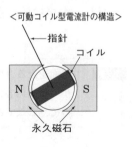

188 次の文の空欄に適する語句を答えなさい。

(大阪・清風高図)

①[　　　　]　②[　　　　]　③[　　　　]

　電流計の一種に, 可動コイル型と呼ばれる電流計がある。図は, 可動コイ
ル型電流計の指針を動かす部分の構造を示した模式図である。コイルは永久
磁石のN極とS極の間で, 磁界に垂直な軸のまわりに回転できるように設
置されている。コイルは, 電流が流れると, 磁界から力を受け, 電流の大き
さに比例して回転する。したがって, コイルに取りつけられた指針も電流の
大きさに比例してふれ, 電流の大きさを示すことができる。

　電流計では感度(どれだけ微弱な電流を測定することができるか)と測定で
きる電流の最大値が大切な条件である。

　電流計の感度を大きくするには，コイルの巻数を（　①　），わずかな電流でも針が大きくふれるようにする必要がある。そうするとコイルが（　②　）なり，指針が電流の変化に素早く反応することができない。この問題を解決するには，用いる導線の直径を（　③　）すればよいが，そうすると今度は，コイルの電気抵抗が大きくなるので，回路に電流計を接続すると，回路を流れる電流が大きく変化するという問題点が生じてしまう。したがって，目的に応じた感度をもつ電流計を利用するのが最善の方法である。

189 図1のように，水平な机の上に，鉄の棒を固定した木製の台を2つ平行に並べ，その中央にU字型磁石を置いた。次に電源装置，抵抗器A，スイッチを図1のように接続し，細くて軽いアルミニウムの棒を，U字型磁石のN極とS極の間を通るように置いた。その後，スイッチを入れると，アルミニウムの棒はY方向に動いた。次の問いに答えなさい。　(奈良県)

図1

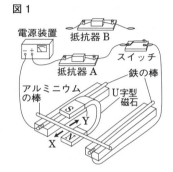

　図1の回路のまま，U字型磁石を図2のように置きかえ，スイッチを入れたとき，アルミニウムの棒が上下に振動した。その理由を，アルミニウムの棒が鉄の棒から離れると，電流が流れなくなることをもとに説明せよ。

図2

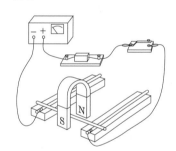

[
　　　　　　　　　　　　　　　　　　　　　　　　　　　　　　　　　　]

解答の方針

186　(1)点ウでは，電線aと電線bの磁界がたがいに打ち消しあう。
　　　(2)図3は，図2を上から見たようすを示したものであるから，電流は紙面の裏から表に流れる。

187　一方の棒磁石はN極が上になっており，もう一方の棒磁石はS極が上になっている点に注目する。

188　①針のふれ方が大きくなるようにするには，コイルの巻数をどのようにすればよいか。
　　　③電気抵抗が大きくなるのは，導線の半径がどうなるときか。

189　フレミングの左手の法則で，電流・磁界・力の関係がどうなるか判断する。

190 図のように直流電源，スイッチ，2種類の抵抗，鉄心に巻かれた2種類のコイルからなる回路がある。次の説明文の空欄に適する語句を，①および②はア～エから，③はオ～キから1つずつ選んで，記号で答えなさい。　　　(奈良・東大寺学園高)

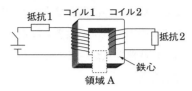

①[　　　] ②[　　　] ③[　　　]

　スイッチを閉じたすぐあと，コイル1は磁界をつくる。点線内の領域Aにおけるその磁界の向きは（　①　）である。また，そのとき，抵抗2を流れる電流の向きは，（　②　）である。

　次に十分時間が経過したあと，抵抗2の電流は（　③　）。

ア　右向き　　イ　左向き　　ウ　上向き　　エ　下向き
オ　上向きに流れる　　カ　下向きに流れる　　キ　流れない

191 次の問いに答えなさい。　　　(奈良・帝塚山高段)

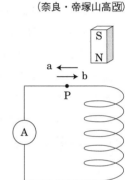

(1) 右図のように，コイルに磁石を上から近づけたとき，P点ではどの向きに電流が流れるか。図中のa，bの記号で答えよ。　　[　　　]

(2) 右図の状態から磁石を落とすと，コイルの中をぶつかることなく落下した。電流は時間とともにどのように変化するか。最も適当なものを下のア～カから1つ選び，記号で答えよ。ただし，はじめに流れる電流の向きを縦軸の正の向きとする。　　[　　　]

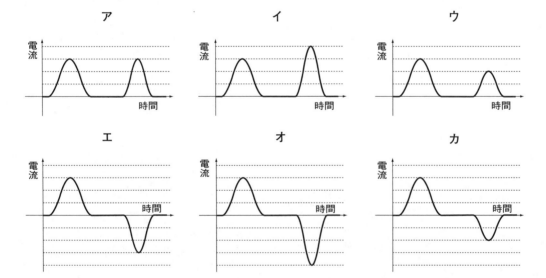

192 次の実験について，あとの問いに答えなさい。 (千葉・麗澤高)

〔**実験1**〕 図1のように円形の回路に検流計をつなぎ，円形回路の中心軸に沿って棒磁石を落下させた。

(1) 検流計に流れる電流について，正しいものをア〜オから選び，記号で答えよ。 [   ]

　ア　近づくときに①の向きに電流が流れ，遠ざかるときにも①の向きに電流が流れる。

　イ　近づくときに①の向きに電流が流れ，遠ざかるときには②の向きに電流が流れる。

　ウ　近づくときに②の向きに電流が流れ，遠ざかるときにも②の向きに電流が流れる。

　エ　近づくときに②の向きに電流が流れ，遠ざかるときには①の向きに電流が流れる。

　オ　近づくときも遠ざかるときも電流は流れない。

図1

〔**実験2**〕 図1の回路から検流計をはずし，図2のように，ある部品Lをつなぎ，棒磁石を回路の上方を通過させた。棒磁石は，回路の中心軸を通過するように動かすものとする。

(2) この部品Lは，一定の向きに電流が流れると発光する性質がある。この部品Lの名称を答えよ。 [   ]

(3) この部品Lの発光のしかたを「磁石が回路の中心軸に近づくとき」と「磁石が回路の中心軸から遠ざかるとき」とに分けて，理由も含めて，簡単に説明せよ。ただし，部品Lから出ている線のうち，左側の線のほうが長くなっているものとする。

[   ]

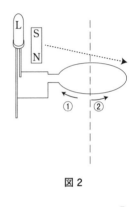

図2

解答の方針

190　⑶誘導電流が流れるのは，磁界が変化した瞬間である。

191　⑵落下するときの速さはだんだん速くなる。

192　⑶実験2では，棒磁石をコイルの上方を通過させており，コイルの中を通過させていない点に注意する。
　　　　部品Lは線の長いほうから電流が流れてきたときに発光し，短いほうから電流が流れてきたときは発光しないという性質がある。

1 次の文章を読み，あとの問いに答えなさい。

（千葉・東邦大附東邦高改）

((1) 4点，(3) 5点，ほか各7点，計30点)

　電気の実験に豆電球を用いると，豆電球のつく明るさで電流の大きさがわかる。しかし，豆電球のフィラメントは明るさとともに温度が上昇し，温度の違いによって電気抵抗の値が変化してしまう。図1はある12V用の豆電球に流れる電流の大きさと加わる電圧の大きさの関係をグラフで示したものである。

　一方，回路の部品として用いられる抵抗器は，ある一定の電気抵抗の大きさをもつようにつくられている。図2はある電気抵抗をもつ抵抗Rに流れる電流の大きさと加わる電圧の大きさの関係をグラフで示したものである。

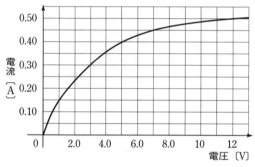

図1　豆電球に流れる電流の大きさと
　　　かかる電圧の大きさの関係

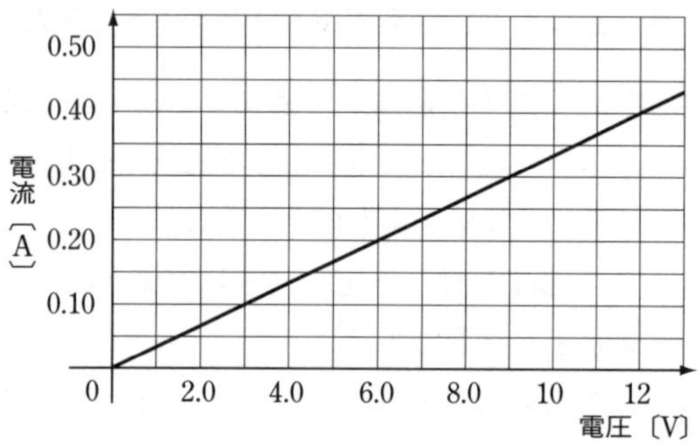

図2　抵抗Rに流れる電流の大きさと
　　　かかる電圧の大きさの関係

(1)　一般に電気抵抗に流れる電流の大きさと加わる電圧の大きさの関係が，図2のように表されるとき，この法則を何というか。

(2)　抵抗Rの電気抵抗の値は何Ωか。

(3)　図1の豆電球と12Vの電池を，図3のように接続したとき，回路に流れる電流の大きさは何Aか。

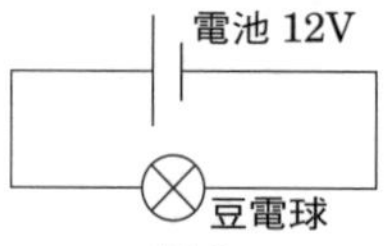

(4)　図1の豆電球，12Vの電池，図2の抵抗Rを図4のように接続する。豆電球に流れる電流の大きさをI，豆電球にかかる電圧の大きさをVとするとき，IとVの関係を表すとどうなるか。

(5)　(4)のとき，回路に流れる電流Iの大きさは何Aか。

電池 12V
豆電球
図3

電池 12V
抵抗 R
豆電球
図4

(1)		(2)		(3)	
(4)		(5)			

2 図1のようにストローとアクリルパイプをこすり合わせたあと，ストローをはく検電器の金属板に近づけると，はく（金属のうすい膜）が開く。これはストローが電気をおび（帯電という），そのことにより金属板が＋，はくが－の電気をおびるからである。次の問いに答えなさい。ただし，問いにおけるストローとアクリルパイプは，上記のこすり合わせで帯電したものを使用する。

(奈良・帝塚山高岡)

((1)(4)各4点，(2)(3)各5点，計18点)

(1) 図1でストローがおびた電気は＋か，－か。

(2) ストローを金属板にこすりつけ，しばらくしてからストローを遠ざけてもはくは開いたままであった。次にアクリルパイプを金属板に近づけると，はくの開きはどうなるか。大きくなる，小さくなる，変わらない，のなかから1つ選んで答えよ。

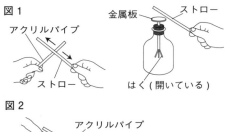

図1

金属板　ストロー
アクリルパイプ

はく（開いている）

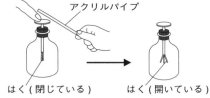

図2

アクリルパイプ

はく（閉じている）　　はく（開いている）

(3) 図2のように，金属板に指で触れたままの状態でアクリルパイプを金属板に近づけると，はくは閉じたままだった。しかし，指を離してからアクリルパイプを遠ざけると，はくは開いた。その理由として，最も適当な説明を次のア～エから1つ選び，記号で答えよ。

ア　アクリルパイプが金属板に近いと，指が触れた状態でも金属板は＋の電気をおびているから。

イ　アクリルパイプが金属板に近いと，指が触れた状態でも金属板は－の電気をおびているから。

ウ　アクリルパイプを遠ざけたとき，金属板のほうに＋の電気が引き寄せられたから。

エ　アクリルパイプを遠ざけたとき，金属板のほうに－の電気が引き寄せられたから。

(4) (3)のはくが開いた状態のあとにストローを金属板に近づけると，はくの開きはどうなるか。大きくなる，小さくなる，変わらない，のなかから1つ選んで答えよ。

(1)		(2)			(3)		(4)	

3 同じ豆電球5個を図のようにつないだとき，それぞれの豆電球の明るさの大小関係を等号または不等号で表すとどうなるか。次のア～カから1つ選び，記号で答えなさい。　(三重・高田高)

(7点)

ア　A＝B＞C＝D＞E　　　イ　C＝D＞E＞A＝B
ウ　E＞A＝B＞C＝D　　　エ　A＝B＞E＞C＝D
オ　C＝D＞A＝B＞E　　　カ　E＞C＝D＞A＝B

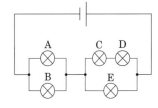

4 次の文は，美紀さんが電磁調理器（IH調理器）について調べ，まとめた内容の一部である。あとの問いに答えなさい。

（和歌山県）((1)(2)各7点，(3)10点，計24点)

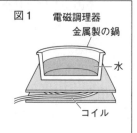

図1　電磁調理器

最近は，ガスコンロ以外に電磁調理器もよく使われています。図1のように，電磁調理器の内部にはコイルがあります。このコイルに<u>交流</u>が流れると，コイルの周りの磁界が変化します。

すると，金属製の鍋の底に誘導電流が流れ，その抵抗によって鍋が発熱します。私が調べた電磁調理器には，「100V－1200W」と表示されていました。これは，100Vの電圧で使用すると，1200Wの電力を消費することを示しています。

(1) 図2は，図1の電磁調理器の断面を模式的に表したものである。ある瞬間のコイルのまわりにできる磁界の向きを磁力線で表した図として最も適切なものを，次のア～エのなかから1つ選んで，記号で答えよ。ただし，図中の⊙は紙面の裏から表に向かって，⊗は紙面の表から裏に向かって電流が流れていることを示している。

図2　電磁調理器の断面図

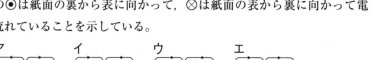

(2) 図3は，2つの発光ダイオードA，Bの向きを逆にして並列につないだ装置である。この装置に文中下線の電流を流し，暗い部屋の中ですばやく左右に動かした。このときの発光ダイオードの点灯のようすを表した図として最も適切なものを，次のア～カのなかから1つ選んで，記号で答えよ。

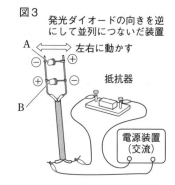

図3　発光ダイオードの向きを逆にして並列につないだ装置

(3) 「100V－1200W」と表示されている電磁調理器を100Vの電圧で20分間使用したとき，消費する電力量は何Whか，求めよ。

(1)		(2)		(3)	

5 電磁誘導の現象を調べるために，図のような回路をつくり，コイル1につながっているスイッチを操作したときに，コイル2に流れる電流について検流計で確かめた。次の問いに答えなさい。なお，コイル1は一定方向に導線を巻いたものであり，その巻き方がわかりやすいように模式的に表している。

(山形県)

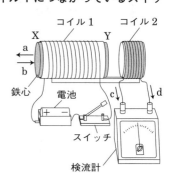

((1)(3)各4点，(2)8点，(4)5点，計21点)

(1) スイッチを入れたときのコイル1のX側の端の磁界の向きと，N極の位置について述べた文として適切なものを，次のア～エから1つ選び，記号で答えよ。

　ア　磁界は矢印aの方向で，N極の位置はX側である。

　イ　磁界は矢印aの方向で，N極の位置はY側である。

　ウ　磁界は矢印bの方向で，N極の位置はX側である。

　エ　磁界は矢印bの方向で，N極の位置はY側である。

(2) スイッチを入れた瞬間，コイル2には矢印cの向きに電流が流れた。これはなぜか，その理由を，コイル1，コイル2，磁界の3つの語を用いて説明せよ。

(3) スイッチを入れてから，5秒後にスイッチを切った。コイル2に流れる電流に関して，スイッチを入れてから3秒後と，スイッチを切った瞬間とについて述べたものの組み合わせとして適切なものを，表のア～カから1つ選び，記号で答えよ。

	スイッチを入れてから3秒後の電流	スイッチを切った瞬間の電流
ア	矢印cの向きに流れる。	矢印cの向きに流れる。
イ	矢印cの向きに流れる。	矢印dの向きに流れる。
ウ	矢印cの向きに流れる。	流れない。
エ	流れない。	矢印cの向きに流れる。
オ	流れない。	矢印dの向きに流れる。
カ	流れない。	流れない。

(4) この回路におけるコイル2のようなはたらきをするコイルが使われているものを，1つ答えよ。

(1)		(2)	
(3)		(4)	

1 大気とその動き

標 準 問 題 ——————————————————————————— (解答) 別冊 p.51

重要 193 [圧力]

次の問いに答えなさい。

(1) 図1のような直方体の箱がある。この箱の重さは50Nである。面A，B，Cについて，それぞれの面を下にしたとき，箱が床におよぼす圧力は何N/m²か求めよ。

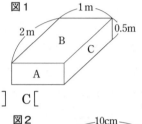

図1

　　　　　　　A[　　　　　　] B[　　　　　　] C[　　　　　　]

(2) 図2のような800gの直方体の物体を，A，B，Cの各面をそれぞれ下にして水平な床に置いたときの，物体が床におよぼす圧力を調べた。

　　圧力が最も大きくなるのは，どの面を下にしたときか。記号で答えよ。　　　　　　　　　　　　　　　　　[　　　　]

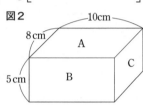

図2

> ガイド　(2)圧力の大きさを比べるだけなので，A，B，Cの各面にかかる圧力を計算する必要はない。面積の大小だけでわかる。

194 [圧力の変化(1)]

図1は，質量3kgの直方体を示したものである。図2のように，面Aを下にして直方体を水平面上に置き，さらに，この直方体の上に円筒形のおもりを置いたところ，直方体が水平面を押す圧力は600Paであった。このとき，円筒形のおもりは何kgか求めなさい。ただし，100gの物体にはたらく重力を1Nとする。　　　　　　　　[　　　　　　]

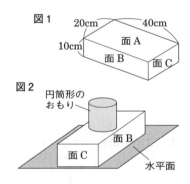

195 [圧力の変化(2)]

図1のような机を畳の上に置いた。この机の1本の脚の底面積は10cm²で，1本の脚にかかる重さは40Nである。

(1) 図2のように，畳と脚の間に正方形のうすい板をはさむことにした。机の重さによって畳にかかる圧力を10分の1にするためには，1辺の長さがいくらの板をはさめばよいか。ただし，板の重さは考えないものとする。　　　　　　　[　　　　　　]

(2) 図2のように，正方形のうすい板をはさんだとき，うすい板の底面積と，畳にかかる圧力との関係を表すグラフとして最も適するものを，次のア～エから選び，記号で答えよ。　　　　　　[　　　　]

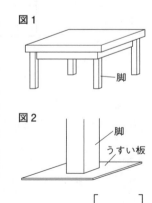

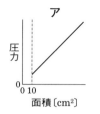 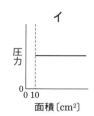 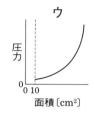 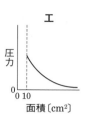

重要 196 [大気圧]

次の問いに答えなさい。

(1) 次の文の a にあてはまる適切な単位の記号を答えよ。また， b にあてはまる適切な数値を，下のア〜エから1つ選び，記号で答えよ。　　a[　　　] b[　　　]

　　1気圧は1013 a であり，これは1cm²の面に b gの物体をのせたときの圧力にほぼ等しい。

　ア　1　　　　イ　10　　　　ウ　100　　　　エ　1000

(2) 地上ではふつうの大きさであるお菓子の袋が，飛んでいる飛行機の中ではだんだんふくらんでいくのはなぜか。理由を簡単に述べよ。

　　　　　　　　　[　　　　　　　　　　　　　　　　　　　　　　　　　　　　　　]

(3) ストローでジュースを飲むときについて述べた以下の文について，空欄に適する語を下のア〜ウからそれぞれ1つずつ選び，記号で答えよ。　　c[　　　] d[　　　]

　　ストローを使ってジュースを飲むとき，口の中の空気の圧力は c 。このとき，大気圧は d ので，生じた圧力差を利用してジュースを吸い上げている。

　ア　大きくなる　　　　イ　変化しない　　　　ウ　小さくなる

(4) 屋根があってもなくても，人間にはたらく大気圧の大きさが変わらないのはなぜか。理由を簡潔に答えよ。

　　　　　　　　　[　　　　　　　　　　　　　　　　　　　　　　　　　　　　　　]

197 [空気の重さ]

次の文を読み，あとの問いに答えなさい。

　空気ポンプで空気をつめこんだ500cm³の缶がある。缶の質量を電子てんびんではかると80.45gだった。

　次に，図のようにして缶から出した空気を集めると，1000cm³のペットボトルがいっぱいになったところでちょうど空気は出なくなった。このときの，缶の中の空気の圧力とペットボトルの中の空気の圧力は，それぞれ大気圧と同じになっていた。ふたたび缶の質量をはかると79.25gだった。

(1) 1000cm³のペットボトルに入った空気の質量は何gか。　　　　[　　　　　　　]

(2) 空気が出なくなったあとの缶の中の空気の質量として適切なものを，次のア〜エから1つ選んで，記号で答えよ。　　　　　　　　　　　　　　　　　　　　[　　　]

　ア　0g　　　　イ　0.6g　　　　ウ　1.2g　　　　エ　1.8g

重要 198 〉[気圧・風向・風力・天気図記号]

次の文を読み，あとの問いに答えなさい。

　1気圧は1013(①)である。これは1m²あたり約100000Nの圧力にあたる。風向は風向計を使用し，風の吹いてくる方向を(②)方位で示す。風速は0から(③)の風力階級で示す。このようなデータをまとめてかき込めるように，天気図記号が考えられている。

(1)　(①)に入る単位記号として正しいものを，次の**ア～ク**から選び，記号で答えよ。

[　]

　　ア HPA　　**イ** Hpa　　**ウ** hPa　　**エ** hpA　　**オ** HPa
　　カ HpA　　**キ** hPA　　**ク** hpa

(2)　(②)，(③)に入る数字を，次の**ア～カ**よりそれぞれ選び，記号で答えよ。

②[　] ③[　]

　　ア 10　　**イ** 12　　**ウ** 14　　**エ** 16　　**オ** 18　　**カ** 20

(3)　次のa，b，cの天気記号が示す天気は何か。あとの**ア～カ**の組み合わせから正しいものを1つ選び，記号で答えよ。

[　]

a　　　　　　　　b　　　　　　　　c

	ア	**イ**	**ウ**	**エ**	**オ**	**カ**
a	晴れ	晴れ	くもり	くもり	雪	雪
b	くもり	雪	晴れ	雪	くもり	晴れ
c	雪	くもり	雪	晴れ	晴れ	くもり

> **ガイド** (1)気圧の単位を表すアルファベットは大文字と小文字が混じっている点に注意する。

重要 199 〉[天気と天気図記号]

次の問いに答えなさい。

(1)　天気図において，雲量が1で雨や雪が降っていないときの天気を表す天気記号として，最も適当なものはどれか。次の**ア～オ**から1つ選び，記号で答えよ。　　　　　[　]

　　ア ◯　　**イ** ◐　　**ウ** ◎　　**エ** ●　　**オ** ⊗

(2)　ある日の12時は，雨が降っておらず，空全体の8割が雲におおわれていた。このときの天気と天気記号の組み合わせとして正しいものはどれか。次の**ア～エ**から1つ選び，記号で答えよ。　　　　　[　]

　　ア 晴れ ◯　　**イ** 晴れ ◐　　**ウ** くもり ◯　　**エ** くもり ◎

(3) 雲の量が空全体の7割で雨は降っておらず，風は南西から北東に吹いており，風力が4であった。この天気のようすを天気図記号で表すとどのようになるか。最も適当なものを，次のア〜エから1つ選び，記号で答えよ。

[　　　]

(4) 右図の天気図記号が表す天気，風向，風力を答えよ。ただし，風向は8方位で答えよ。

天気[　　]　風向[　　　]　風力[　　]

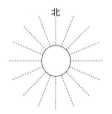

(5) 南南東の風，風力3，くもりのときの天気図記号を右に完成させよ。

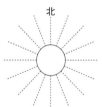

(6) 北西の風，風力7，雪のときの天気図記号を右に完成させよ。

(7) ある日の風向・風力・天気を調べたところ，以下のような結果になった。

　＜測定結果＞

　・煙突の煙は南西にたなびいていた。

　・風力は7であった。

　・空全体の7割は雲におおわれていた。

　・雨は降っていなかった。

　このときのようすを示す天気図記号を右に完成させよ。

ガイド　風向とは風が吹いてくる方向であり，風が吹いていく方向ではないので注意すること。たとえば，北風は北から吹いてくる風であり，北に向かって吹く風ではない。

200 [気圧と風向の測定]

図1のように，気圧が低下すると細いガラス管の中の水位（気圧計の水位）
が上昇するしくみの気圧計と，図2のように，風が吹くと棒の先についた
ひもがなびくしくみの風向を調べる装置をつくり，観測を行った。図3は
その結果を示したものであり，「ひもがなびいた方向」とは，風向を調べる
装置を上から見たときのひもがなびいた方向を示している。あとの問いに
答えなさい。

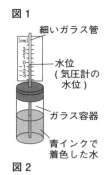

図1
細いガラス管
水位
（気圧計の水位）
ガラス容器
青インクで着色した水

図2

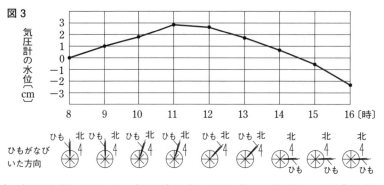

図3

(1) 気圧を調べるとき，気圧計を常に同じ高さに設置して測定を行った。これは，高さの変化
により気圧計の水位が変化するのを防ぐためである。この気圧計を，しだいに高い位置に上
げていくと，気圧計の水位はどのようになるか。簡単に答えよ。

[   ]

(2) (1)の答えの理由を簡単に説明せよ。   [   ]

(3) この日の8時，12時，16時でどのように風向が変化したか答えよ。

[→   →   ]

201 [海風・陸風]

右の図は，よく晴れた夏の日の海岸地方における昼間の風の吹き方を説明したものである。次
の問いに答えなさい。

(1) このとき陸と海とでは，どちらが温度が高くなっ
ているか。   [   ]

(2) 上昇気流が生じるのは，陸と海のどちらか。

[   ]

(3) 海と陸では，気圧が高くなるのはどちらか。

[   ]

(4) このときの風の向きはa，bのどちらか。[   ]

(5) 1年のうちの海洋と大陸の温度差によって生じる風
を何というか。   [   ]

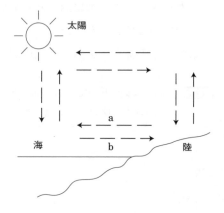

太陽
a
海   b   陸

重要 202 [風の強さ]

図は，ある日の天気図の一部を示している。これについて，次の問いに答えなさい。

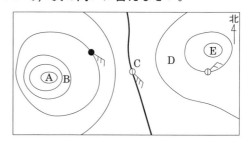

(1) 図の A, E のどちらが高気圧か。記号で答えよ。

[　　　]

(2) 図中の線は，気圧の等しい地点を線で結んだものである。この線を何というか。

[　　　]

(3) 図の B 地点と D 地点で吹く風の風力はどちらが強いか。記号で答えよ。　[　　　]

(4) (3)で答えた地点で風が強いと判断できるのはなぜか。理由を簡単に答えよ。

[　　　　　　　　　　　　　　　　　]

> **ガイド** (3)風は気圧の高いほうから低いほうへ向かって吹く。気圧の差が大きいほど風は強い。

203 [等圧線]

次の文を読み，あとの問いに答えなさい。

　それぞれ数百 km 離れた 4 地点で気圧をはかったところ，A 地点が 1005.6 hPa，B 地点が 1002.5 hPa，C 地点が 1003.2 hPa，D 地点が 1005.4 hPa であった。いずれも標高 0 m に換算した数値である。なお，各地点の位置関係は右の図の通りである。

　このときの天気図における 1004 hPa の等圧線として正しいものはどれか。次のア～エから最も適当なものを 1 つ選び，記号で答えなさい。ただし，1004 hPa の等圧線はすべてかかれ，省略はないものとする。

[　　　]

> **ガイド** 等圧線は 4 hPa ごとに引くので，気圧が 4 の倍数の地点に引かれる。本問では，気圧の値を見て，1004 hPa の等圧線で分けられる地域を判断する。

最 高 水 準 問 題 ————————————————————————— 解答 別冊 p.53

204 次の文を読み，あとの問いに答えなさい。 (福岡・久留米大附設高図)

17 世紀にイタリアのトリチェリは，師事していたガリレオが，「ポンプは 9 m 以上
水を吸い上げられない」としていることに興味をもち，実験を行った。このとき，ト
リチェリは唯一常温で液体の金属である水銀を用いていた。これは，「水銀は水より
も約 14 倍重いため，吸い上げる限界の高さが約（　①　）倍になる」と考えたからで
ある。そこで，トリチェリは，片方を閉じた長さ約 1.8 m のガラス管に水銀を満たし，
入口を指で押さえながら水銀で満たされた皿に垂直に立てて浸した(右図)。すると
ガラス管の上部が空間となり，水銀柱の高さは 760 mm となった。これが初めてつくられた気圧計で
あり，ガラス管の上部の空間は初めてつくられた（　②　）である。

水銀柱の高さが気圧計になることを証明したのは，フランスのパスカルである。パスカルは，トリ
チェリの実験に興味をもち，1648 年に高い山の高さの異なる場所に気圧計を置き，水銀柱の高さの違
いを調べた。パスカルは，「もし，トリチェリの理論が正しければ，高いところほど圧力が低いため
水銀柱の高さは（　③　）くなるはずである」と考えた。結果はまさにその通りだった。

その後，低気圧の通過の前に気圧が（　④　）がり，それにともない水銀柱の高さが低くなることも
検証され，トリチェリのつくった気圧計は認められることとなった。

(1) 文中の空欄（　①　）には適当な分数を，（　②　）〜（　④　）には適当な語句を入れよ。

①[　　　　]　②[　　　　]　③[　　　　]　④[　　　　]

(2) 次のア〜エの現象のうち，大気圧が関係しているものをすべて選び，記号で答えよ。

[　　　　　　]

ア　吸盤がくっつく。

イ　ストローでジュースが飲める。

ウ　磁石が鉄にくっつく。

エ　布団を袋に入れて空気を抜くと小さくまとめることができる。

難 205 次ページの写真は，「環八雲」と呼ばれる積雲の一種である。「環八雲」は東京の環状 8 号線道
路の上に見られる雲で，1970 年ごろから観測されはじめた。この「環八雲」は春から秋にかけて，
風の弱い日の午後によく発生する。どうして環状八号線道路上空に，雲が発生するのか。雲の
種類および 1970 年代頃から観測されはじめたということを考慮して理由を述べよ。

(千葉・渋谷教育学園幕張高)

[
　　　　　　　　　　　　　　　　　　　　　　　　　　　　　　　　　　　　]

206 次の文章にあてはまる語句の組み合わせとして最も適当と思われるものを，あとのア〜クの中から１つ選び，記号で答えなさい。

（鳥取・米子松蔭高）

[　　　]

地球規模で大気の循環を考えると，赤道付近で空気が温められて軽くなり気圧が（ ① ）くなり，極付近では空気が冷やされて気圧が（ ② ）くなり，気圧の差ができて大気の流れが生じている。また，地球の自転により大気の流れは（ ③ ）になっている。日本付近では大きく見ると西から東へと向かう大気の流れがあり，これを（ ④ ）と呼んでいる。（ ④ ）の影響により多くは西から東へと天気が変わることが多い。

	①	②	③	④
ア	高	高	単純	偏西風
イ	高	低	複雑	季節風
ウ	低	高	複雑	偏西風
エ	低	低	単純	季節風
オ	高	高	複雑	季節風
カ	高	低	単純	偏西風
キ	低	高	複雑	季節風
ク	低	低	単純	偏西風

解答の方針

204 大気圧の内容でも似たような問題が出されるが，ここでは気圧計の原理として出題されている。大気圧の性質を思い出すとよい。

205 環状 8 号線が走っているのは，東京湾から西に数十 km の距離の地域で，東京 23 区の西側にあたる大田区，世田谷区，杉並区，練馬区などを南北に走っている。1970 年代以降は，都市化によって，都心は郊外よりも気温が高いという特徴がある。東京には海が近いので，風の吹き方にも注目する必要がある。

207 ▶次の問いに答えなさい。 (三重・高田高)

(1) 地球では偏西風のほかにも年間を通じて大規模で規則的な風が吹く。地球規模での大気の動きを正しく表しているものはどれか。次の**ア〜カ**から1つ選べ。

[　]

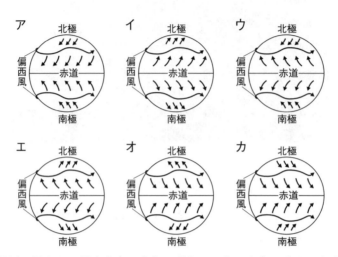

(2) 赤道付近や極付近で見られる鉛直方向の大気の動きは，どのように生じると考えられるか。正しく述べているものを，次の**ア〜カ**から1つ選べ。

[　]

ア 赤道付近では大気があたためられ下降気流が生じ，極付近では大気が冷やされ上昇気流が生じる。

イ 赤道付近では大気があたためられ上昇気流が生じ，極付近では大気が冷やされ下降気流が生じる。

ウ 赤道付近では大気があたためられ上昇気流が生じ，極付近でも大気があたためられ上昇気流が生じる。

エ 赤道付近では大気が冷やされ下降気流が生じ，極付近では大気があたためられ上昇気流が生じる。

オ 赤道付近では大気が冷やされ上昇気流が生じ，極付近では大気があたためられ下降気流が生じる。

カ 赤道付近では大気が冷やされ下降気流が生じ，極付近でも大気が冷やされ下降気流が生じる。

208 ▶次の問いに答えなさい。 (東京・お茶の水女子大附高)

(1) 質量600gの直方体を右図のようにA面を下にして床に置いたとき，床にはたらく圧力は何Paか。ただし，質量100gの物体にはたらく重力の大きさを1Nとする。

[　]

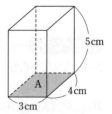

(2) 大気圧が1013hPaのとき，海面$1cm^2$上にある空気の質量は何gか。質量と重力の大きさの関係は(1)と同様とする。

[　]

209 次の文を読み，あとの問いに答えなさい。

図は，各辺の長さがそれぞれ 10 cm，20 cm，30 cm の直方体の容器を表したものである。栓のついた容器の質量は 300 g である。また，A，B，C はすべて容器の外側の面である。 (大阪府)

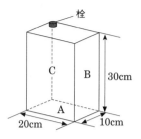

この容器を水平な机の上に置き，水を入れていくとする。このとき A 面，B 面，C 面それぞれを下にする場合について，次のア〜エのうち，「容器に入れる水の質量」と「水を含めた容器全体から机が受ける圧力」との関係を表したものとして最も適しているのはどれか。1 つ選び，記号で答えなさい。ただし，ア〜エ中の A，B，C はそれぞれ A 面，B 面，C 面を下にした場合を示している。

[　]

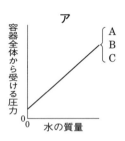
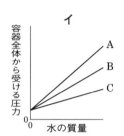
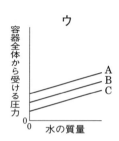
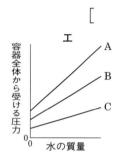

210 図 1 のような，半径が 3 cm と 9 cm の円形の底面をもつ質量 300 g の物体がある。次の問いに答えなさい。

(東京・中央大杉並高)

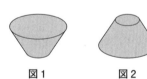

図1　　図2　　図3

(1) 平らな床の上に，物体を図 1 のように置いたときに比べて，図 2 のように反転させて置いたときは，物体が床に与える圧力は何倍になるか。分数で答えよ。 [　]

(2) 図 2 の状態で，下向きに力を加えて(図 3)，図 1 の状態と同じ圧力を床に与えたい。そのためには下向きに何 N の力で押せばよいか。ただし，100 g の物体が受ける重力の大きさを 1 N とする。

[　]

解答の方針

207 (1)低緯度帯では赤道に向かって東よりの風が吹き，高緯度帯では極から東よりの風が吹き出している。

208 (2)圧力の単位〔Pa〕は力の大きさ〔N〕を面積〔m²〕で割って求めるため，それぞれの単位を合わせて計算する必要がある。

209 圧力ははたらく力の大きさを，力がはたらく面積で割って求められるため，面積が異なる場合，質量が変化したときの圧力の変化の大きさは異なる。

2 大気中の水の変化

（解答）別冊 p.54

標 準 問 題

重要 211 [湿度の計算]

表は，気温と飽和水蒸気量の関係を示したものである。あとの問いに答えなさい。

気温〔℃〕	19	20	21	22	23	24	25	26	27	28
飽和水蒸気量〔g/m³〕	16.3	17.3	18.3	19.4	20.6	21.8	23.1	24.4	25.8	27.2

(1) ある日の9時の気温が26℃，湿度が70％であった。この空気に含まれる水蒸気量を求めよ。

［　　　　　　　］

(2) (1)の日の18時に湿度が88％になった。このときの気温は何℃か求めよ。ただし，(1)で求めた水蒸気量は変化しないものとする。

［　　　　　　　］

重要 212 [飽和水蒸気量のグラフの見方]

右図は，気温と飽和水蒸気量との関係を示している。また，点A～Dはそれぞれ，ある地点の気温とその空気に含まれる水蒸気の質量を示したものである。次の問いに答えなさい。

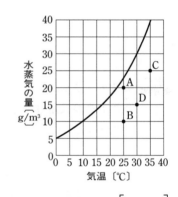

(1) 最も湿度の高いのはどれか。A～Dのうちから1つ選んで答えよ。

［　　　　　］

(2) 最も露点の高いのはどれか。A～Dのうちから1つ選んで答えよ。

［　　　　　］

(3) 15℃まで気温が下がっても，空気中の水蒸気が凝結しないのはどれか。A～Dのうちから1つ選んで答えよ。

［　　　　　］

(4) Aの湿度は何％か。最も近いものを次のア～エから1つ選び，記号で答えよ。 ［　　　　　］

ア 11％ イ 38％ ウ 63％ エ 89％

(5) Dの空気を0℃まで冷やすと，1m³あたり何gの水滴ができるか。

［　　　　　　　］

213 [湿度を求める実験]

湿度を求めるために，次のような実験を行った。表は，気温と飽和水蒸気量の関係を示したものである。あとの問いに答えなさい。

〔実験〕 金属製のコップに，くみおきの水を3分の1くらい入れ，室温とくみおきの水の温度をはかった。そこへ右の図のように，金属製のコップの中に氷水を少しずつ加え，ガラス棒でかき混ぜながら金属製のコップを観察し，そのようすと水の温度を記録した。

〔結果〕 はじめ，室温と水の温度は28℃で，水の温度が18℃のとき，コップの外側がくもりはじめた。

この実験の結果，湿度は何％になるか。小数第1位を四捨五入し，2けたの整数で求めよ。 [   ]

気温〔℃〕	14	16	18	20	22	24	26	28	30
飽和水蒸気量〔g/m³〕	12.1	13.6	15.4	17.3	19.4	21.8	24.4	27.2	30.4

ガイド コップがくもりはじめた温度が露点である。

重要 214 [湿度の測定]

次の問いに答えなさい。

(1) 次の文は，乾湿計で湿度をはかるときの手順を説明したものである。空欄に適する語句や数字を入れよ。 ア[   ] イ[   ] ウ[   ] エ[   ]

乾湿計で湿度をはかる場合，<u>ア</u>球よりも<u>イ</u>球の示度のほうが高いか，同じ示度になるため，<u>ウ</u>球の示度と湿球の示度の差から湿度表を使って湿度を決定する。ちなみに，乾球と湿球の差が0℃だと湿度は<u>エ</u>％ということである。

(2) 図1は乾湿計で，図2は乾湿計の一部を拡大したものである。下の湿度表を参考にして，このときの湿度を求めよ。 [   ]

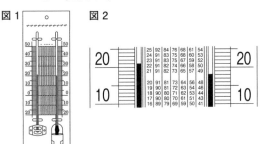

乾球の読み〔℃〕	乾球と湿球の示す温度の差〔℃〕					
	1	2	3	4	5	6
22	91	82	74	66	58	50
21	91	82	73	65	57	49
20	91	81	73	64	56	48
19	90	81	72	63	54	46
18	90	80	71	62	53	44
17	90	80	70	61	51	43
16	89	79	69	59	50	41

重要 215 [温度と湿度の変化]

図はある地点での気温，湿度，気圧を示したものであり，X，Y，Zはそのいずれかである。4月5日12時の天気はくもりであり，4月6日12時の天気は晴れであった。次の問いに答えなさい。

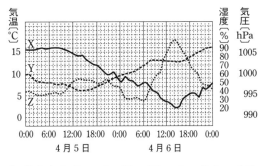

(1) X，Y，Zはそれぞれ何を示すか答えよ。
X[   ] Y[   ] Z[   ]

(2) 乾湿計の乾球と湿球の示度の差が最も大きいと考えられるのは，次のア～カのうちのどれか。 [   ]

ア 5日 6：00～ 7：00 イ 5日12：00～13：00

ウ 5日20：00～21：00 エ 6日 7：00～ 8：00

オ 6日13：00～14：00 カ 6日22：00～23：00

216 〉**[空気中の水蒸気の変化]**

実験室の湿度について調べるために，次のⅠ，Ⅱの手順で実験を行った。
この実験に関して，あとの問いに答えなさい。ただし，下の表は気温
ごとの飽和水蒸気量を示している。また，コップの水温とコップに接
している空気の温度は等しいものとし，実験室内の湿度は均一で，実
験室内の空気の体積は 200 m³ であるものとする。

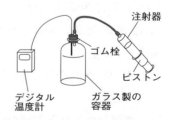

〔実験〕

Ⅰ　ある日，気温 20℃ の実験室で，金属製のコップに，くみおきした
　水を 3 分の 1 くらい入れ，水温を測定したところ，実験室の気温と同じであった。

Ⅱ　右の図のように，ビーカーに入れた 0℃ の氷水を，金属製のコップに少し加え，ガラス棒
　でかき混ぜて，水温を下げる操作を行った。この操作をくり返し，コップの表面に水滴がか
　すかにつきはじめたとき，水温を測定したところ，4℃ であった。

気温〔℃〕	0	2	4	6	8	10	12	14	16	18	20	22	24
飽和水蒸気量〔g/m³〕	4.8	5.6	6.4	7.3	8.3	9.4	10.7	12.1	13.6	15.4	17.3	19.4	21.8

(1)　Ⅱについて，次の①，②の問いに答えよ。

①[　　　　　]　②[　　　　　]

　①　コップの表面に水滴がかすかにつき，くもりができたときの温度を何というか。その用
　　語を答えよ。

　②　この実験室の湿度は何%か。小数第 1 位を四捨五入して求めよ。

(2)　この実験室で，水を水蒸気に変えて放出する加湿器を運転したところ，室温は 20℃ のま
　まで，湿度が 60% になった。このとき，加湿器から実験室内の空気 200 m³ 中に放出された
　水蒸気は，およそ何 g か。最も適当なものを，次のア～オから 1 つ選び，記号で答えよ。

[　　　　　]

ア　400 g　　　イ　800 g　　　ウ　1040 g　　　エ　1600 g　　　オ　2080 g

217 〉**[雲のでき方の実験]**

雲のでき方を調べるため，じょうぶなガラス製の容器の中をぬる
ま湯でしめらせ，デジタル温度計と注射器を差し込んだゴム栓を
して，図のような実験装置をつくった。注射器のピストンを押し
たり引いたりして，容器内の温度の変化と内部のようすを観察で
きるようにした。あとの問いに答えなさい。

〔実験〕　ガラス製の容器に，　A　の　B　を入れ，ピストンを強く押したり引いたりした
　ところ，内部は白くくもったり，くもりがなくなったりするようすが観察できた。

(1)　　A　の　B　とは何か。それぞれ答えよ。ただし，　A　には常温で固体の物質名が
　入る。　　　　　　　　　　　　　　　　　　　　　A[　　　　　]　B[　　　　　]

(2) この実験方法と，白くくもった理由を説明した次の文の空欄 a ～ f に適する語を答えよ。

a[　　　] b[　　　] c[　　　]

d[　　　] e[　　　] f[　　　]

ピストンを a と，空気が b し，温度が c がって，容器中の気温が d に達し，水蒸気が e して f になったので白くくもった。

(3) この実験で起こった現象とほぼ同じ理由で説明できる現象はどれか。次のア～キからすべて選び，記号で答えよ。　　　　　　　　　　　　　　　　　[　　　　　　　]

ア　眼鏡をかけて風呂場に入ったら眼鏡がくもった。

イ　ストーブの上のヤカンから湯気が出ているのが見える。

ウ　山にぶつかった空気が斜面に沿って上昇し，雲ができた。

エ　寒いとき，ストーブで室内を暖めると，窓ガラスの内側に水滴がつく。

オ　冷え込んだ朝，川の上に霧がただよっていた。

カ　ドライアイスの周囲に煙がただよっている。

キ　炭酸飲料が入っているビンの栓を抜いたら，ビンの口元に白いもやがただよった。

> **ガイド** (3)空気の体積と温度が変化している現象はどれか判断する。

重要 218 [空気のかたまりの上昇]

図は，空気のかたまりが，高さ 0 m のふもとから山の斜面に沿って上昇したときのようすを模式的に表したものである。800 m の高さで，空気のかたまりに含まれる水蒸気が水滴になって雲ができはじめ，山頂で雨が降った。空気のかたまりの温度は，800 m の高さで 12℃，山頂で 10℃であった。表は気温と飽和水蒸気量との関係を示したものである。あとの問いに答えなさい。

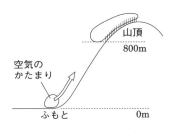

(1) 空気のかたまりが 800 m の高さから山頂へ達するまでに，できた水滴が

気温〔℃〕	8	10	12	14	16	18	20	22
飽和水蒸気量〔g/m³〕	8.3	9.4	10.7	12.1	13.6	15.4	17.3	19.4

すべて雨として降ったとすると，その量は空気 1 m³ あたり何 g か求めよ。　[　　　　]

(2) ふもとでの空気のかたまりの湿度は何％か，小数第 1 位を四捨五入して求めよ。ただし，雲が発生していないとき，空気の上昇による温度変化は，100 m につき 1℃とする。

[　　　　]

> **ガイド** (1)雨が降るということは，空気に含みきれなくなった水蒸気が水になるということである。
> (2)この空気のかたまりはふもとで何℃だったかを求める。

219 〉[雲のでき方]

次の①〜④の文章は，雲が発生するようすを順番に説明している。これを読んで，あとの問いに答えなさい。

① 何らかの理由で空気のかたまりが上昇すると，上空ほど気圧が低いために膨張する。

② 空気のかたまりが膨張すると，その温度が下がる。

③ 空気の温度がある温度より低くなると，空気に含まれる水蒸気量が飽和水蒸気量より大きくなり，水蒸気の一部が水滴になり，この水滴の集まりが雲になる。

④ 空気のかたまりがさらに上昇し続けると，雲は発達し，温度が低下するため，氷の粒も発生してくる。

(1) ①の下線部「何らかの理由」を，具体的に１つ答えよ。

[   ]

(2) ③の下線部「ある温度」は，何と呼ばれているか。　　　　　[   ]

(3) ③に関しての説明で正しいものを，次のア〜エから１つ選び，記号で答えよ。

[   ]

ア　水蒸気が水滴になることを凝固という。

イ　水蒸気が水滴になるとき，まわりから熱をうばう。

ウ　水蒸気は，常にほぼ同じ高さで水滴になりはじめる。

エ　水蒸気が水滴になるとき，空気中の細かいちりや煙などが核となる。

220 〉[空気中の水蒸気の変化]

太陽の熱でとても熱くなった車の中に，飲み終えたあとのミネラルウォーターのペットボトルを，ふたを固く閉めた状態で置いていた。すると，①ペットボトルの中についていた少量の水滴がなくなっていた。そのペットボトルを車の中から持ち出し，涼しい室内へ持ちこむと，②ペットボトルの内部が白くくもりはじめた。次の問いに答えなさい。

(1) 下線部①で，ペットボトル内の空気中の水蒸気量はどう変化したか。簡単に答えよ。

[   ]

(2) 下線部②が起こったのはなぜか。その理由を「露点」という語を用いて説明せよ。

[   ]

(3) 湿度の変化にはいくつかの原因がある。電気ストーブで部屋の温度を高くすると，湿度が低くなった。このとき，湿度が低くなった原因として最も適切なものを次のア〜エから１つ選び，記号で答えよ。

[   ]

ア　部屋の空気中の水蒸気量が小さくなった。

イ　部屋の空気中の水蒸気量が大きくなった。

ウ　部屋の空気の飽和水蒸気量が小さくなった。

エ　部屋の空気の飽和水蒸気量が大きくなった。

最 高 水 準 問 題 ————————————————— 解答 別冊 p.56

221 縦，横，高さがそれぞれ 2 m の立方体の部屋がある。この部屋の内部には空気が入っており，内部の気温と湿度はそれぞれ 18℃，57% であった。あとの問いに答えなさい。ただし，飽和水蒸気量は表の値を用いること。

（千葉・東邦大附東邦高）

各温度における飽和水蒸気量

気温〔℃〕	飽和水蒸気量〔g/m³〕	気温〔℃〕	飽和水蒸気量〔g/m³〕
0	4.8	11	10.0
1	5.2	12	10.7
2	5.6	13	11.4
3	5.9	14	12.1
4	6.3	15	12.8
5	6.8	16	13.6
6	7.3	17	14.5
7	7.8	18	15.4
8	8.3	19	16.3
9	8.8	20	17.3
10	9.4	21	18.3

(1) 内部の露点は何℃か。整数で答えよ。 [   ]

(2) 内部の温度を 3℃ にしたところ，空気に含まれていた水蒸気の一部が水滴になった。このとき部屋の内部にできた水滴は何 g か。小数第 1 位を四捨五入し，整数で答えよ。

[   ]

難 222 地面付近にできる雲である霧を発生させる実験を行った。図のような細長いガラスの容器に水を入れ，容器中の空気には線香のけむりを少量混ぜた。容器の口には中央がへこむようにラップシートを張り，そのへこませた部分に氷水を入れて実験したが，そのときはうまくいかなかった。操作に誤りがあったと考えられる。誤った操作を正しく直しなさい。 （東京・筑波大附駒場高）

[   ]

解答の方針

221 (2)部屋全体で生じた水滴である点に注意する。縦，横，高さがわかっているので，部屋全体の空気の体積を求めることができる。

222 この方法では，ガラス容器内に水蒸気が充満しないことに注意する。

223 ミニチュアのお城を作成中で，作業の途中で細かい材料が乾いてしまわないよう，湿度を 40％以上に保つ必要がある。そこで，密閉したプラスチック容器（体積 1m³）に材料を入れ，出かける前に，霧吹きで水を霧状にしてかけていくことにした。図は，温度と水蒸気量のグラフである。次の問いに答えなさい。　　　　　　　　　　　　　（栃木・作新学院高改）

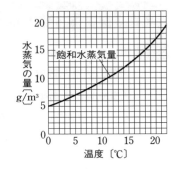

(1)　ある日，出かける前にプラスチック容器内の温度と湿度をはかったところ，11℃で50％だった。このプラスチック容器内の温度が最高 20℃まで上昇すると考えると，湿度 40％以上を保つには，最低どのくらいの水を霧吹きでかけておけばよいか。ただし，中に入れた材料の体積は無視できるほど小さいものとする。

[　　　　　]

(2)　プラスチック容器内の温度と湿度が 11℃で 50％のとき，7g の水を霧吹きでかけた。温度が 20℃まで上昇したとき，7g の水がすべて水蒸気になったとすると，この容器に水滴が現れるのはおよそ何℃か。

[　　　　　]

224 図の装置を使って，濃い雲をつくるためにはどのようなことを工夫すればよいか。次のア〜クから 3 つ選び，記号で答えなさい。　　　　　　　　　　（愛媛・愛光高）

[　　][　　][　　]

ア　大型注射器のピストンを急に引く。
イ　大型注射器のピストンをゆっくり引く。
ウ　大型注射器のピストンを急に押す。
エ　大型注射器のピストンをゆっくり押す。
オ　フラスコの内面を水でぬらす。
カ　フラスコの内面をよく乾かす。
キ　フラスコ内部の空気中に含まれる塵を完全に取りのぞく。
ク　フラスコ内部の空気中に含まれる塵をふやすため線香の煙を入れる。

225 大気中を空気のかたまりが上昇するとき，その温度は一定の割合で下がる。空気のかたまりが水蒸気で飽和していないときには 100m 上昇するごとに 1℃下がり，飽和しているときは 100m 上昇するごとに 0.5℃下がる。逆に空気のかたまりが下降するときは，同じ割合で空気のかたまりの温度が上がる。このことを元に，次の問いに答えなさい。　　　　　（大阪星光学院高）

　次ページの図は風上側の A 点から 1m³ あたり水蒸気 18.3g を含む 26℃の空気のかたまりが，1700m の高さの山を越えるときのようすを表したものである。この空気のかたまりは，斜面の途中の B 点で雲が発生し，山頂付近で雨が降った。その後，この空気のかたまりは風下側の斜面を下降するが，雲は風下側の高度 1300m で消えた。

(1) 空気のかたまりが大気中を上昇するとき，水蒸気で飽和しているときの温度の下がる割合は，水蒸気で飽和していないときの下がる割合に比べて，小さくなっている。この理由を 25 字以内で説明せよ。

[   ]

(2) 空気の飽和水蒸気量の表を参考にして，A 点における空気のかたまりの湿度を整数で求めよ。

[   ]

空気の飽和水蒸気量〔g/m³〕

気温〔℃〕	0	1	2	3	4	5	6	7	8	9
10	9.4	10.0	10.7	11.4	12.1	12.8	13.6	14.5	15.4	16.3
20	17.3	18.3	19.4	20.6	21.8	23.1	24.4	25.8	27.2	28.8
30	30.4	32.1	33.8	35.7	37.6	39.6	41.7	43.9	46.2	48.6

＊温度の欄の左端は 10 の位を，上端は 1 の位を表している。
たとえば13℃の空気の飽和水蒸気量は 11.4g/m³ となる。

(3) 雲が発生しはじめるときの温度は何と呼ばれるか。

[   ]

(4) この空気のかたまりの上昇によって，雲が発生しはじめた B 点の高度は何mか。

[   ]

(5) この空気のかたまりが山頂にさしかかったときの温度は何℃と予想されるか。

[   ]

(6) この空気のかたまりが風下側の斜面を下降して，C 点に到達したときの温度と湿度を求めよ。ただし，割り切れないときは，小数第 1 位を四捨五入して整数で答えよ。

温度[   ]　湿度[   ]

---

226 図は，ある地点で，風のない日に発生した霧の写真である。次の問いに答えなさい。　(兵庫県)

(1) 図のような霧が発生しやすいのはどのようなときか。最も適切なものを次のア～エから 1 つ選び，記号で答えよ。　[   ]

　ア　春の昼過ぎから夕方

　イ　夏の朝から昼前

　ウ　秋の深夜から早朝

　エ　冬の昼前から夕方

(2) 図の霧は，写真を撮影した数時間後に消えた。その理由を，気温の変化とその影響に着目して説明せよ。

[   ]

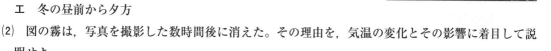

解答の方針

223 (1)出かける前の空気に含まれる水蒸気量が求められれば，あとどれくらい水蒸気が必要かわかる。

225 (6)飽和していない空気と飽和している空気の温度変化に注意する。1300ｍより下がると雲が消えるので，空気は飽和でなくなる。

3 前線と天気の変化

標準問題 ——— 解答 別冊 p.58

227 [前線のモデル実験]

前線のつくりをモデルで表すために，次のような実験を行った。あとの問いに答えなさい。

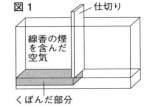

図1

〔実験〕① 図1のように水槽内に仕切りをし，片側のくぼんだ部分に（　）を入れ，線香の煙で満たした。

② 仕切りを上げ，線香の煙を含んだ空気の動きを観察した。

(1) ①で，前線のモデルをつくるために，水槽内のくぼんだ部分に入れた（　）は何か。最も適当なものを，次のア〜エから1つ選び，記号で答えよ。　　　　[　　　]

ア 砂　　　イ 氷水　　　ウ 食塩水　　　エ 湯

(2) 仕切りを上げたときの空気の動きを考察し，矢印で表した場合どのような図になるか。最も適当なものを，次のア〜エから1つ選び，記号で答えよ。　　　　[　　　]

(3) 今度は，図2のように一方にインクの入った冷たい水を入れ，もう一方に湯を入れて仕切りを静かに取りのぞき，水と湯の移動のようすを観察した。このときの水槽内のようすを，次のア〜エから選び，記号で答えよ。　　　　[　　　]

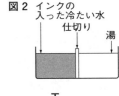

図2 インクの入った冷たい水

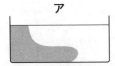 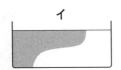 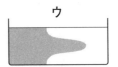 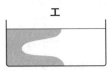

228 [前線付近の気団のようす]

図1は，ある年の3月5日の午前9時の天気図である。また図2は，図1のA地点とB地点を結んだ線における気団のようすを示した断面図を模式的に表したものである。ただし，図2の⇨は寒気の動きを示している。次の問いに答えなさい。

(1) 図1から，A地点とB地点の気圧の差を求め，単位をつけて答えよ。

[　　　]

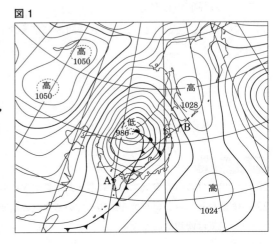

図1

(2) 図2の ⬭ で示した4つの場所のうち，乱層雲ができる場所を斜線で示し，積乱雲ができる場所を ⬭ で示せ。さらに，乱層雲と積乱雲ができる原因となる暖気の動きを示す→を，図2にかき加えよ。

図2

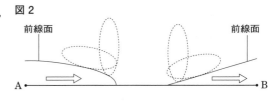

前線面　　　　　　　　　　　　　前線面

A ●————————————————————————● B

ガイド　(2) どちらが寒冷前線でどちらが温暖前線かに注意する。

重要 229 [前線の通過]

表は，京都のある地点での，ある年の3月17日15時から3月18日15時までの1時間ごとの気圧・気温・湿度・風向を示したものである。この24時間の間に寒冷前線がこの地点を通過した。これについて，次の問いに答えなさい。

(1) 3月17日15時からの24時間で，寒冷前線がこの地点を通過したと考えられるのはどの時間帯か。最も適当なものを次のⅠ群のア～カから1つ選び，記号で答えよ。また，そのように考えられる理由を，Ⅱ群サ～ソからすべて選び，記号で答えよ。

　　時間帯［　　　］　理由［　　　　　　　］

Ⅰ群　ア　3月17日15時～19時

　　　イ　3月17日19時～23時

　　　ウ　3月17日23時～3月18日3時

　　　エ　3月18日3時～7時

　　　オ　3月18日7時～11時

　　　カ　3月18日11時～15時

Ⅱ群　サ　4時間の時間帯のはじめに気圧が上がったあと，下がっている。

　　　シ　気温が急に上がっている。

　　　ス　気温が急に下がっている。

　　　セ　4時間の時間帯のはじめに湿度が下がったあと，上がっている。

　　　ソ　南の風から北西の風に急変している。

(2) この前線が通過すると，天気はどのように変化するか。簡単に答えよ。

　　　　　　　　　　　　　　　　　　　　　［　　　　　　　　　　　　　］

月　　日	時	気圧〔hPa〕	気温〔℃〕	湿度〔%〕	風向
3月17日	15	1011.1	21.3	45	南南西
	16	1011.2	20.5	50	南南西
	17	1010.9	19.9	53	南南西
	18	1010.8	19.7	55	南南西
	19	1011.0	19.1	59	南南西
	20	1011.3	18.9	61	南西
	21	1011.2	18.4	65	南南西
	22	1010.6	18.3	66	南南西
	23	1010.1	18.3	67	南
	24	1009.9	17.9	69	南
3月18日	1	1009.2	18.0	69	南南西
	2	1008.5	17.7	72	南
	3	1007.7	17.1	81	南
	4	1007.1	16.4	84	南
	5	1008.4	11.9	80	北西
	6	1009.7	10.7	75	北北西
	7	1010.5	9.7	73	北北西
	8	1011.6	8.3	78	北西
	9	1012.9	8.2	77	北西
	10	1013.6	7.3	77	西北西
	11	1013.1	7.2	73	北北西
	12	1013.5	7.1	72	北北西
	13	1013.0	7.6	66	北西
	14	1013.1	9.2	57	北北西
	15	1013.8	7.8	57	北北西

重要 230 〉[前線付近のようす]

次の問いに答えなさい。

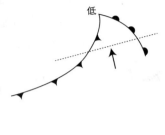

(1) 右の図は温帯低気圧を示したものである。右側の前線と左側
の前線の名称を答えよ。

右[　　　　　　] 左[　　　　　　]

(2) 右の図の前線の周辺で雨が降りやすいところを斜線で示せ。

(3) この前線について，図中の点線で切った断面を矢印の方向か
らながめたときのようすを表した図として最も適切なものを，
次のア～エから1つ選び，記号で答えよ。 [　　　]

ア	イ	ウ	エ
暖気 寒気 寒気	暖気 寒気 寒気	寒気 暖気 暖気	寒気 暖気 暖気

> **ガイド** (2)左右の前線付近で雨の降る地域がある。

231 〉[前線や低気圧の変化]

日本で見られるさまざまな気象に関して，次の問いに答えなさい。

(1) C前線はA前線が，B前線に追いついてできる前線である。この
C前線の名称を答えよ。 [　　　　　　]

(2) B前線側の寒気よりもA前線側の寒気のほうが温度が低い場合，
C前線の通過後はどのような天気になると考えられるか。簡潔に答
えよ。 [　　　　　　]

(3) 前線がなくても天気は変化する。たとえば，高気圧と高気圧の間につながった帯状の気圧
の低い部分でも天気はぐずつき雨が降りやすい。この部分は何と呼ばれているか。

[　　　　　　]

(4) 熱帯地方の低気圧が発達すると台風となり，日本にも秋頃に接近することが多くなるが，
台風は北へ進むにつれて，台風としての性質が徐々に失われていく。最終的には何と呼ばれ
るものに形を変えるか。名称を答えよ。

[　　　　　　]

> **ガイド** (3)(4)いずれも，天気予報に出てくる言葉である。天気そのものだけでなく，説明も聞くようにしよう。

重要 232〉[天気の移り変わり]

次の図のA〜Cは，3日間連続して午前9時に作成した天気図である。あとの問いに答えなさい。

A　　　　　　　　　　B　　　　　　　　　　C

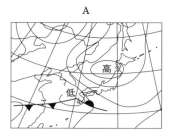 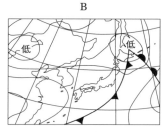 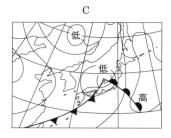

(1)　A〜Cの天気図を，日付の早いものから順に並べ替えよ。

[　　　→　　　→　　　]

(2)　(1)のように天気が移り変わる原因は何か。次のア〜エから1つ選び，記号で答えよ。

[　　　]

　　ア　偏西風　　　イ　季節風　　　ウ　小笠原気団　　　エ　シベリア気団

(3)　この天気図に見られる低気圧が移動した方向を，次のア〜エから1つ選び，記号で答えよ。

[　　　]

　　ア　南西　　　イ　北東　　　ウ　北西　　　エ　南東

(4)　A〜Cの3日間のうち，全国的に雨が多かったのはどれか。A〜Cの記号で答えよ。

[　　　]

> ガイド　(4)雨が降っているということは，雲がかかっているということである。雲がかかっている地域が最も広いのはどれか。

233〉[気象観測，天気の変化，日本の気象]

次の問いに答えなさい。

(1)　次の□□□□の①〜③にあてはまる言葉をそれぞれ答えよ。

　　温帯低気圧は，発達すると前線が長くなり，□①□前線は□②□前線より移動する速さが速いので，図のように追いついて重なり合って□③□前線となる。

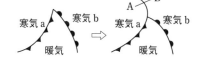

①[　　　　　]　②[　　　　　]　③[　　　　　]

(2)　右の図で，寒気aの温度が寒気bの温度よりも低い場合，A──B間の前線の模式図として最も適切なものを，ア〜エから1つ選び，記号で答えよ。ア〜エの模式図の太線(──)は，前線を表している。

[　　　]

最高水準問題 ——————————————————— 解答 別冊 p.59

難 234 2008年7月28日に北陸地域に大雨が降り，各地に洪水やがけくずれなどの被害をもたらした。このとき，上空6000mに−6℃の強い寒気が流入したとのことであった。この寒気によってどのようにして大雨が降ったのか，その原因として考えられるのはどれか。次のア〜エから1つ選び，記号で答えなさい。(東京・筑波大附駒場高)　　　　　[　　　]

ア　上空の空気が強い寒気に冷やされ，大量の水蒸気が凝結して大雨が降った。

イ　上空の空気が強い寒気により次々と上昇させられ，大量の水蒸気が凝結して雨が降った。

ウ　強い寒気の上に地表付近の暖かい暖気が乗り上げたため，大量の水蒸気が凝結して大雨が降った。

エ　強い寒気が急激に下降して地面付近の空気を冷やし，水蒸気が大量に凝結して大雨が降った。

235 次の図は，ある年の2月13日から15日の3日間(午前9時)の天気図である。また，あとの表は東京におけるこの3日間の気象観測情報である。これらに関するあとの問いに答えなさい。ただし，(2)，(3)は(1)のア〜ウの3つの説明文も参考にして答えること。

(東京・お茶の水女子大附高)

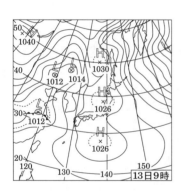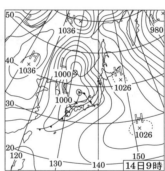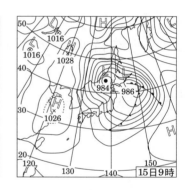

難 (1) 次の文は3日間の天気を説明したものである。日付の順に並べかえよ。
　　　[　　　→　　　→　　　]

ア　北日本から北陸にかけて雪や雨。その他は晴れ。山形県を中心に強風を観測した。

日付	気圧〔hPa〕	気温〔℃〕	露点〔℃〕	湿度〔%〕	風向	天気
13日	1026	7.4	(　)	44	北東	(　)
14日	1014	7.7	(　)	79	西	●
15日	(　)	10.8	−1.9	41	西	○

イ　北海道北部の雪を除いておおむね晴れ。最高気温は北海道で真冬並みのほかは3月上旬から4月中旬並み。埼玉県熊谷市ではヒバリが初鳴き。

ウ　低気圧が発達しながら日本海を北東に進む。前線近くでは雷をともない，激しい雨。西日本から東日本で春一番が吹く。

(2) 13日の東京の天気を記号で答えよ。　　　　　　　　　　　[　　　]

(3) 13日と14日では，東京の気温はほぼ同じであるが露点はどうか。この2日間の露点の高低について理由をもとに説明せよ。

[　　　　　　　　　　　　　　　　　　　　　　　　　　　　]

236 図1は，ある日の14時ちょうどに日本付近を通過する前線
のようすを表している。図1の地点A，B，C，D，Eは東西
方向に100kmずつ離れて位置しており，地点Fは地点Cの
真北に200km離れて位置している。また，図2の(i)〜(iii)は
地点A〜Fのうち3地点の，この日の1時間ごとの降水量
を表している。地点AE間で，それぞれの前線の動く速さや，
前線にともなう雨域の幅は一定であったものとして，次の問
いに答えなさい。　　　　　　　　　　　　　　(長崎・青雲高改)

図1

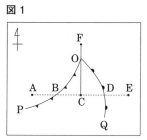

(1) 図1の時刻の地点C, Fの風向を，次のア〜エから1
つずつ選び，記号で答えよ。

C[　　　] F[　　　]

ア　北東　　イ　北西　　ウ　南東　　エ　南西

(2) 図2の降水量のグラフ(i)〜(iii)は，それぞれA〜Fのう
ちどの地点のものか。

(i)[　　　] (ii)[　　　] (iii)[　　　]

(3) 前線OP, OQはA−E線上ではそれぞれ時速何kmで
進んでいることになるか。四捨五入して整数値で答えよ。

OP[　　　　] OQ[　　　　]

(4) 地点Cで，午前中の雨がやんでから，午後に再び降り
出すまでの時間を整数値で求めよ。

[　　　　]

図2

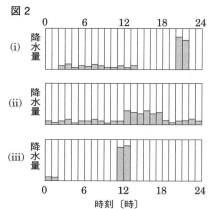

解答の方針

234 「上空の空気が強い寒気により次々と上昇させられ」など，それぞれの選択肢にある現象が現実に起こり
うるかどうか検討する。

235 (1)ア，イ，ウがそれぞれどの日の天気図にあたるか判別する。それぞれの文にある天気と低気圧の位置
などを照らし合わせてみる。

236 (2)(ii)は長い間弱い雨が降っている点に注意する。雨の降り方から(i)，(iii)はA−E上のどこかの地点であ
ることがわかる。

(3)(2)で(i)(iii)の地点が特定できたら，距離÷時間で時速が求められる。

(4)前線OQが通過した直後から前線OPが通過する直前までの間の時間を求めればよい。

4 日本の気象

標 準 問 題 ──────────────────────────────── (解答) 別冊 p.60

重要 **237** [気団の特徴]

次の文を読み，あとの問いに答えなさい。

　日本の天気は1年の間に規則的な変化をするが，その変化に大きく影響をおよぼすのが日本をとり巻く4つの気団である。この4つの気団がそれぞれ温度や水蒸気量に特徴をもつため，日本は四季の変化に富んでいる。

(1) 日本をとり巻く気団のなかで，冬に発達するものはどれか。次のア〜ウから1つ選び，記号で答えよ。　　　　　　　　　　　　　　　　　　　　　　　　　　　　　[　　　]

　　ア　オホーツク海気団　　イ　シベリア気団

　　ウ　小笠原気団

(2) 気団の説明として最も適切なものを，次のア〜エから1つ選び，記号で答えよ。

　　　　　　　　　　　　　　　　　　　　　　　　　　　　　　　　　　　[　　　]

　　ア　大陸で発生する気団より海上で発生する気団のほうが温度が高い。

　　イ　気団の中心では上昇気流が生じやすい。

　　ウ　低気圧におおわれている地域では気団が発生しやすい。

　　エ　海上で発生する気団は水蒸気を多く含む。

> ガイド (2)気団の性質は緯度や大陸，海上などの場所によって影響を受ける。

238 [天気の予測]

天気の正確な予測には，天気図のほか，気象衛星の雲画像や，気圧・雲量・風力などの気象要素の測定結果を参考にする必要がある。次の問いに答えなさい。

(1) 気象要素には，気圧・雲量・風力のほかにどのようなものがあるか。1つ答えよ。　　　　　　　　　　　　　　　　　　　　　[　　　　　]

(2) 右の写真は，全国の約1300の地点に気象庁が設けた観測所の1つである。このような観測所で気象要素が自動的に観測され，通報されるしくみを何というか。　　　　　　　　　[　　　　　]

239 〉[台風]

ある年の9月末に南方海上で発生した台風が，10月1日の夕方から
10月2日の早朝にかけて，右の図の経路で移動した。下のグラフは，
このときの銚子市・山形市・八戸市での1時間ごとの気圧を調べたも
のである。あとの問いに答えなさい。

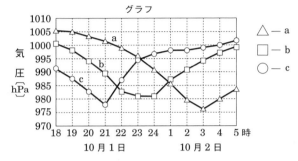

(1) グラフのa～cは，それぞれどの市の気圧の変化を表したものか。

a[　　　　　] b[　　　　　] c[　　　　　]

(2) 気象情報によって台風の接近を事前に知ったとき，あなたが家庭で行うことができる備え
を具体的に1つ答えよ。　　　　　　　　　　[　　　　　　　　　　　　　]

ガイド (1)台風は熱帯低気圧が発達したものを指す呼称である。

重要 240 〉[季節の天気]

右の図はある季節の日本付近の天気図である。次の問いに
答えなさい。

(1) この季節に「高a」付近に発達する気団の名称を答えよ。

[　　　　　　　]

(2) この天気図の季節を答えよ。　　　[　　　]

(3) この天気図の気圧配置は西高東低である。西高東低と
は具体的にどのような気圧配置か。簡単に説明せよ。

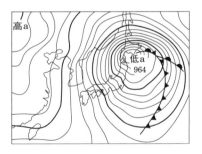

[　　　　　　　　　　　　　　　　　]

ガイド (2)等圧線のようすに注目する。等圧線が南北に縦になっているのがこの季節の特徴である。

241 〉[**日本の気象**]

次の文を読んで，あとの問いに答えなさい。

> はるかさんは，大気の動きや日本の季節による天気について興味をもち，資料集やインターネットで調べたことを，次の①，②のようにノートにまとめた。
>
> 【はるかさんのノートの一部】
>
> ---
>
> ①　地球規模での大気の動きについて
>
> 　図1は，北半球での大気の動きの一部を模式的に表したものである。中緯度の上空で南北に蛇行しながら西から東へ向かう大気の動きを　X　という。とくにつよい　X　をジェット気流という。低緯度と高緯度にもそれぞれの大気の動きがあり，このような，いくつかの大きな大気の動きが合わさって，大気は地球規模で循環しているといえる。
>
>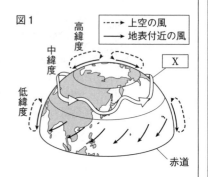
>
> 図1
>
> ----・上空の風
> ──→ 地表付近の風
>
> 高緯度　中緯度　低緯度　X　赤道
>
> ②　日本の季節による天気について
>
> 〔冬の天気〕
>
> 　図2は，日本の冬の季節風と天気を模式的に表したものである。大陸で発達した ア気団 から冷たく乾燥した大気が吹き出し，日本海を超えて日本列島の山脈にぶつかると日本海側の各地に雪を降らせ，山脈を越えて太平洋側に吹き下りる。
>
>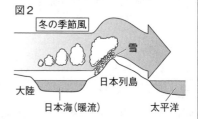
>
> 図2
>
> 冬の季節風　雪
> 大陸　日本海（暖流）　日本列島　太平洋
>
> 〔春と秋の天気〕
>
> 　日本付近は，おおむね4〜7日の周期で天気が移り変わることが多い。
>
> 〔つゆの天気〕
>
> 　6月頃になると，日本の北側の イ気団 と太平洋上の ウ気団 が日本付近でぶつかり合い，間にできた気圧の谷に停滞前線が発生し，ほぼ同じ場所にしばらくとどまる。
>
> 〔夏の天気〕
>
> 　日本の南側にある太平洋高気圧が発達し，日本は暖かく湿った エ気団 におおわれる。蒸し暑く晴れることが多い日本の夏の天気は，主に太平洋高気圧によってもたらされている。

(1)　①について，次の(a)，(b)の各問いに答えよ。

　(a)　　X　に入る大気の動きは何か，その名称を答えよ。　　　　　　　　[　　　　　　]

　(b)　日本の天気の変化に関わる現象のなかで，　X　が直接影響をあたえている現象は何か，次のア〜エから最も適切なものを1つ選び，記号で答えよ。　　　　　　　[　　　]

　　ア　春の強い風が南から吹くこと。

　　イ　日本の付近で台風の進路が変化すること。

ウ　秋雨前線による雨が降ること。

エ　冬の朝方に濃霧がみられること。

(2)　②について，次の(a)～(d)の各問いに答えよ。

(a)　冬の天気について，冬の季節風が大陸の上では乾いているにもかかわらず，日本海側の各地に雪を降らせるのは，大気の状態のどのような変化によるものか，「暖流」「水蒸気」という2つの言葉を使って，簡単に答えよ。

[　　　　　　　　　　　　　　　　　　　　　　　　　　　]

(b)　春と秋の天気について，日本の天気が周期的に移り変わるのは，日本付近を低気圧と高気圧が交互に通過することが原因である。このとき日本付近を通過する高気圧を何というか，その名称を答えよ。　　　　　　　　　　　　　　　[　　　　　　　]

(c)　つゆの天気について，停滞前線を表す天気記号はどれか，次のア～エから最も適当なものを1つ選び，記号で答えよ。また，つゆの時期にみられる停滞前線を何というか，その名称を漢字で答えよ。　　　　　記号[　　　]　名称[　　　　　]

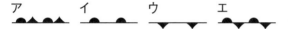

(d)　下線部ア～エは何という気団のことか。その名称をそれぞれ答えよ。

ア[　　　　　　　]　イ[　　　　　　　]

ウ[　　　　　　　]　エ[　　　　　　　]

重要 242 〉[日本の天気]

写真A，Bは日本の気象衛星がうつした2枚の写真である。あとの問いに答えなさい。

A 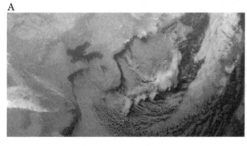　　B

(1)　写真Aはどの季節のものか。また，その季節に日本に影響を与えている気団は何か。それぞれ答えよ。　　　　　　　　　　季節[　　　　]　気団[　　　　　]

(2)　写真Bの白い帯のように見えるものはある前線である。その前線を右に図示せよ。

(3)　写真Bの白い帯のように見えるものの北と南にある気団の名称をそれぞれ答えよ。

北[　　　　　　　]　南[　　　　　　　]

ガイド　2枚の写真はそれぞれの季節に特有の雲の現れ方である。

最 高 水 準 問 題

解答 別冊 p.61

難 243 T君はある年の夏休みを利用して，奈良県奈良市(標高104m)を基点として奈良県最高峰の大峰山(仏経ヶ岳)1915mを目指す登山を考えた。図は，出発する前日18時の天気図の一部であり，日本海の北には停滞前線があった。次の問いに答えなさい。ただし，地形による局部的な影響は考えないものとする。

(奈良・東大寺学園高改)

(1) Aの高気圧の名称を答えよ。

[　　　　　]

(2) 天気図より，台風の今後の進路の予想として，最も適当なものを次のア〜エから1つ選び，記号で答えよ。

[　　　　　]

ア　北東　　　イ　南東
ウ　南西　　　エ　北西

(3) 天気図の等圧線より，奈良市の風向として，最も適当なものを次のア〜エから1つ選び，記号で答えよ。

[　　　　　]

ア　北東　　　イ　南東　　　ウ　南西　　　エ　北西

(4) 一般に，高い山では低地よりも気温が低く，風は強くなる。この日の18時の大峰山山頂で天気図から予想される気温と風の吹き方として，最も適当なものを次のア〜カから1つ選び，記号で答えよ。

[　　　　　]

ア　気温は奈良市よりおよそ10℃低いが，風向は変わらない。
イ　気温は奈良市よりおよそ5℃低いが，風向は変わらない。
ウ　気温は奈良市よりおよそ10℃低く，奈良市の風向より向かってやや左側から吹いている。
エ　気温は奈良市よりおよそ5℃低く，奈良市の風向より向かってやや右側から吹いている。
オ　気温は奈良市よりおよそ10℃低く，奈良市の風向より向かってやや右側から吹いている。
カ　気温は奈良市よりおよそ5℃低く，奈良市の風向より向かってやや左側から吹いている。

(5) この日の18時の奈良市の気圧は，天気図からおよそ何hPaと読み取れるか。

[　　　　　]

(6) この日の18時の奈良市の気圧を調べると998hPaで，天気図から読み取れる値と異なっていた。その理由を簡単に20字以内で述べよ。

[　　　　　]

(7) この日の18時の大峰山山頂の気圧はおよそ何hPaか。最も適当なものを次のア〜オから1つ選び，記号で答えよ。

[　　　　　]

ア　790hPa　　　イ　825hPa　　　ウ　860hPa
エ　895hPa　　　オ　930hPa

(8) 図の停滞前線の記号は間違っている。右に正しく図示せよ。

244 A〜Cの図は，それぞれの季節の典型的な気圧配置の天気図である。あとの問いに答えなさい。

(岡山商科大附高)

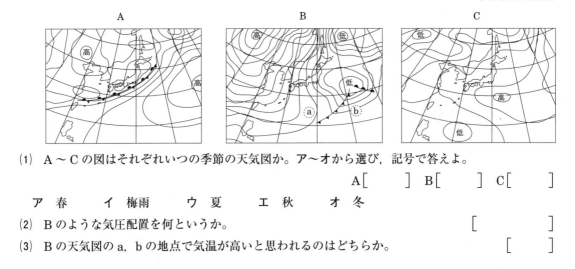

(1) A〜Cの図はそれぞれいつの季節の天気図か。ア〜オから選び，記号で答えよ。

A[　] B[　] C[　]

ア 春　　イ 梅雨　　ウ 夏　　エ 秋　　オ 冬

(2) Bのような気圧配置を何というか。　　　　　　　　　　　　　　[　]

(3) Bの天気図のa，bの地点で気温が高いと思われるのはどちらか。　[　]

難 245 世界（北半球）の降雪量を比較してみると日本は世界でもトップクラスであり，特に北陸や東北の日本海側は世界でも有数の豪雪地帯である。しかし，気温という観点で比較してみると，世界には日本より寒い国が多くあるので，降雪量と寒さを単純に結びつけることはできない。では，なぜ日本の降雪量は多いのだろうか。A）水蒸気量，B）上昇気流，C）温度の3つの観点から日本の降雪量が多い理由を説明しなさい。

(兵庫・百合学院高)

[

]

解答の方針

243 (6)天気図の気圧は，海抜0mでの値に換算している。

245 日本海側で雪を降らせるときの大気の動きに注目する。大気が上昇して雲をつくるまでにどのようなことが起こるか思い出すとよい。また，日本海側で雪を降らせる雲のもとになる大気は，どこで水蒸気を吸収しているか考える。

1 冬のある日に，暖房で暖めたある部屋の温度と湿度を測定したところ，それぞれ 20℃，30％であった。この部屋は容積が 150 m³ で，下の表は温度と飽和水蒸気量の関係を示したものである。測定は部屋の空気が密閉された状態で行い，部屋の空気に含まれている水蒸気量は，暖房によって変化しないものとする。次の問いに答えなさい。なお，解答は，小数がある場合は，小数第 1 位を四捨五入して整数で答えなさい。

(千葉・麗澤高改)

((4)各 3 点，ほか各 6 点，計 27 点)

(1) この部屋の空気に含まれている水蒸気量は何 g か。

温度〔℃〕	0	2	4	6	8	10	12
飽和水蒸気量〔g/m³〕	4.8	5.6	6.4	7.3	8.3	9.4	10.7
温度〔℃〕	14	16	18	20	22	24	26
飽和水蒸気量〔g/m³〕	12.1	13.6	15.4	17.3	19.4	21.8	24.4

(2) この部屋の暖房を止めると，部屋の温度は下がり，ある時刻に測定したところ 8℃であった。このときの部屋の湿度を求めよ。

(3) ふたたび暖房をつけて，部屋の温度を 20℃ に保ち，部屋の湿度を上げるために加湿器を用いることにした。この部屋の湿度を 50％ にするためには，少なくとも加湿器から何 g の水蒸気が放出される必要があるか。

(4) 暖房と加湿器によって，この部屋の温度と湿度は，それぞれ 20℃，60％になった。

① この部屋の窓が外気によって冷やされて，窓の内側(部屋側)の面の温度を測定すると 12℃であった。この部屋の内側の窓の面はどのようになると考えられるか。簡単に答えよ。

② 眼鏡をかけた人が，この部屋に入る直前まで屋外にいたとする。外の気温は 8℃で，眼鏡は外の気温に保たれていたとすると，眼鏡のレンズはどのようになると考えられるか。簡単に答えよ。

③ 窓や眼鏡がくもるとしたら，窓や眼鏡の温度はある温度を下まわっている。この温度を何というか。

(1)		(2)		(3)	
(4)	①		②		③

2 地球上における水の循環について述べた次の文章を読んで，あとの問いに答えなさい。

(山口県) ((1) 6 点，(2) 3 点，計 9 点)

　地球上では，水が，固体，液体，気体のすべての状態で存在し，その姿を変えながら循環している。海水などの地表の水は蒸発して水蒸気になり，上空では水蒸気の一部が小さな水滴や氷の結晶となって雲をつくり，やがて雨や雪となって地表に戻る。

　このような水の循環は，地球のさまざまな自然環境を維持する上で重要な役割を果たしており，わたしたちの日常生活に密接にかかわっている。

(1)　下線部について，雲が発生するのは，水蒸気を含んだ空気が上昇するとしだいに膨張して温度が下がるからである。上空で空気が膨張するのはなぜか答えよ。

(2)　地球規模で水の循環が起こるためには，地球表面の水をあたためる熱エネルギーが必要である。この熱エネルギーをもたらしているものは何か答えよ。

(1)		(2)	

3 図は，日本付近での低気圧を中心にできる前線の断面図を模式的に表したものである。次の問いに答えなさい。　(奈良・帝塚山高)

((4)6点，ほか各3点，計21点)

(1)　①，②は暖気と寒気が接する境界面である。これを何というか。

(2)　②による前線は何か。（　　）前線という形で答えよ。

(3)　A点上空付近にできる雲の組み合わせとして，最も適当なものを次のア〜カから1つ選び，記号で答えよ。

ア　積乱雲，乱層雲　　　イ　積雲，乱層雲　　　ウ　高層雲，乱層雲

エ　積雲，積乱雲　　　　オ　高層雲，積乱雲　　カ　巻雲，積乱雲

(4)　図のA地点では時間とともに天候が変化する。その変化のようすがわかるように，次のア〜オを並べかえよ。

ア　暖気におおわれ，積乱雲が発達することがある。

イ　天気は回復するが，気温が下がる。

ウ　ゆるやかな温度上昇にともなって雲が発生し，長時間にわたってあまり強くない雨が降る。

エ　急激な上昇気流によって雲が発達し，短い時間に強い雨が降る。

オ　東よりの風が南よりの風に変わる。

(5)　この低気圧が南側を通過するような地点では，次で説明するような天候の変化が起こる。ただし，下線部①〜④のなかで1つだけ明らかに誤って記述しているところがある。誤っている記述の番号を答えよ。

《説明》

①東よりの風が吹きはじめ，巻雲が濃くなる。しだいに，低い雲が出てきて雨が降りはじめる。雨はそれほど強くないが長く続く。低気圧の通過前後で②気温の変化はあまりない。風はゆっくり③時計まわりに向きを変え，④北よりの風に変わる。

(6)　この低気圧付近において，2つの前線の速さの違いにより，新たにできる前線は何か。（　　）前線という形で答えよ。

(1)		(2)		(3)		(4)	→ 　 → 　 → 　 →
(5)		(6)					

4 次の実験を読んで，あとの問いに答えなさい。 （滋賀県）（各9点，計18点）

〔実験〕

[方法]

① 三角フラスコの中を少量の水でぬらしたあと，その中に
　線香の煙を少量入れ，**図1**のようにガラス管をつける。

② **図2**のように，簡易真空容器に穴をあけ，
　テープを貼ってその穴をふさいでから容器の空気を抜く。

③ **図3**のように，**図1**の三角フラスコにつけたガラス管を
　図3の簡易真空容器の穴から容器の中に差し込む。

[結果]

図4のように，簡易真空容器の中と三角フラスコの中が白く
くもった。

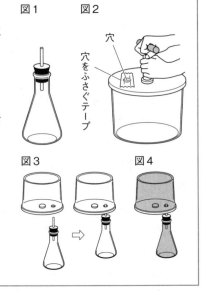

図1　図2　図3　図4

(1) 地表の空気が上空に達したときに雲ができることを確かめる目的で行った実験で，簡易真空容器
　を用いたのはなぜか。実験の目的から考えて理由を答えよ。

(2) 実験の結果の**図4**のように，簡易真空容器の中と三角フラスコの中が白くくもったのはなぜか。
　三角フラスコの中にあった空気の変化をもとに理由を答えよ。

(1)	
(2)	

5 次の問いに答えなさい。 （北海道・札幌第一高）（各5点，計25点）

(1) 次の文は，海上で霧が発生するしくみを説明したものである。文中の（　　）にあてはまる語句の
　組み合わせとして最も適当なものを，ア〜エから1つ選び，記号で答えよ。

　　釧路の海岸には寒流の（　①　）海
　流が流れている。そこに春から夏にかけて南からの季節風が吹く。この季節風は
　暖流の黒潮から得た（　②　）を含んでいる。これが水温の
　低い親潮に吹きつけるため，海上で霧が発生する。

	①	②
ア	オホーツク	暖かく湿った空気
イ	千島	暖かく乾燥した空気
ウ	千島	暖かく湿った空気
エ	オホーツク	暖かく乾燥した空気

(2) 次ページのグラフは気温と飽和水蒸気量の関係を示した
　ものである。図中のa〜eの各点で最も湿度が高いものは
　どれか。図中の記号で答えよ。

(3)　右図のdの状態にある大気は何m上昇すると雲ができはじめるか。最も適当なものを次のア〜ク
から1つ選び，記号で答えよ。

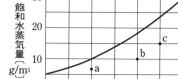

ア　5 m　　　イ　10 m　　　ウ　15 m　　　エ　100 m

オ　150 m　　カ　500 m　　キ　1500 m　　ク　2000 m

(4)　霧と雲は水蒸気が水滴や氷の粒になったものであるが，それぞれ発生するしくみが異なる。雪を
いただいた山頂付近に雲がかかっている場合，この雲が発生した理由として最も適当なものを次の
ア〜オから1つ選び，記号で答えよ。

ア　ふもとの空気が上昇し，上空の冷たい空気と混合するため。

イ　ふもとの空気が上昇し，山頂付近の雪によって冷やされるため。

ウ　ふもとの空気が上昇し，まわりの空気によって冷やされるため。

エ　ふもとの空気が上昇し，気圧の低い上空で体積が膨張するため。

オ　ふもとの空気が上昇し，気圧の低い上空で体積が収縮するため。

(5)　次の天気図は，ある年の春(5月)，夏(7月)，秋(9月)，冬(2月)のものである。夏の天気図と
して最も適当なものを次のア〜エから1つ選び，記号で答えよ。

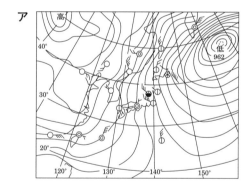

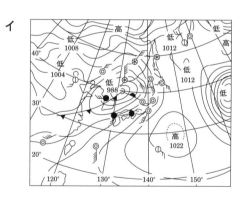

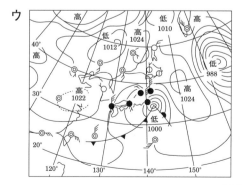

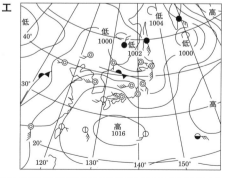

(1)		(2)		(3)	
(4)		(5)			

□ 編集協力　エデュ・プラニング合同会社　出口明憲　中村江美
□ デザイン　CONNECT
□ 図版作成　小倉デザイン事務所

シグマベスト
最高水準問題集
中2理科

本書の内容を無断で複写（コピー）・複製・転載することを禁じます。また，私的使用であっても，第三者に依頼して電子的に複製すること（スキャンやデジタル化等）は，著作権法上，認められていません。

編　者　文英堂編集部
発行者　益井英郎
印刷所　図書印刷株式会社
発行所　株式会社文英堂
　　　　〒601-8121　京都市南区上鳥羽大物町28
　　　　〒162-0832　東京都新宿区岩戸町17
　　　　（代表）03-3269-4231

最高水準
問題集

中2理科

解答と解説

文英堂

1編 化学変化と原子・分子

1 物質のなりたち

001 〉(1) 最初の気体は試験管 A やゴム管に残っていた空気だから。

(2) ガラス管を水槽から出す。

(3) 二酸化炭素　(4) 青色→赤色(桃色)

(5) ① 白い物質のほうが水に溶けやすい(炭酸水素ナトリウムのほうが水に溶けにくい)。

② 白い物質を溶かした液のほうが濃い赤色になる(炭酸水素ナトリウムを溶かした液のほうが, うすい赤色になる)。

(6) (熱)分解

解説 (1) 試験管Aやゴム管には空気が入っている。試験管Aを加熱すると, まず試験管A内にもともと入っていた空気がガラス管から出てくる。そのため, 最初に出てきた気体は集めない。

(2) ガスバーナーの火を消すと, 試験管Aの中の圧力が下がる。ガラス管を水中に入れたままだと, 水が逆流して試験管が破裂することがあり, 危険である。このため, 火を消す前にガラス管を水槽から出す必要がある。

(3) 石灰水を白くにごらせる気体は二酸化炭素である。

(4) 塩化コバルト紙を水につけると, 青色から赤色(桃色)に変化する。このため, 生じた液体が水かどうか調べるときには, 液体に塩化コバルト紙をつけて色の変化を見ればよい。

(5)① 生じた白い物質は炭酸ナトリウムである。炭酸ナトリウムは炭酸水素ナトリウムよりも水に溶けやすい。

② 炭酸ナトリウムを溶かした液も, 炭酸水素ナトリウムを溶かした液もアルカリ性である。フェノールフタレイン溶液を加えると, 炭酸ナトリウムを溶かした液のほうが濃い赤色になる。

(6) このような反応を(熱)分解という。

002 〉(1) 加熱する試験管の傾き(10字)

(2) 加熱により発生した二酸化炭素によって, 内部にすきまができるから。

解説 (1) この反応では水が生じる。生じた水が加熱部分へ流れないようにするために, 試験管の口を下げておく必要がある。

　一般的に固体を試験管に入れて加熱するとき, 何が生じるかわからない場合は試験管の口を下げて行うほうが安全である。

(2) 炭酸水素ナトリウムを加熱すると二酸化炭素が生じる。ふくらみの原因は二酸化炭素である。

003 〉(1) 黒色

(2) ① 電流が流れる。

② うすく広がる。

(3) 酸素

(4) (a) 化合物　(b) 単体

解説 (1) 酸化銀は黒色の粉末である。

(2) 白い物質は銀である。銀は金属なので, 電流を通し, たたくとうすく広がる。

(3) 線香が炎を出して燃えることから, 酸素であることがわかる。

(4) 1種類の元素でできた物質を単体, 2種類以上の元素でできている物質を化合物という。

⤴ 得点アップ

▶単体と化合物

・単体…水素, 酸素, 銅, 鉄など。

・化合物…水, 二酸化炭素, アンモニア, 炭酸水素ナトリウム, 酸化銀など。

004 〉(1) 原子　(2) ウ　(3) イ

解説 (1) 原子説を発表したのはドルトンである。分子説を発表したアボガドロと区別すること。

(2) 原子の特徴は以下のとおりである。

・原子は消滅したり, 新たに生成したりしない。

・原子は種類や大きさが決まっている。

・原子は化学変化によって分割することができない。

(3) ア…1個の水分子中に水素原子は2個ある。よって, 水分子が40個あるとき, 水素原子は80個ある。イ…酸素分子は酸素原子2個でできている。よって, 酸素分子60個あるとき, 酸素原子は120個ある。ウ…水素分子は水素原子2個ででき

ている。よって，水素分子が 30 個あるとき，水素原子は 60 個ある。エ…二酸化炭素分子は炭素原子 1 個，酸素原子 2 個，つまり 3 個の原子からできている。よって，二酸化炭素分子 20 個では，原子の合計は 60 個である。

　以上より，イが最も個数が多いとわかる。

005 〉(1) 亜鉛　　(2) オ
　　　 (3) エ　　　(4) ア

解説 (1)　亜鉛の原子を表す元素記号は Zn である。亜鉛は金属で，亜鉛を塩酸か硫酸に入れると水素が発生する。亜鉛と名前が似ている鉛は，元素記号が Pb である。両者を混同しないように注意すること。

(2)　アンモニアは水素原子 3 個と窒素原子 1 個からなる。

(3)　二酸化炭素を表す化学式はエである。

(4)　炭酸水素ナトリウムはナトリウム原子 1 個，水素原子 1 個，炭素原子 1 個，酸素原子 3 個からなる。原子 6 個のうち，3 個が酸素原子なので，酸素原子の個数の割合は $\frac{3}{6} = \frac{1}{2}$ となる。

006 〉(1) エ
　　　 (2) 化学変化では別の物質に変化するが，状態変化では別の物質に変化しない。

解説 (1)　単体が得られるのは化学変化なので，選択肢ではウとエが考えられる。炭酸水素ナトリウムの加熱では水，二酸化炭素，炭酸ナトリウムが得られるので，単体は生じない。うすい水酸化ナトリウム水溶液を電気分解すると水素と酸素が得られる。よって，エが適切である。

(2)　化学変化では原子どうしの組み合わせが変化するので，別の物質が生じる。状態変化では分子の動きが変化するだけで，原子の組み合わせが変化するわけではない。そのため，物質そのものが変化することはない。

◆ 得点アップ

▶状態変化と化学変化
・状態変化…固体⇄液体，液体⇄気体などの変化で，物質そのものは変化しない。
・化学変化…原子どうしの組み合わせが変わるので，反応前とは異なる物質ができる。

007 〉(1) ウ，オ
　　　 (2) ウ，オ

解説 (1)　いくつかの原子が結びついて 1 つの単位となっている粒子が分子である。イ，カ，キはそれぞれ酸素分子，水分子，二酸化炭素分子が集まった純粋な物質である。またア，エはそれぞれ混合物であり，純粋な物質ではない。ウの銅やオの塩化ナトリウムは分子という単位をつくらずに集まっている物質である。

(2)　ウ…石灰岩の主成分である炭酸カルシウムは，水や二酸化炭素に溶けて炭酸水素カルシウムとなる。
$$CaCO_3 + CO_2 + H_2O \longrightarrow Ca(HCO_3)_2$$

オ…マグネシウムは塩酸に溶け，塩化マグネシウムと水素を発生する。
$$Mg + 2HCl \longrightarrow MgCl_2 + H_2$$

ア…固体の氷が液体の水に状態変化するが，水分子自体は変わらない。

イ…砂糖が水に溶けても，砂糖の分子や水分子の形自体はそれぞれ変わらない。

エ…固体であったアイスクリームがとけて液体に状態変化している。

カ…酸素分子や水分子の形自体はそれぞれ変わらない。

◆ 得点アップ

▶混合物
　複数の純粋な物質が混ざり合ったものを混合物という。食塩水は塩化ナトリウムを水に溶かした混合物であり，空気は窒素分子や酸素分子，二酸化炭素分子などが集まった混合物である。また酢酸は純粋な物質だが，塩酸は塩化水素を水に溶かした混合物である。

008 〉(1) イ　　(2) ウ

解説 (1)　塩化銅水溶液を電気分解すると陽極から塩素が発生し，陰極には銅が付着する。

(2)　塩化銅水溶液は青色であるが，電気分解すると溶質である塩化銅が銅と塩素に分解されるため，水溶液中の塩化銅は減少する。そのため，水溶液の色がうすくなっていく。

009 〉 (1) ア　　(2) ア　　(3) エ

解説 (1)　水は電気が流れにくいので，電気を通しやすくするために水酸化ナトリウムを溶かす必要がある。

(2)　水の電気分解では陽極に酸素，陰極に水素が発生する。水素のほうが多く発生するので，B極が陰極となる。

(3)　選択肢のうち，水素の性質にあてはまるのはエである。アは酸素，ウは二酸化炭素，イ，オはアンモニアなどの性質である。刺激臭のある気体は数種類あるが，鼻につくような刺激臭はアンモニアである。

---

010 〉 (1) 色が黒色から白色に変化した。

(2) Ag_2O

(3) 例・ものを燃やす。

　　　・水に溶けにくい。

(4) 水槽の水が試験管Aに流れるのを防ぐため，ガラス管の先を水槽から出しておく。

解説 (1)　酸化銀を加熱すると銀と酸素に分解する。酸化銀は黒色であるが，銀は白っぽい灰色である。

(2)　酸化銀は銀原子2個と酸素原子1個からなる。

(3)　発生した気体は酸素である。酸素にはものを燃やす（助燃性），水に溶けにくい，空気より密度が大きい，無色・無臭という性質がある。このうち2つを答えればよい。

(4)　火を消すと，試験管Aの気圧が下がり，水槽の水が流れ込んで試験管Aが割れる危険性がある。

---

011 〉 （A，Bそれぞれの水溶液に，）フェノールフタレイン溶液を少量加えると，AよりもBの水溶液のほうが濃い赤色に観察される。（44字）

解説 炭酸水素ナトリウムと炭酸ナトリウムの違いは，水に対する溶け方と，水溶液のアルカリ性の強さである。炭酸ナトリウムのほうが水に溶けやすく，水溶液のアルカリ性が強い。書きはじめの言葉が指定されているので，ここでは，フェノールフタレイン溶液を加えたときの違いを説明すればよいとわかる。

---

012 〉 (1) ① (熱)分解　　②H

(2) (i) 水

　　　(ii)① 二酸化炭素　　② カルシウム

　　　　　③ ア　　④ イ

(3) (i) 0.63

　　　(ii)① 6　　② 0.9g

解説 (1)① 化学反応において，物質を構成する原子の数や組み合わせが変化する。化学反応では複数の種類の物質が結びついて1種類の物質ができたり，1種類の物質から原子が取り出され，複数の種類の物質ができたり（分解）する。

② 元素記号の1文字目は大文字で書く。

(2)(i) 塩化コバルト紙は水分があると色が変化するため，純粋な水だけではなく水溶液に対しても色が変化する。

(ii) 石灰水は二酸化炭素と水酸化カルシウムが反応することで炭酸カルシウムが生じ，白くにごる。また周期表は原子がもつ陽子数を順に並べており，似たような性質をもつ元素どうしは同じ縦の列に並んでいる。

(3)(i) $x = 2$ のときに $y = 1.26$ であるため，

$$2 \times a = 1.26 \qquad a = 0.63$$

よって，$y = 0.63x$ となる。

(ii)① 図3のグラフから，6gのときにステンレス皿上に残った粉末が2gや4gのときより多いため，炭酸水素ナトリウムのうち一部が反応せずに残っている。反応が正常に終わっていれば，(1)の式より，

$$0.63 \times 6 = 3.78g$$

残る。

② (1)より，炭酸水素ナトリウムの分解によって生じる炭酸ナトリウムの質量と，水と二酸化炭素の合計の質量の比は，0.63:0.37である。炭酸水素ナトリウム6gを加熱したときに発生した水と二酸化炭素の合計の質量は，

$$6 - 4.2 = 1.8g$$

だから，このとき生じた炭酸ナトリウムの質量は，

$$1.8 \times \frac{0.63}{0.37} = \frac{567}{185}g$$

したがって，未反応のまま残った炭酸水素ナトリウムの質量は，

$$4.2 - \frac{567}{185} = \frac{42}{37}g$$

よって，加熱後に取り出された1gの物質に

含まれる炭酸ナトリウムと炭酸水素ナトリウムの質量は,

炭酸ナトリウム…$\dfrac{567}{185} \times \dfrac{1}{4.2} = \dfrac{27}{37}$ g

炭酸水素ナトリウム…$\dfrac{42}{37} \times \dfrac{1}{4.2} = \dfrac{10}{37}$ g

この炭酸水素ナトリウム$\dfrac{10}{37}$ g がすべて分解されたとき生じる炭酸ナトリウムの質量は,

$\dfrac{10}{37} \times 0.63 = \dfrac{6.3}{37}$ g

となるから, 試験管内の炭酸ナトリウムの質量は,

$\dfrac{27}{37} + \dfrac{6.3}{37} = \dfrac{33.3}{37} = 0.9$ g

---

013 (1) イ, ウ　　(2) H_2

解説 (1) 塩化ナトリウム水溶液の電気分解では陽極に塩素が, 陰極に水素が発生する。

塩素は黄緑色で刺激臭のある気体で, 水に溶けて酸性を示す。塩素を入れた集気びんに赤い花を入れておくと, 赤色が脱色されることから, 塩素には, 漂白する作用もあることがわかる。

(2) 水素はすべての気体のうち, 最も密度が小さい(軽い)ので, 水素のほうが密度が小さい。

⬆得点アップ

▶次の水溶液の電気分解はよく出る。

	陽極	陰極
塩酸	塩素	水素
塩化銅	塩素	銅

---

014 (1) 生じた液体が, 試験管の加熱部分に流れ落ちてこないようにするため。

(2) エ

(3) エ

(4) オ

解説 (1) 問題 002 (1)の解説を参照のこと。

(2) 加熱して二酸化炭素が発生するのは炭酸カルシウムと炭酸水素ナトリウムである。炭酸カルシウムを加熱すると酸化カルシウムと二酸化炭素を生じるが, 液体は生じない。このため, 白い粉末は炭酸水素ナトリウムと考えられる。炭酸水素ナトリウムを加熱すると, 二酸化炭素のほかに水を生じる。

塩化コバルト紙を水につけると, 青色から赤色

に変化する。

(3) 炭酸水素ナトリウムから複数の異なる物質が生じている。このような反応を分解という。

(4) 炭酸水素ナトリウムはふくらし粉(ベーキングパウダー)に含まれている。また, 重曹という名称で, 台所用品として用いられる。

---

015 (1) C…青色　　D…黄色

(2) (加熱をやめたとき,)試験管CのBTB溶液を試験管Aに流入させない。

解説 (1) 炭酸アンモニウムの分解では, アンモニア, 二酸化炭素, 水ができる。水は試験管Aの口のあたりに生じ, アンモニアと二酸化炭素はゴム管から出ていく。

アンモニアと二酸化炭素ではアンモニアのほうが水に溶けやすいので, アンモニアは試験管Cで溶ける。このため, 試験管CのBTB溶液は青色に変化する。Dの試験管には二酸化炭素が溶け, BTB溶液は黄色に変化する。

(2) 加熱をやめると試験管Aの中の気圧が小さくなるので, 試験管Cから水が逆流してくる。逆流した水が試験管Aに流れこまないように, 空の試験管を用意している。

---

016 (1) A…イ　　B…エ

C…ア　　D…ウ

(2) 二酸化炭素

(3) 加熱前…うすい赤色

加熱後…濃い赤色

(4) エ

解説 (1) 実験1より, A, Bはデンプンか重曹, C, Dはグラニュー糖か食塩のいずれかとわかる。実験2ではA, Cが黒くこげたことからAはデンプン, Cはグラニュー糖と考えられる。実験3・4の結果より, Bは重曹とわかり, 残ったDは食塩となる。

(2) 石灰水を白くにごらせるのは二酸化炭素である。

(3) 炭酸水素ナトリウムも炭酸ナトリウムも水に溶けるが, 炭酸ナトリウムを溶かした水のほうが濃い赤色になる。

(4) 食酢を重曹に加えると二酸化炭素を生じる。

017 (1) 6　　(2) ア, エ, オ

解説 (1) 二酸化炭素は炭素原子1個と酸素原子2個からなり, 質量は22である。酸素分子は酸素原子2個からなり, 表より質量は16である。よって, 炭素原子1個の質量は 22 − 16 = 6 となる。

(2) 金属や金属の化合物は分子をつくらない。よって, 銀, 酸化銅, 塩化ナトリウムがあてはまる。

2 化学変化と化学反応式

018 (1) FeS　　(2) ウ

解説 (1) 鉄と硫黄を混ぜて加熱すると, 硫化鉄ができる。硫化鉄は鉄原子1個と硫黄原子1個からなる。

(2) 磁石に引きつけられるのは鉄なので, 混合物Bである。物質Aにうすい塩酸を加えると, 硫化水素が発生する。においのある気体は硫化水素である。

019 ① 赤　　② 光

解説 鉄と硫黄の反応では, 熱が発生する。その発生した熱によって鉄と硫黄の反応が進む。そのため, この反応は加熱し続けなくても進む。

020 (1) Fe + S ⟶ FeS
(2) 鉄と硫黄の反応で発生した熱によって新たな反応が促されるため。
(3) X…鉄　　Y…0.35

Yを求める過程…
$$\frac{1.4g \times 7}{4} = 2.45$$
$$2.8 - 2.45 = 0.35g$$

解説 (1) 一般的な条件において, 鉄原子と硫黄原子は1:1で結合して硫化鉄FeSを生成する。なお, 特定の条件下では鉄と硫黄が2:3で結合し, Fe_2S_3 となるが, 出題されることはまれである。

(2) 物質と物質が結びつくなどの化学反応は熱によって反応が促進される場合がある。

(3) 表中の混合物PやQの結果より, 鉄と硫黄は質量比7:4で反応することがわかる。鉄2.8gに反応する硫黄は,

$$\frac{2.8g \times 4}{7} = 1.6g$$

となり, 混合物Rでは0.2g不足している。対して硫黄1.4gに反応する鉄は,

$$\frac{1.4g \times 7}{4} = 2.45g$$

となり, 鉄が 2.8 − 2.45 = 0.35g 残る。

⊅ 得点アップ

▶化学反応式
　物質の化学変化を化学式を用いて表したものを化学反応式という。左辺には反応物, 右辺には生成物をおき, 両辺を右向きの矢印で結ぶ。また, 反応の前後で分子の種類や数は変わるが, 原子の種類やそれぞれの総数は変化しない。

021 (1) 変化がなかった。
(2) 増えた。　　(3) 酸化鉄

解説 (1) スチールウールを燃やしても二酸化炭素は発生しないので, 石灰水の変化は見られない。
　燃やして二酸化炭素を発生するのは有機物であるが, スチールウールは無機物である。

(2) スチールウールは酸素と結びつくので, 元のスチールウールよりも質量は大きくなる。

(3) 鉄と酸素が反応してできた物質は酸化鉄である。

⊅ 得点アップ

▶金属の燃焼
　金属が燃焼すると酸化物が生じ, 質量は元の金属より大きくなる。

022 (1) 硫化銅　　(2) 酸化銅

解説 (1) □□の金属のうち, 赤みをおびたものは銅のみである。実験1でできた物質は硫化銅である。

(2) 銅を加熱してできる物質は酸化銅である。

023 (1) エ　　(2) ア
(3) A…化合物　　B…単体

解説 (1) アンモニア, 二酸化炭素, 塩化ナトリウムは化合物である。鉄に限らず, 金, 銀, マグネシウムなどの金属は単体である。

(2) マグネシウム, 塩素, 硫黄は単体である。

(3) 水を電気分解すると，水素と酸素が生じる。水素と酸素はこれ以上分解されない。

---

024 (1) **質量が反応前より反応後の方が大きくなる。**

(2) **右図** Mg O / Mg O + C

解説 (1) 燃焼は光や熱を伴う激しい酸化であり，反応後は酸素が結合して酸化物が生成される。そのため，反応前の物質と比べ，反応後に生成された酸化物の質量が大きくなる。

(2) マグネシウム原子と酸素原子は 1：1 で結合し，酸化マグネシウム MgO を生成する。炭素は分子を作らずたくさんの原子がつながって存在するため，原子のみで表される。

---

025 (1) **下図**

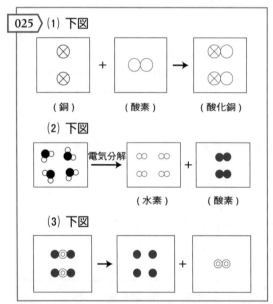

（銅）　（酸素）　（酸化銅）

(2) **下図**

電気分解

（水素）　（酸素）

(3) **下図**

解説 (1) 酸化銅は銅原子と酸素原子が 1：1 で結びついたものである。銅原子が 2 個なので，酸素分子は 1 個あればよい。

(2) 水分子が 4 個あるので，生じる水素分子は 4 個，酸素分子は 2 個である。

(3) 酸化銀のモデルが示されているので，それをもとに考える。酸素分子をつくるためには酸素原子が 2 個必要である。そのため，酸化銀は 2 個必要である。酸化銀が 2 個のとき，生じる銀は 4 個である。

---

026 (1) ① 2　　② CO_2

(2) ① $NaHCO_3$　　② Na_2CO_3

(3) ① $4Ag$　　② O_2　（順不同）

(4) $Fe + S \longrightarrow FeS$

(5) $2Cu + O_2 \longrightarrow 2CuO$

解説 (1) この反応は石灰石に塩酸を加えたときのものである。この反応では二酸化炭素が発生する。
右辺では Cl と H が 2 個なので，①には 2 が入る。

(2) 炭酸水素ナトリウムの加熱では，炭酸ナトリウム，二酸化炭素，水が発生する。②には炭酸ナトリウムの化学式が入る。炭酸ナトリウムはナトリウム原子が 2 個，炭素原子 1 個，酸素原子 3 個からなる。

(3) 左辺は銀原子 4 個，酸素原子 2 個である。銀は金属なので，分子をつくらない。酸素が分子をつくるので，O_2 とする。

(4) 鉄原子 1 個と硫黄原子 1 個が反応して，硫化鉄ができる。

(5) 左辺に反応物，右辺に生成物を書く。
$$Cu + O_2 \longrightarrow CuO$$
酸素原子の数を合わせるため，右辺の CuO の前に 2 を書く。
$$Cu + O_2 \longrightarrow 2CuO$$
銅原子の数を合わせるため，Cu の前に 2 を書く。
$$2Cu + O_2 \longrightarrow 2CuO$$

---

027 (1) **鉄と硫黄の混合物が別の物質に変化したかどうか確かめるため。**

(2) **鉄が酸素にふれないようになるため。**

解説 (1) 化学変化でできる物質は，反応前の物質と性質が異なる。性質が変わっていれば異なる物質ができていることがわかる。

(2) さびはゆるやかに進む酸化である。塗装すると，鉄と酸素が直接ふれなくなる。このため，鉄はさびにくくなる。

得点アップ

▶激しい酸化とおだやかな酸化の例

・激しい酸化…燃焼

・おだやかな酸化…さび

028 ① 酸素の体積が増加したから。
　② 酸素と鉄が結びついたから。

解説 ① 加熱直後はガラス管の酸素が加熱されて膨張する。そのため酸素がゴム管から出てくるので，水面が下降する。
② スチールウールが燃焼すると，酸素が使われる。そのため，メスシリンダー中の酸素もとりこまれていくので，水面が上昇する。

029 右図

解説 単体は1種類の元素でできている物質である。よって，両方の分子に共通する原子を1つずつ選べばよい。水と二酸化炭素に共通する原子は酸素原子である。酸素原子2つで，酸素分子になる。

030 エ

解説 化学反応式の係数は各化学式で表されている物質を構成する粒子の個数の比を表している。
ア…窒素分子は窒素原子2個，水素分子は水素原子2個からなる。そのうち水素分子が3分子あるため，
　　2個 /1分子×3分子＝6個
となり，原子の数は計8個。
イ…アンモニア分子には窒素原子1個が含まれており，アンモニア分子2個あたりでは，
　　1個 /1分子×2分子＝2個
となる。
ウ…左辺が窒素分子1個と水素分子3個の合計で4個に対し，右辺ではアンモニア分子2個となる。

⊘ 得点アップ

▶化学反応式と原子の個数
　化学反応式において反応前である左辺と反応後である右辺では，原子の個数は等しくなる。また，反応前の物質の総質量と反応後の物質の総質量も等しくなる。そのため実験などで反応前と反応後で質量が異なる場合，気体として放出されたことなどが考えられる。

031 ア…1　　イ…2　　ウ…1

解説 両辺の原子の個数は以下の通りである。
左辺：N 2個，H 8個，C 1個，O 3個
右辺：N 1個，H 5個，C 1個，O 3個
　N原子の個数を合わせるために，NH_3 の前に2をつける。
　　$(NH_4)_2CO_3 \longrightarrow 2NH_3 + CO_2 + H_2O$
　これで左右の原子の数が合うので，化学反応式は完成である。

032 $Na_2CO_3 + 2HCl$
　　　　$\longrightarrow 2NaCl + H_2O + CO_2$

解説 炭酸ナトリウムに塩酸を加えると，塩化ナトリウム，水，二酸化炭素を生じる。
　　$Na_2CO_3 + HCl \longrightarrow NaCl + H_2O + CO_2$
　ナトリウム原子の数を合わせるために，$NaCl$ の前に2をつける。
　　$Na_2CO_3 + HCl \longrightarrow 2NaCl + H_2O + CO_2$
　塩素原子と水素原子の数を合わせるために，HCl の前に2をつける。
　　$Na_2CO_3 + 2HCl \longrightarrow 2NaCl + H_2O + CO_2$
　これで左右の原子の数がすべて等しくなったので，化学反応式は完成である。

033 $C_3H_8 + 5O_2 \longrightarrow 3CO_2 + 4H_2O$

解説 燃焼は酸素との反応なので，反応物はプロパンと酸素，生成物は二酸化炭素と水である。
　　$C_3H_8 + O_2 \longrightarrow CO_2 + H_2O$
　炭素原子の数を合わせるために，CO_2 の前に3をつける。
　　$C_3H_8 + O_2 \longrightarrow 3CO_2 + H_2O$
　水素原子の数を合わせるために，H_2O の前に4をつける。
　　$C_3H_8 + O_2 \longrightarrow 3CO_2 + 4H_2O$
　酸素原子は左辺2個，右辺10個なので，O_2 の前に5をつける。
　　$C_3H_8 + 5O_2 \longrightarrow 3CO_2 + 4H_2O$
　これで左右の原子の数が合うので，化学反応式は完成である。

3 酸化と還元

034 (1) ア

(2) 空気中の<u>酸素</u>と反応するときに，<u>熱</u>エネルギーを放出する

解説 (1) 燃焼は激しい酸化であり，さびはおだやかな酸化である。

(2) 化学反応には，このように熱を放出するものもある。

035 a…熱　　b…光　　c…酸化

解説 a と b の解答はそれぞれ逆でも構わない。激しい変化をみせる燃焼に対し，金属製品などが空気にさらされることで時間をかけておだやかに酸化されるものとして，さびがある。

036 (1) エ　　(2) 酸化

(3) イ　　(4) エ

解説 (1) 使い捨てカイロの中の鉄が容器中の酸素と反応する。そのため，容器中の気圧が小さくなり，水面が上昇する。

(2) 物質が酸素と結びつくことを酸化という。

(3) ア…摩擦によって発生した熱によるものである。

イ…スチールウール(鉄)と酸素との反応である。

ウ…光のエネルギーが熱に変換されている。

エ…電気エネルギーが熱に変換されている。

オ…溶解によって発生した熱である。

よって，イがあてはまる。

(4) 酸素は空気の約 20% を占めるので，最大で気体の体積の 20% のあたりまで上昇すると考えられる。

037 (1) H_2O　　(2) エ

(3) 熱が発生している。

解説 (1) 塩化コバルト紙の色を変化させるのは水である。

(2) 二酸化炭素は水に少し溶け，空気より密度が大きい(重い)気体である。

(3) 燃焼によって熱が発生したため，集気びんが温かくなっていた。

038 (1) イ　　(2) 二酸化炭素

(3) $2CuO + C \longrightarrow 2Cu + CO_2$

(4) ウ

解説 (1) 水上置換法で気体を集めるときは，最初に出てくる気体は集めない。最初に出てくる気体には試験管やゴム管に入っていた空気が含まれている。

加熱をやめるときは，水の逆流を防ぐために，水槽からガラス管を抜いてから火を消す。

(2) 石灰水の変化が見られたことから，二酸化炭素とわかる。

(3) 反応物の酸化銅と炭素を左辺に，生成物の銅と二酸化炭素を右辺に書く。

$CuO + C \longrightarrow Cu + CO_2$

酸素原子の数を合わせるために，CuO の前に 2 をつける。

$2CuO + C \longrightarrow Cu + CO_2$

銅原子の数を合わせるために，Cu の前に 2 をつける。

$2CuO + C \longrightarrow 2Cu + CO_2$

(4) 酸化物から酸素がうばわれる反応を還元という。金属の酸化物と炭素の反応では，炭素が酸化物から酸素をうばい，二酸化炭素になる。このとき，炭素は酸化されている。

このように酸化と還元は同時に起こっている。

> **⊅得点アップ**
>
> **▶酸化還元と質量**
>
> 酸化反応では金属などに酸素が結合して質量が増加するため，反応前と反応後で増加した質量の分が結合した酸素の質量となる。対して還元では酸素が取り除かれるため，取り除かれた酸素の質量の分だけ軽くなる。

039 (1) $CuO + H_2 \longrightarrow Cu + H_2O$

(2) 加熱した酸化銅を水素の中に入れる。

解説 (1) 酸化銅と水素の反応では，銅と水ができる。

$CuO + H_2 \longrightarrow Cu + H_2O$

それぞれの原子の個数が左右で等しいので，これで化学反応式は完成である。

(2) 水素が入っている試験管に加熱した黒色の酸化

銅を入れると，赤色の銅になる。

040 (1) イ
(2) マグネシウムは二酸化炭素中の酸素
原子をうばって燃焼し，二酸化炭素
は酸素原子をうばわれ，炭素を生じ
た。(50字)

解説 (1) アは酸素，ウはアンモニア，エは水素の
発生方法である。
(2) 反応については，問題 041 (2)の解説も参照の
こと。黒い物質は炭素で，二酸化炭素分子が酸素
原子をうばわれたために生じる。

041 (1) オ (2) ア
(3) $2Mg + CO_2 \longrightarrow 2MgO + C$
(4) 還元

解説 (1) 二酸化炭素の性質を選べばよい。
(2) 二酸化炭素中でマグネシウムが燃焼する。この
とき，二酸化炭素の酸素原子をうばっている。
(3) このとき，酸化マグネシウムと炭素が生じる。
$Mg + CO_2 \longrightarrow MgO + C$
酸素原子の数を合わせるために，MgO の前に
2をつける。
$Mg + CO_2 \longrightarrow 2MgO + C$
マグネシウム原子の数を合わせるために，Mg
の前に2をつける。
$2Mg + CO_2 \longrightarrow 2MgO + C$
(4) 酸素原子がうばわれているので，還元である。

042 (1) エ (2) 水
(3) H, C

解説 (1) 金属の化合物は分子をつくらない。
(2) 塩化コバルト紙の色を変化させるのは水である。
(3) この反応では銅，水，二酸化炭素ができる。水
ができたことから，ロウには水素原子が含まれて
いることがわかる。また，二酸化炭素ができたこ
とから，ロウには炭素原子が含まれているとわか
る。ロウは酸素原子を含まないので，酸素原子は
酸化銅からきている。

043 (1) 200 個 (2) ウ
(3) 例 炭素に比べてマグネシウムの方が
酸素と結びつきやすいから。

解説 (1) $2Mg + O_2 \longrightarrow 2MgO$ から，マグネシ
ウム原子と酸素分子の反応するときの比は2：1。
(2) 酸化マグネシウムは，2種類の元素が結びつい
てできている1種類の物質である。
(3) 炭素と結びついていた酸素がマグネシウムと結
びついたことから，マグネシウムの方が酸素と反
応しやすいことがわかる。

044 (1) ウ (2) ○●○ (3) カ

解説 (1) a〜dのうち，金属の性質はa, c, dで，
bは銀にはあてはまらない。
(2) この反応では二酸化炭素が発生する。
(3) 酸化銀は加熱するだけで銀と酸素に分解する。
酸化銅のみを加熱しても変化しないが，炭素と加
熱すると銅と二酸化炭素になる。よって，酸素と
の結びつきやすさは C, Cu, Ag の順となる。

045 (1) 水によく溶ける。
(2) ウ

解説 (1) 実験2ではアンモニアが発生する。アン
モニアは水に溶けやすいので，水で湿らせたろ紙
をかぶせておくと，アンモニアがろ紙の水分に吸
収される。
(2) 実験1では熱が発生するので，ビーカーはあた
たかくなる。実験2では熱が吸収されるので，ビー
カーは冷たくなる。

↗ 得点アップ
▶発熱反応・吸熱反応
・発熱反応…熱が発生するので，周囲はあたた
かくなる。
・吸熱反応…周囲から熱をうばうので，周囲は
冷たくなる。

046 (1) 加熱してできた液体が試験管の底の
ほうに流れると，試験管が割れるこ
とがあるため。
(2) イ，エ
(3) a…炭素　　b…還元
(4) ウ

解説 (1) 問題 002 (1)の解説を参照のこと。
　一般的に固体を試験管に入れて加熱するとき，
何が生じるかわからない場合は試験管の口を下げ
て行うほうが安全である。
(2) 磁石につくのは鉄などごく少数の金属である
（中学校では，鉄だけ知っておけばよい）。銅，銀，
金など，塩酸に溶けない金属もあるので，ウは金
属の性質とはいえない。
(3) 二酸化炭素の酸素原子は酸化銅からきたものな
ので，炭素原子はポリエチレンに含まれていたと
考えられる。
(4) ア…銀と酸素ができる。
　イ…鉄と二酸化炭素ができる。
　エ…銅と水ができる。

047 (1) (あ) オ　　(い) ア
(2) $2Cu + O_2 \longrightarrow 2CuO$
(3) 黒さびの膜は酸素や水分を通さない
から。
(4) ① $FeCl_2$　　② H_2　　③ $8HCl$
④ $4H_2O$

解説 (1) 酸化銅は黒色である。表面に酸化アルミ
ニウムの膜をつくる処理をアルマイトといい，つ
くられた膜は無色である。
(2) 書き方は問題 026 (5)の解説を参照。
(3) 鉄の表面がおおわれることで，鉄は酸素や水に
ふれにくくなる。そのためさびにくくなる。
(4) 鉄と塩酸の反応では，塩化鉄 $FeCl_2$ と水素を
生じる。（　①　）が両方の式に入っていること
に着目する。問題文から，①，④は気体でないの
で，①には $FeCl_2$ が入る。左辺の Fe_3O_4 と HCl
のうち，残りの O と H から④には H_2O が入ると
推測する。
　　$Fe_3O_4 + HCl \longrightarrow FeCl_2 + 2FeCl_3 + H_2O$
　塩素原子の数を合わせるために，HCl の前に 8
をつける。

$Fe_3O_4 + 8HCl \longrightarrow FeCl_2 + 2FeCl_3 + H_2O$
　H と O 原子の数を合わせるために，H_2O の前
に 4 をつける。
　　$Fe_3O_4 + 8HCl \longrightarrow FeCl_2 + 2FeCl_3 + 4H_2O$
　よって，③は $8HCl$，④は $4H_2O$ が入る。

4 化学変化と物質の質量

048 (1) 3.2g　　(2) 2：1

解説 (1) マグネシウムがすべて反応して酸化マグ
ネシウムになっている。酸素の質量は以下のよう
になる。
　　$8.0g - 4.8g = 3.2g$
(2) 質量を原子(分子)1個あたりの質量の比で割る
と，数の比が求められる。
　　Mg…$4.8 \div 3 = 1.6$
　　O_2 …$3.2 \div 4 = 0.8$
　　Mg：$O_2 = 1.6：0.8 = 2：1$
　よって，マグネシウム原子と酸素分子の数の比
は，2：1 となる。これは，この反応を表す化学
反応式の係数と一致している。
　　$2Mg + O_2 \longrightarrow 2MgO$

049 (1) 1.5g　　(2) 20 個

解説 (1) グラフより，1.2g の銅と反応する酸素
の質量は 0.3g であることがわかる。よって，酸
化銅の質量は，$1.2g + 0.3g = 1.5g$ である。
(2) 酸素分子が 10 個のとき，酸素原子は 20 個ある。
よって，必要な銅原子は 20 個である。

050 (1) $2Mg + O_2 \longrightarrow 2MgO$
(2) 4 回目
(3) 3：2
(4) 例 ろうそくが燃えるためには酸素が
必要であるが，新たな酸素が得られ
ないため。
(5) 下図

マグネシウム　二酸化炭素　白い物質　黒い物質

解説 (1) マグネシウム原子と酸素原子は 1：1 で
結合し，酸化マグネシウムを生成する。

(2) 4回目までは加熱するたびに物質の質量が増え
ており，マグネシウムに酸素が結合している。5
回目では4回目と比べて質量の増加がみられず，
新たに酸素が結合していない。

(3) 4回目と5回目の結果より，マグネシウム 1.44g
に対して酸素は，

2.40 − 1.44 = 0.96g

結合しているので，

1.44 : 0.96 = 3 : 2

(4) 有機物の燃焼では酸素が利用されて失われる。
集気びんのふたをすることで，新たな酸素を取り
込むことができない。

(5) 炭素は分子をつくらずたくさんの原子がつな
がって存在するため，原子のみで表される。

---

051 (1) 4.4g (2) 95%

(3) ① 2.2g ② 55.0g

解説 (1) 反応前の物質の質量から反応後のビー
カー内の物質の質量を引けばよい。よって，二酸
化炭素の質量は次のようになる。

160 − 155.6 = 4.4g

(2) 貝がらがすべて石灰石と同じ物質であれば，発
生する二酸化炭素の量は等しくなる。よって，発
生する二酸化炭素の量から，石灰石と同じ物質が
貝がらに含まれる割合を求めることができる。

ビーカーAで発生した二酸化炭素は 4.4g である。
一方，ビーカーDで発生した二酸化炭素は，

10.0 + 150.0 − 155.8 = 4.2g

となる。よって，割合は次のようになる。

$\frac{4.2}{4.4} \times 100 = 95.4\cdots$ より 95%

(3) ① ビーカーBで発生する二酸化炭素は，

10.0 + 50.0 − 58.0 = 2.0g

となる。(2)より，この貝がらでは最大で 4.2g
の二酸化炭素が発生するので，あと 2.2g 発生
すると考えられる。

② ビーカーBでは，2.0g の二酸化炭素が発生し
ている。2.0g の二酸化炭素を発生させるのに
50g の塩酸が必要なので，4.2g の二酸化炭素を
発生させるのに必要な塩酸を x〔g〕とすると，
以下のように比を立てることができる。

2.0 : 50 = 4.2 : x x = 105g

50g はすでに加えてあるので，あと 55g 加
えればよいことになる。

---

052 (1) 0.22g

(2) 右図

(3) 7.50cm³

(4) 4.40g

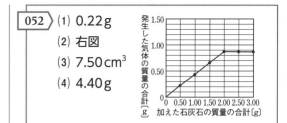

解説 (1) 実験前のビーカー全体の質量 74.00g と
石灰石 0.50g の総質量は 74.50g となる。対して
反応後のビーカー全体の質量が 74.28g であり，

74.50 − 74.28 = 0.22g

の気体が発生し，空気中に抜け出した。

(2) 加えた石灰石の質量が 2.00g までは，0.50g の
増加に対してビーカー全体の質量の増加がそれぞ
れ 0.28g であったため，0.22g ずつ気体が発生し
ている。しかし 2.50g と 3.00g ではビーカー全体
の質量の増加がそれぞれ 0.50g であったため，気
体は発生していない。

(3) 2.00g まで気体の発生が見られたことから，
15.0cm³ のうすい塩酸に対して過不足なく反応す
る石灰石は 2.00g である。残り 1.00g を反応させ
るためには，求める量を x とすると，

15.0cm³ : 2.00g = x〔cm³〕: 1.00g

x = 7.50cm³

(4) 75.0cm³ のうすい塩酸に対して過不足なく反応
する石灰石の質量は，求める量を y とすると，

15.0cm³ : 2.00g = 75.0cm³ : y〔g〕

y = 10.0g

となる。そして石灰石 0.50g に対して気体は 0.22g
発生するため，

$\frac{0.22}{0.50} \times 10.0 = 4.40g$

となる。

⑦ 得点アップ

▶質量保存の法則

反応前の物質の総質量と反応後の物質の総質
量は等しくなり，これを質量保存の法則という。
これに対して実験などで反応前と反応後で質量
が異なった場合には，気体として放出されたこ
となどが考えられる。

053 (1) H₂O, CO₂
(2) 右図

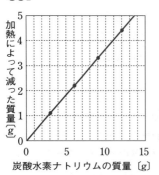

縦軸：加熱によって減った質量〔g〕
横軸：炭酸水素ナトリウムの質量〔g〕

(3) 31.2g

解説 (1) 炭酸水素ナトリウムの分解では炭酸ナトリウム，二酸化炭素，水が生じる。試験管で炭酸水素ナトリウムを加熱すると，水が試験管の口につくが，これは水蒸気が冷えて水になったものである。したがって，空気中で加熱すると，水蒸気が空気中に逃げる。
(2) ①の質量と③の質量の差を求めればよい。減った質量は順に 1.1g，2.2g，3.3g，4.4g となるので，直線のグラフになる。
(3) 実験結果から，炭酸水素ナトリウム 18.0g では，減った質量は 6.6g になると考えられる。よって，③の質量は 37.8 − 6.6 = 31.2g となる。

054 (1) 下図

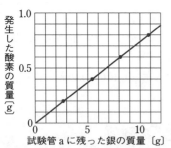

縦軸：発生した酸素の質量〔g〕
横軸：試験管 a に残った銀の質量〔g〕

(2) 火のついた線香を入れる。
(3) 4.05g

解説 (1) 銀が 2.70g，5.40g，8.10g，10.8g のとき，発生した酸素はそれぞれ 0.20g，0.40g，0.60g，0.80g となり，グラフは直線となる。
(2) 酸素は助燃性があるので，火のついた線香を入れると炎を出して燃える。
(3) 酸化銀 4.35g から生じる銀の質量を x〔g〕とすると，次のような式を立てられる。

$$2.90 : 2.70 = 4.35 : x$$

$$x = 4.05g$$

055 (1) 質量保存の法則
(2) ① 組み合わせ
② 数　③ 種類（②，③ は順不同）
(3) 小さくなる。

解説 (1) 化学変化において，反応物の質量の総和＝生成物の質量の総和となる法則を，質量保存の法則という。
(2) 化学変化では原子の組み合わせだけが変わる。原子は新たに生成したり消滅したりしないので，反応前後で質量は変わらない。
(3) この反応では，二酸化炭素が発生する。容器のふたを取ると二酸化炭素が出ていくため，質量は小さくなる。

056 (1) イ　(2) 8：3　(3) ウ

解説 (1) 化学反応では，一定量の物質と反応する物質の量は決まっている。
(2) グラフ2より，銅：酸素 = 4：1，グラフ3よりマグネシウム：酸素 = 3：2 で反応するとわかる。酸素の数値をそろえると，銅：酸素 = 4：1 = 8：2 となる。よって，$a = 8$，$b = 3$ となり，$a : b = 8 : 3$ となる。
(3) 銅 2g と反応する酸素は 0.5g，マグネシウム 3g と反応する酸素は 2g である。よって，混合物 5g と反応する酸素は 2.5g で，酸化物は 7.5g となる。これにあてはまるグラフはウである。

057 (1) 1.65g
(2) 下図

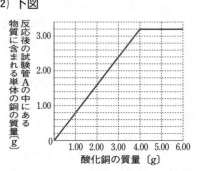

縦軸：反応後の試験管 A の中にある物質に含まれる単体の銅の質量〔g〕
横軸：酸化銅の質量〔g〕

解説 (1) このとき，酸化銅と炭素が過不足なく反応するので，表の数値をそのまま使って計算すればよい。

$6.00 + 0.45 - 4.80 = 1.65\,g$

(2) 炭素 0.30 g と反応する酸化銅の質量を x〔g〕とすると，比を次のように立てられる。

$6.00 : 0.45 = x : 0.30 \qquad x = 4.00\,g$

酸化銅 4.00 g から生じる銅を y〔g〕とすると，

$6.00 : 4.80 = 4.00 : y$

となり，$y = 3.20\,g$ となる。

酸化銅 4.00 g までは生成する銅は増え続け，これ以上酸化銅を増やしても炭素が不足しているため，生成する銅の質量は増えない。

---

058 (1) $2Cu + O_2 \longrightarrow 2CuO$

(2) 4 倍　　(3) イ　　(4) ウ

(5) $2Mg + O_2 \longrightarrow 2MgO$

(6) $\dfrac{8}{3}$ 倍

解説 (1) 銅と酸素が反応し，酸化銅を生成する。

(2) 表 2 より，加熱前の銅 0.40 g に対し，加熱後には 0.10 g 増加していた。銅原子と酸素原子は 1：1 で結びつくことから，

$\dfrac{0.40\,g}{0.10\,g} = 4$　より 4 倍

となる。

(3) 表 1 の銅の粉末 0.50 g が加熱後に 0.60 g となったのは，0.10 g の酸素が結びついたためであり，表 2 より，0.10 g の酸素が結びつく純粋な銅の質量は 0.40 g である。このことから，

$0.50 - 0.40 = 0.10\,g$

の黒い物質が混ざっており，

$\dfrac{0.10\,g}{0.50\,g} \times 100 = 20$　より 20%

となる。

(4) 酸化銅 CuO を強熱すると，Cu_2O となる。Cu_2O は銅原子 1 個あたりに結びつく酸素原子が CuO に対して半減するため，質量も減少する。

(5) マグネシウムと酸素が反応し，酸化マグネシウムを生成する。

(6) 表 3 より，マグネシウム 0.60 g に対して 0.40 g の酸素が結びついている。マグネシウム原子と酸素原子は 1：1 で結びつくことから，

$\dfrac{0.60\,g}{0.40\,g} = 1.5$　より 1.5 倍

となる。(2)より銅原子 1 個の質量は酸素原子 1 個の質量の 4 倍であるため，

$\dfrac{4}{1.5} = \dfrac{8}{3}$　より $\dfrac{8}{3}$ 倍

となる。

---

059 (1) $2CO + O_2 \longrightarrow 2CO_2$

(2) $70\,cm^3$　　(3) $75\,cm^3$

(4) 下図

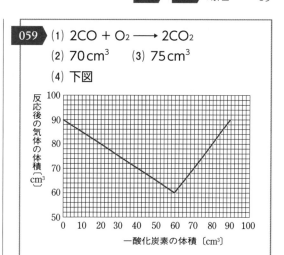

解説 (1) 反応物と生成物を書く。

$CO + O_2 \longrightarrow CO_2$

CO の前に 2 をつけると，炭素原子は左辺 2 個，右辺 1 個，酸素原子は左辺 4 個，右辺 2 個となる。さらに CO_2 の前に 2 をつけると，両辺で各原子の数が等しくなる。

(2) (1)の化学反応式から，体積が CO：O_2 ＝ 2：1 で反応することがわかる。CO 70 cm³ がすべて反応するならば，O_2 は 35 cm³ 必要である。O_2 30 cm³ がすべて反応するならば，CO は 60 cm³ 必要になる。この場合，可能なのは後者である。このとき生じる CO_2 は 60 cm³ で，CO が 10 cm³ 余るので，気体は合計 70 cm³ となる。

(3) (2)と同様に考えると，CO 30 cm³ と反応できる O_2 は 15 cm³ で，生じる CO_2 は 30 cm³ である。O_2 は $60 - 15 = 45$ cm³ 余るので，気体は合計 75 cm³ となる。

(4) 段階に分けて考える。

(i) CO が 0 のときはすべて O_2 で，反応が起こらない。

(ii) CO 60 cm³，O_2 30 cm³ のとき，過不足なく反応し，CO_2 60 cm³ となる。

(iii) CO 90 cm³ のときは反応が起こらない。

(i)〜(iii)をふまえてグラフをかく。

グラフは点（0，90），（60，60），（90，90）を直線で結べばよい。

---

060 (1) 0.6 L　　(2) 0.7 g/cm³

解説 (1) グラフより塩酸 0.5 mL を加えると気体が 1.5 L 発生することから，比を立てて求めることができる。発生する気体を x〔L〕とすると，

$$0.5 : 1.5 = 0.2 : x$$
$$x = 0.6\text{L}$$

(2) このマグネシウムの密度を $y[\text{g/cm}^3]$ とすると、含まれるマグネシウムの質量は $4y - 0.8[\text{g}]$ となる。このマグネシウムから発生する気体は 2.0L なので、次のように比を立てることができる。

$$1\text{g} : 1\text{L} = (4y - 0.8)[\text{g}] : 2.0\text{L}$$
$$y = 0.7\text{g/cm}^3$$

---

061 (1) $4\text{Al} + 3\text{O}_2 \longrightarrow 2\text{Al}_2\text{O}_3$

(2) $3 : 2$

(3) 75%

(4) 3.0L

解説 (1) まず、反応物と生成物を書く。

$$\text{Al} + \text{O}_2 \longrightarrow \text{Al}_2\text{O}_3$$

酸素原子の数を合わせるために、O_2 の前に 1.5 をつける。

$$\text{Al} + 1.5\text{O}_2 \longrightarrow \text{Al}_2\text{O}_3$$

Al 原子の数を合わせるために、Al の前に 2 をつける。

$$2\text{Al} + 1.5\text{O}_2 \longrightarrow \text{Al}_2\text{O}_3$$

係数に小数はつけられないので、小数をなくすために両辺を 2 倍する。

$$4\text{Al} + 3\text{O}_2 \longrightarrow 2\text{Al}_2\text{O}_3$$

(2) マグネシウムに結びついた酸素の質量は 0.8g である。マグネシウム原子 2 個と酸素原子 2 個が結びついて、酸化マグネシウムが 2 個できる。よって、原子 1 個の質量の比は次のようになる。

$$\text{Mg} : \text{O} = \frac{1.2}{2} : \frac{0.8}{2}$$
$$= 0.6 : 0.4$$
$$= 3 : 2$$

(3) 反応した水素を $x[\text{L}]$ とすると、反応物と生成物の体積は以下のようになる。

	N_2	$+$	3H_2	$\longrightarrow$	2NH_3
反応前	3.0L		3.0L		
反応	$\frac{x}{3}[\text{L}]$		$x[\text{L}]$		$\frac{2x}{3}[\text{L}]$
反応後	$3.0 - \frac{x}{3}$		$3.0 - x$		$\frac{2x}{3}$

気体全体の体積は 4.5L なので、式は以下のように立てられる。

$$\left(3.0 - \frac{x}{3}\right) + (3.0 - x) + \frac{2x}{3} = 4.5$$
$$\frac{2x}{3} = 1.5 \quad x = 2.25\text{L}$$

よって、反応した水素の割合は、

$$\frac{2.25}{3.0} \times 100 = 75 \quad より \ 75\%$$

となる。

(4) アンモニアはすべて塩酸に吸収されるので、窒素と水素が残る。(3)より、窒素は 2.25L、水素は 0.75L なので、残った気体は 3.0L となる。

---

062 (1) $\dfrac{bc}{a}$

(2) 下図

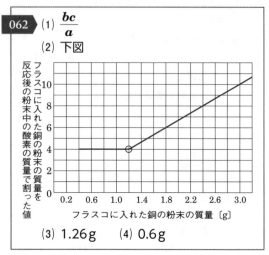

(3) 1.26g (4) 0.6g

解説 (1) $c[\text{g}]$ の酸素と反応する銅の質量を $x[\text{g}]$ とすると、次のように比を立てられる。

$$b : a = x : c$$
$$ax = bc$$
$$x = \frac{bc}{a}$$

(2) グラフの縦軸は、銅の質量を酸化銅に含まれる酸素の質量で割ったものである。酸素 0.3g と反応できる銅は 1.2g で、銅が 1.2g までは、縦軸の値は 4 である。その後 $\frac{1.5}{0.3} = 5$、$\frac{2.1}{0.3} = 7$、$\frac{2.7}{0.3} = 9$ となり、銅の質量に比例して大きくなっていく。よって、横軸が 1.2 より先は、直線のグラフになる。

(3) 金属の粉末は 3.57g である。表 2 より、酸素が 1.50g のとき、金属がすべて反応しているとわかる。よって、このとき反応した酸素は、

$$4.83 - 3.57 = 1.26\text{g}$$

である。

(4) 銅と反応した酸素の質量と、金属 X と反応した酸素の質量は等しいので、ともに 0.63g となる。$\text{Cu} : \text{O} = 4 : 1$ の質量比で反応するので、銅は

$$0.63 \times 4 = 2.52\text{g}$$

であり、金属 X は 1.05g となる。金属 X 1.00g と反応する酸素の質量を $y[\text{g}]$ とすると、以下のように比を立てることができる。

$$1.05 : 0.63 = 1.00 : y$$
$$y = 0.6\text{g}$$

063 (1) 2 : 3

(2) $4Y + 3O_2 \longrightarrow 2Y_2O_3$

解説 (1) Y原子と酸素原子についてそれぞれ1個あたりの質量が与えられているので、それぞれの質量を1個あたりの質量で割ると個数が求められる。m個のY原子とn個のO原子が結びついているので、

$$m : n = 0.56 \div \frac{7a}{4} : \frac{1.04 - 0.56}{a}$$
$$= 0.32 : 0.48$$
$$= 2 : 3$$

(2) 酸化物はY_2O_3となる。反応式の係数の決め方は問題 061 の(1)と同様に行えばよい。

064 (1) 20%

(2) 0.15g

(3) 2.0g

解説 (1) 酸化銅4.0gがすべて還元されて銅が3.2gになったので、酸素は0.8gである。よって、酸化銅における酸素の割合は次のようになる。

$$\frac{0.8}{4.0} \times 100 = 20 \quad より\ 20\%$$

(2) 4.0gの酸化銅を還元するのに必要な水素は、

$$(3.2 + 0.90) - 4.0 = 0.1\,g$$

となる。6.0gの酸化銅を還元するのに必要な水素をx〔g〕とすると、次のように比を立てられる。

$$4.0 : 0.1 = 6.0 : x$$
$$x = 0.15\,g$$

(3) 還元された酸化銅をy〔g〕とする。

$$CuO : Cu = 4.0 : 3.2 = 1 : 0.8$$

なので、生じる銅は0.8y〔g〕となる。未反応の酸化銅は8.0 − y〔g〕なので、式は次のように立てられる。

$$8.0 - y + 0.8y = 6.8$$
$$y = 6.0\,g$$

よって、未反応の酸化銅は2.0gである。

第1回 実力テスト

1 (1) 6 (2) 6

(3) 1 (4) 6

解説 炭素原子と水素原子の数を合わせるために、CO_2とH_2Oの前に6をつける。

$$6CO_2 + 6H_2O \longrightarrow C_6H_{12}O_6 + O_2$$

酸素原子の数を合わせるために、O_2の前に6をつける。

$$6CO_2 + 6H_2O \longrightarrow C_6H_{12}O_6 + 6O_2$$

2 (1) 空気に触れる面積を大きくするため。（17字）

(2) イ

(3) $Z − (Y − X)$

(4) エ

(5) 二酸化炭素

(6) $2CuO + C \longrightarrow 2Cu + CO_2$

(7) ウ、オ

(8) 27 : 16

解説 (1) 粉末全体を酸素に触れさせ、十分な酸化を促す。

(2) ガス調節ねじを開いて火を適切な大きさにし、空気調節ねじを開くことで青色になるように調節する。

(3) Zは生成物とそれをのせるステンレス皿の総質量であるため、反応前の粉末Aとステンレス皿の総質量Yから粉末Aの質量Xを引くことでステンレス皿の質量を求め、Zから引く。

(4) 表1よりある金属が0.6g、1.2g、1.8gのとき、酸素はそれぞれ0.4g、0.8g、1.2g結合している。このことからある金属と酸素は質量比で、

$$0.6\,g : 0.4\,g = 3 : 2$$

で結合している。これはある金属の原子1個と酸素原子1個の質量比に等しく、ある金属と酸素は1 : 1で結合し、酸化物を形成している。

(5) 石灰水には水酸化カルシウムが含まれており、二酸化炭素と反応することで炭酸カルシウムを生成して白くにごる。

(6) 酸化銅に結合していた酸素が離れて炭素と結合し、銅と二酸化炭素になる。

(7)　2回目の反応では試験管の中に残った固体の質量から，

$$(6.00 + 0.30) - 5.20 = 1.10\,g$$

の気体が発生している。3回目の反応においては，

$$(6.00 + 0.45) - 4.80 = 1.65\,g$$

の気体が発生している。対して4回目の反応においても，

$$(6.00 + 0.60) - 4.95 = 1.65\,g$$

となり，3回目と同量の気体が発生している。このことから，3回目では過不足なく反応している。また5回目の反応においても，

$$(6.00 + 0.75) - 5.10 = 1.65\,g$$

となり，

$$0.75 - 0.45 = 0.30\,g$$

が反応せずに残っている。

ア…1回目の反応においては，

$$(6.00 + 0.15) - 5.60 = 0.55\,g$$

の気体が発生する。

イ…3回目まではすべての酸化銅が反応して銅となっているため，残った固体はすべて銅である。

エ…試験管の中に残った固体のうち，

$$0.60 - 0.45 = 0.15\,g$$

は，反応せずに残った炭素である。そのため生成された銅の質量は，

$$4.95 - 0.15 = 4.80\,g$$

となる。

(8)　酸化銀1.45gに結合していた酸素は，

$$1.45 - 1.35 = 0.10\,g$$

となり，酸化銀における銀原子1個と酸素原子1個の質量比は，

$$\frac{1.35}{2} : 0.10 = 0.675 : 0.10 = 6.75 : 1$$

となる。また表2の3回目より，酸化銅における銅原子1個と酸素原子1個の質量比は，

$$4.80 : 6.00 - 4.80 = 4.80 : 1.20 = 4 : 1$$

となる。よって銀原子1個と銅原子1個の質量比は，

$$6.75 : 4 = 27 : 16$$

となる。

---

3 (1) $Fe_2O_3 + 3CO \longrightarrow 2Fe + 3CO_2$

(2) 一酸化炭素

(3) 33g

(4) 9g

(5) 42g

---

(6) ア

解説 (1)　$Fe_2O_3 + CO \longrightarrow Fe + CO_2$

炭素原子と酸素原子の数を合わせるために，COとCO₂の前に3をつける。

$$Fe_2O_3 + 3CO \longrightarrow Fe + 3CO_2$$

鉄原子の数を合わせるために，Feの前に2をつける。

$$Fe_2O_3 + 3CO \longrightarrow 2Fe + 3CO_2$$

(2)　一酸化炭素に酸素原子が1個結合して二酸化炭素になっているので，酸化されたのは一酸化炭素である。

(3)　質量保存の法則より，反応前と反応後の質量の総和は等しくなる。よって，生じた二酸化炭素は，

$$40 + 21 - 28 = 33\,g$$

となる。

(4)　(3)で，CO21gからCO₂33gが生じるとき，結合した酸素は12gである。

$$2CO\ +\ O_2\ \longrightarrow\ 2CO_2$$
$$21\,g\qquad 12\,g\qquad\quad 33\,g$$

CO21gを生じるのに必要な炭素原子を$x\,[g]$とすると，次のように表せる。

$$2C\ +\ O_2\ \longrightarrow\ 2CO$$
$$x\,[g]\quad 12\,g\qquad\quad 21\,g$$

よって，$x = 21 - 12 = 9\,g$

(5)　Fe_2O_3 40gから鉄28gが生じているので，結合していた酸素は12gにあたる。Fe_3O_4 では

$$Fe_3 : O_4 = \frac{28}{2} \times 3 : \frac{12}{3} \times 4$$
$$= 42 : 16$$

の割合で結合している。

よって，Fe_3O_4 58g中の鉄の質量は，42gとなる。

(6)　この気体は二酸化炭素である。イ，ウ，エでは二酸化炭素が発生する。オは二酸化炭素の性質である。よって，アが誤りである。

---

4 (1) イ

(2) エ

(3) 18g

(4) 14g

解説 (1)　メタンは CH_4，エチレンは C_2H_4 である。それぞれ分子1個分の質量がわかっているので，エチレン分子1個の質量からメタン分子1個の質量を引けば，炭素原子1個の質量が求められる。

よって，$\dfrac{14}{N} - \dfrac{8.0}{N} = \dfrac{6.0}{N}$ となる。

(2)　メタンの完全燃焼の化学反応式と反応する分子の数は，次のようになる。

$$CH_4 + 2O_2 \longrightarrow CO_2 + 2H_2O$$

N 個　$2N$ 個　　N 個　$2N$ 個

8.0g　32g

酸素分子 $2N$ 個が 32g にあたる。酸素原子では $4N$ 個になるので，酸素原子 1 個の質量は，

$$\frac{32}{4N} = \frac{8.0}{N}$$

となる。

(3)　水素原子 1 個の質量を求める。メタン分子 1 個のうち，炭素原子 1 個の質量は $\frac{6.0}{N}$ なので，水素の質量は

$$\frac{8.0}{N} - \frac{6.0}{N} = \frac{2.0}{N}$$

となる。これは水素原子 4 個分なので，水素原子 1 個分では $\frac{1.0}{2N}$ となる。よって，水分子 1 個の質量は

$$\frac{1.0}{2N} \times 2 + \frac{8.0}{N} = \frac{9.0}{N}$$

となる。

メタン 8.0g は N 個にあたり，メタン N 個から生じる水は $2N$ 個なので，質量は

$$\frac{9.0}{N} \times 2N = 18g$$

となる。

(4)　CO_2 1 個の質量は，

$$\frac{6.0}{N} + \frac{8.0}{N} \times 2 = \frac{22}{N}$$

となる。CO_2 44g では，分子は

$$44 \div \frac{22}{N} = 2N 〔個〕$$

である。

エチレンの完全燃焼の化学反応式と反応する分子の個数は，以下のようになる。

$$C_2H_4 + 3O_2 \longrightarrow 2CO_2 + 2H_2O$$

N 個　$3N$ 個　　$2N$ 個　$2N$ 個

CO_2 が $2N$ 個生じるには，エチレンが N 個必要である。よって，エチレンは 14g である。

5　(1)　④ うすく広がる
　　(2)　③ においのない気体が発生する
　　(3)　○

解説　(1)　④ 金属はたたいてもくだけない。

(2)　③ 塩酸と鉄が反応し，水素が発生する。

(3)　① 石灰岩の主成分は炭酸カルシウムである。

2編　生物のからだのつくりとはたらき

1　生物と細胞

065　(1)　孔辺細胞
　　(2)　染色液を滴下した場合，核が染色される。
　　(3)　① 核　　　② 葉緑体
　　　　　③ 細胞壁　④ 液胞

解説　(1)　2 つの孔辺細胞に囲まれた部分が気孔である。

(2)　染色液で細胞を染色しないと，観察しにくい。

(3)　葉緑体，細胞壁，（大きな）液胞は植物細胞にはあるが，動物細胞にはない。

066　(1)　細胞 A…植物細胞
　　　　　細胞 B…動物細胞
　　(2)　細胞 A には，液胞と細胞壁が見られるため。
　　(3)　a…液胞　　　b…細胞壁
　　　　　c…核　　　　d…細胞膜

解説　(1)(2)　植物細胞に特有のつくりは，液胞，細胞壁である。それらがあるのは細胞 A である。

(3)　核，細胞膜は，植物の細胞と動物の細胞の共通のつくりである。

067　(1)　光合成を行い，デンプンをつくっているため。
　　(2)　イ　　(3)　細胞壁

解説　(1)　植物の細胞では，緑色の粒である葉緑体で光合成が行われ，デンプンがつくられる。

(2)　アは，麦芽糖やブドウ糖の有無を判断する試薬，エは，酸性，中性，アルカリ性を判断する試薬である。

(3)　植物のからだを支えるためのつくりで，動物の細胞にはないつくりである。

068　(1)　単細胞生物
　　(2)　多細胞生物

解説　単細胞生物は，1 つの細胞で生きるためのさ

まざまなはたらきを行っている。ミジンコは多細胞生物で，エビやカニのなかまである。

---

069 (1) ① オ　　② エ　　③ ア
　　　　④ ウ　　⑤ イ
　(2) 液胞　(3) ア　(4) イ，ウ

解説 (2) 発達した液胞のほかに，動物細胞に見られず植物細胞に見られる構造には，細胞壁，葉緑体がある。
(3) ゴルジ体は細胞内から細胞外への物質の分泌にかかわる構造なので，分泌にかかわる細胞を選べばよい。

---

070 ウ

解説 C は核で，A は細胞壁，B は葉緑体，D は細胞膜，E は液胞である。

---

071 イ

解説 2006 年に初めてつくられた，さまざまな細胞になることができる細胞である。病気でいたんでしまった細胞の代わりとなる健康な細胞を，自分のからだの細胞からつくることができる。

⊅ 得点アップ

▶iPS 細胞
　iPS 細胞は，自分のからだの細胞からつくることができ，その細胞を成長させていろいろな臓器をつくることができる。iPS 細胞は，元は自分の細胞なので，自分のからだに合う細胞をつくることができるため，医療の分野で大きな注目を集めている。

---

072 ウ

解説 ゾウリムシ，ミカヅキモは単細胞生物，オオカナダモとミジンコは多細胞生物である。

---

073 ① ア　　　② 細胞壁
　　　③ オ　　　④ ウ
　　　⑤ 葉緑体　⑥ 気孔

解説 ①② 細胞膜の外側にあるかたくて厚い壁である細胞壁がないのは動物細胞で，ここでは動物

細胞はヒトのほおの粘膜の細胞だけである。
③〜⑥ 葉緑体は植物の葉の細胞に見られ，タマネギの表皮や根の細胞には見られない。
　気孔が見られるのは，おもに葉の裏側である。イはヒヤシンスの根，エはタマネギの表皮，水中植物のオオカナダモには気孔がないので，オがムラサキツユクサの葉の裏の細胞である。

---

2 植物のからだのつくりとはたらき

074 (1) 例 エタノールを入れたビーカーを熱湯の中にひたす。
　(2) ① A と C　　② A と B
　(3) 葉がたがいに重ならないようについている。

解説 (1) エタノールは引火しやすいので，直接火にかけない。このように湯で間接的にあたためる方法を湯せんという。
(2) ① 光以外の条件が同じものを選ぶ。
　② 葉緑体以外の条件が同じものを選ぶ。白い部分には葉緑体が含まれない。
(3) 植物を上から見てみると，葉が重ならないようについているのがわかる。

---

075 (1) 熱くなっているので，直接さわらないこと。
　(2) 対照実験
　(3) ヒマワリの葉が呼吸を行い，酸素を取り入れたから。
　(4) 右図 例

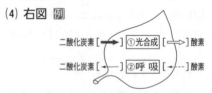

二酸化炭素 [─→]①光合成[⇒]酸素
二酸化炭素 [←]②呼 吸[←]酸素

解説 (1) 酸素用気体検知管は，中の薬品が白くなることで酸素の割合を知ることができる装置である。注意としてはほかにも，ガラスの切り口をさわらないということもあげられる。
(2) 実験結果が，植物の葉のはたらきによるものかどうかを調べるために，何も入れない袋を用意している。
(3) 二酸化炭素の量が増えていることからも，袋 C

の葉が呼吸していることがわかる。袋 A の葉は
二酸化炭素の量が減り，酸素が増えているので，
光合成をしていることがわかる。

(4) 解答例では①が光合成，②が呼吸となっている
が，①が呼吸，②が光合成でもよい。その場合，
矢印の向き・種類も解答例と逆にしておく。袋 A
の葉は光合成がさかんである。

---

076 〉(1) 呼吸　　(2) ア
　　　(3) 袋 A…白い部分の細胞に葉緑体がな
　　　　　いから。
　　　　　袋 B…光が当たらなかったから。

解説 (1) 葉緑体に光が当たっているときは光合成
も呼吸も行っている。呼吸で排出する二酸化炭素
よりも光合成で吸収する二酸化炭素のほうが多い
ため，袋 A の石灰水は変化しない。

(2) 葉だけであっても，葉が枯れていなければ呼吸
を行う。

(3) 袋 A…白い部分以外の部分は変化したことから，
光合成に葉緑体が必要であるとわかる。ふの白
い部分は，葉緑体がないためである。
袋 B…白い部分以外も変化していないので，光合
成に光が必要であるとわかる。

---

077 〉(1) 酸素　　(2) A…エ　　B…イ
　　　(3) 色の変化がオオカナダモのはたらき
　　　　　によるものであること。
　　　(4) 光合成で吸収する二酸化炭素量と呼
　　　　　吸で放出する二酸化炭素量がつり
　　　　　あっていたから。

解説 (1) 試験管Aのオオカナダモは光合成を行っ
ているので，酸素を出している。

(2) A…二酸化炭素が減ったために，Aは青色になっ
たのである。呼吸で出す二酸化炭素よりも光合
成で吸収する二酸化炭素のほうが多いので，二
酸化炭素は減ることになる。
B…二酸化炭素が増えたために，黄色になった。
光が当たっていないので，呼吸のみ行われる。

(3) このような実験を対照実験という。

(4) 色が変わらなかったことから，二酸化炭素の量
が変化しなかったことがわかる。つまり，光合成
で吸収する二酸化炭素の量と，呼吸で放出する二
酸化炭素の量が等しかったのである。

---

078 〉(1) 水面から水が蒸発するのを防ぐため。
　　　(2) ク　　(3) エ

解説 (1) 気孔から出る水蒸気量を調べたいので，
それ以外のところから水が減少するのを防ぐ必要
がある。そうしないと，減少した水が蒸散による
ものなのか，蒸発によるものなのかわからなくな
る。

(2) A は葉の裏と茎，B は葉の表と茎，C は葉の両
面と茎で蒸散が行われている。葉の表からの蒸散
量は $(c-a)\,\mathrm{cm}^3$，葉の裏からの蒸散量は $(c-b)$
cm^3 となる。よって，以下のようになる。
$$c-a+c-b=2c-a-b$$

(3) 水の減少量は $c>a>b$ となる。このため，葉
の裏側のほうが気孔が多く，蒸散量も葉の裏側の
ほうが多い。

---

079 〉(1) ウ　　(2) e　　(3) b，f

解説 (1) トウモロコシは単子葉類である。道管は
内側にあるので，内側が赤く染まる。アは双子葉
類の茎である。

(2) 師管がどこにあたるか探せばよい。a，b は細胞，
c は表皮，d は道管である。

(3) 緑色の粒は葉緑体である。表皮の細胞には葉緑
体は含まれていないが，気孔をつくる孔辺細胞に
は含まれている。また，師管や道管をつくる細胞
にも葉緑体は含まれていない。

---

080 〉(1) 酸素　　(2) $\dfrac{3}{10}\,x_1\,\mathrm{cm}^3[0.3x_1\,\mathrm{cm}^3]$
　　　(3) L_1
　　　(4) 呼吸で吸収した気体の量と光合成で
　　　　　発生した気体の量が等しかったから。
　　　　　（33字）
　　　(5) ウ

解説 (1) 炭酸水素ナトリウムを入れてあるので，
二酸化炭素の濃度は変化しない。

(2) 20分間に10gの葉が吸収した酸素は，
$$x_1\,\mathrm{cm} \times 1\,\mathrm{cm}^2 = x_1\,\mathrm{cm}^3$$
である。60分ではその3倍なので，$3x_1\,\mathrm{cm}^3$ となる。
よって，1gの葉の呼吸する気体は，
$$3x_1 \div 10 = \frac{3}{10}\,x_1\,\mathrm{cm}^3$$
となる。

(3) 装置Ⅱでは赤インキが右に移動しているので，

酸素が増えていることがわかる。このことから，装置Ⅱのほうが光合成がさかんであることがわかる。

(4) 光合成のほうがさかんであれば酸素が増えて，赤インキが右に移動する。赤インキが移動しないことから，吸収した酸素と放出した酸素の量が等しいことがわかる。つまり，光合成と呼吸を同じ程度行っているのである。

(5) 赤インキの動きから，L_2ルクスの光では，植物Bは呼吸よりも光合成がさかんであることがわかる。このことから，植物Bのほうが弱い光でも育つことができることがわかる。また，植物Aと比べると，植物Bのほうが光合成量も呼吸量も小さい。以上のことから，正しいのは**ウ**である。

---

081 (1) イ   (2) 100個   (3) 15個

解説 (1) 光がある程度以上の強さになると，光合成量は増えなくなる。光合成には光だけでなく二酸化炭素の量もかかわってくる。

(2) (1)より光合成量は増えないので，気泡の数は100個となる。

(3) 光源からの距離が2倍になると明るさは4分の1になる。グラフでは，明るさが10までは気泡の数は明るさに比例していることがわかる。よって，このときの気泡の数は，$60 個 \times \dfrac{1}{4} = 15 個$ となる。

---

082 (1) 青色   (2) 青色
    (3) カ   (4) ウ

解説 (1) 息を吹き込んで緑色にするので，息を吹き込む前のBTB溶液は青色にしておく必要がある。はじめの状態が緑色だと，息を吹き込んだときに黄色になってしまう。

(2) 光合成により二酸化炭素の量が減るので，BTB溶液は青色になる。

(3) 20分までは，BTB溶液が緑色になるまでにかかる時間は，強い光を照射した時間にほぼ比例していることがわかる。これをふまえると，照射時間が30分のときは，$27 \times 6 = 162 分$ と考えられるが，結果はそれより短くなっている。よって，30分までの間に，光合成に必要な条件のどれかが変化したと考えられる。選択肢オとカのうち，光合成に必要な条件に触れているのは**カ**である。

(4) BTB溶液が青色に変化しているので，光合成をしているのは明らかである。光合成を行っているときは，同時に呼吸も行っている。

---

083 (1) 4.8g   (2) 7.2時間
    (3) ウ，キ

解説 (1) 減少を−，増加を＋として式をつくると，$-0.7 \times 12 + 0.3 \times 12$ となる。これから -4.8 となり，1日で二酸化炭素が4.8g減少したことになる。

(2) 昼を x 時間として方程式を立てると，$0.7x = 0.3(24 - x)$ となる。これを解くと $x = 7.2$ となる。

(3) (2)と同様に考えて，成長し続けるのに必要な照射時間は次の通りである。dが実験棟の外で成長し続けるには，昼の長さが19.2時間以上必要となり，日本ではあり得ないが，cは必要な昼の長さが9.6時間なので，日本だけで成長できる。よって，ア〜オで正しいのは**ウ**。

	弱い光	強い光
植物c	9.6時間	3.4時間
植物d	19.2時間	3.2時間

上の表より，日あたりの良い屋外ではdが速く成長するので，カとキで正しいのは**キ**。

---

3 消化と吸収・呼吸と排出

084 (1) 例 デンプンが，だ液のはたらきによって変化することを確かめるため。
(2) デンプン
(3) 糖[麦芽糖]
(4) 例 だ液はデンプンを麦芽糖などに変えるはたらきがあり，40℃でよくはたらく。
(5) ① 消化酵素   ② すい液
    ③ 柔毛

解説 (1) 確かめたいこと以外の条件を同じにして比較する実験を，対照実験という。

(2)(3) デンプンがあると，ヨウ素液が青紫色に変化し，麦芽糖などがあると，ベネジクト液が赤かっ色に変化する。

(4) 消化酵素は，ヒトの体温に近い温度で最もよくはたらく。

(5) おもに小腸の柔毛で養分を吸収する。

---

085 (1) エ　　(2) ウ

解説 (1) 結果①，②より，消化酵素 X のはたらきでデンプンがなくなったことがわかり，結果④，⑤より，消化酵素 X のはたらきで麦芽糖などができたことがわかる。

(2) 結果③より，消化酵素 Y はデンプンにははたらかず，結果⑨より，消化酵素 Y はタンパク質にはたらくことがわかる。消化酵素は決まった物質に対してはたらく性質がある。

---

086 (1) ①イ　　②ウ

(2) 表面積が大きくなるため。

(3) ア

解説 (1) デンプンの有無を確認するのはヨウ素液であり，ベネジクト液は麦芽糖などの有無を確認する。アミラーゼはデンプンを麦芽糖などに分解するはたらきをもち，それと同じはたらきをもつ物質がはたらいたことで，A のバナナでは麦芽糖などに分解されデンプンが減った。

(2) 小腸や肺は突起や小胞などによって表面積を大きくし，吸収する物質と触れる面積を増やすことで効率よく吸収している。

(3) 胆汁は肝臓で生成され，胆のうで貯蔵されてから十二指腸で分泌される。イのアミノ酸からはタンパク質が合成され，グリコーゲンはグルコースによって合成される。ウのリパーゼは脂肪を分解する。エのアンモニアは肝臓で尿素に変えられ，じん臓でこし出されて体外へ排出される。

⒜ 得点アップ

▶肝臓のはたらき

肝臓は「人体の化学工場」などと呼ばれ，物質を合成・分解することで濃度を調節している。主にグリコーゲンの合成・分解，タンパク質の合成・分解，古くなった赤血球の破壊，胆汁の合成，尿素の合成，アルコールなどの分解などを行っている。

---

087 (1) (口)→ア→カ→ウ→イ→(肛門)

(2) デンプン…イ，ウ

タンパク質…ア，イ，ウ

脂肪…ウ，エ

(3) エ

解説 (1) 消化にかかわる口から肛門までの 1 本の管を消化管という。エとオは食物が通らない器官である。

(2) 胆汁は，消化酵素を含まないが，脂肪の分解を助けるはたらきがある。

(3) 脂肪は，脂肪酸とモノグリセリドに分解され，柔毛に吸収され，再び脂肪となってリンパ管に入る。

---

088 (1) 例肺の表面積を大きくし，効率よくガス交換を行うことができる。

(2) 横隔膜　　(3) ア

解説 (2)(3) 息を吸ったときは，横隔膜が下がり，空間が広がって肺が大きくなる。反対に，息をはいたときは，横隔膜は上がり，空間は狭くなり，肺は縮む。

---

089 肺胞

解説 肺の表面積を広げ，効率よく呼吸を行うことができる。

---

090 (1) 二酸化炭素

(2) 養分を分解してエネルギーを取り出すために利用している。

解説 (1) 肺による呼吸では，吸った息から酸素を取り入れ，はく息で二酸化炭素を放出している。

(2) このはたらきによって二酸化炭素と水ができる。

---

091 (1) ウ

(2) A…輸尿管[尿管]　　B…ぼうこう

解説 (1) 肝臓は，さまざまな物質の合成や分解を行っている。肝臓でアンモニアから合成された尿素はじん臓でこし出され，排出される。

(2) じん臓でタンパク質のような大きな物質以外はろ過され，グルコースや一部の水分やミネラルな

ど必要な物質は血液に吸収される。

---

092 (1) ブドウ糖　(2) 67倍　(3) 肝臓

解説 (1) ブドウ糖は、健康なからだの場合、尿には含まれない。

(2) $2.00 \div 0.03 = 66.6 \cdots$　より 67 倍

(3) アンモニアは肝臓で尿素に変えられ、じん臓から排出される。

---

093 (1) ①A　②E　③D

(2) 器官の表面積が広がるため。

(3) 記号…ウ

はたらき…血液中の水分の量や塩分を一定に保つ。

解説 (1) ①は肺、②は小腸、③は心臓である。

(2) 肺は肺胞、小腸は柔毛により表面積が大きくなり、肺は空気、小腸は養分に触れる面積が大きくなることではたらきの効率がよくなる。

(3) じん臓は腰のやや上付近の背中側に、左右2つある器官である。

---

094 (1) ①E　②A

(2) X…アミラーゼ　　Y…ペプシン

(3) タンパク質…アミノ酸

脂肪…脂肪酸、モノグリセリド

(4) 1

(5) だ液は、37℃程度ではたらく。

解説 (1) ①のおもに水分を吸収するのは大腸である。②はAの肝臓で、胆汁をつくるはたらきがある。胆汁は、消化酵素を含まないが、脂肪の分解を助けるはたらきがあり、Bの胆のうに蓄えられる。

(2)(3) タンパク質は、胃液、すい液、小腸の表面からの消化酵素により最終的にアミノ酸にまで分解される。脂肪は最終的に脂肪酸とモノグリセリドに分解される。

(4)(5) だ液は、ヒトの体温に近い温度ではたらく。この実験はそのことを確かめるための対照実験である。

↗ **得点アップ**

▶**消化酵素の性質**

消化酵素は、決まった物質に対してはたらき、体温に近い温度のもとでもっともよくはたらく。また、それぞれどのような環境（酸性、中性、アルカリ性）のもとではたらくかも決まっている。だ液に含まれる消化酵素のアミラーゼは、弱いアルカリ性のもとではたらく。一方、胃液に含まれる消化酵素であるペプシンは、酸性のもとではたらくという性質がある。

---

095 (1) 対照実験

(2) 加熱する。

(3) エ　　(4) ウ

解説 (1) 調べたいこと以外の条件を同じにして行う実験を、対照実験という。

(2) ベネジクト液は加熱しないと反応しないことに注意する。

(3) デンプンにはたらく消化酵素を含むのは、だ液、すい液、小腸の表面である。

(4) 草を消化するためには時間がかかるため、おもに草を食べる草食動物の小腸は、一般に、肉食動物の小腸よりも長い。

---

096 $27.7 \, \text{cm}^3$

解説 肺に取りこまれる酸素の割合は、表より

$20.79 - 15.26 = 5.53\%$

よって、吸う息 $500 \, \text{cm}^3$ では、

$500 \times 0.0553 = 27.65 \, \text{cm}^3$

の酸素が取りこまれる。

---

097 $1500 \, \text{mL}$

解説 1分間に吸う空気 $5 \, \text{L} (5000 \, \text{mL})$ に含まれる酸素の量は、$5000 \times 0.21 = 1050 \, \text{mL}$

同じ量（$5000 \, \text{mL}$）のはき出した空気に含まれる酸素の量は、$45 \times \dfrac{5000}{250} = 900 \, \text{mL}$

よって、1分間に取り入れる酸素の量は

$1050 - 900 = 150 \, \text{mL}$

10分間では、$150 \times 10 = 1500 \, \text{mL}$ の酸素を取り入れる。

098 (1) 酸性
(2) キンギョの呼吸により二酸化炭素が発生したため。
(3) 表面積が大きくなり，酸素を含む水にふれる面積が大きくなるため。

解説 (1)(2) BTB 溶液は，酸性で黄色，中性で緑色，アルカリ性で青色となる。キンギョの呼吸により二酸化炭素が排出され，水が酸性になったため，BTB 溶液は黄色に変化した。
(3) ヒトの肺にある肺胞と同様に，表面積を大きくすることで呼吸の効率をよくする。

099 (1) 例 ろっ骨とその間をつなぐ筋肉や横隔膜などに囲まれた胸の空間を広げたり狭めたりすること。
(2) 例 空気と接する表面積が大きくなるから。

解説 (1) 横隔膜が下がるとともに，ろっ骨が外側に広がり横隔膜が下がることで，胸の空間が広がって吸気が行われる。対して，横隔膜が上がりろっ骨が元の位置に戻ることで，胸の空間が狭まって呼気が行われる。肺自体には筋肉がついているわけではないので，横隔膜やろっ骨に付随している筋肉を運動させることによって，呼吸は行われる。この運動は，消化管や心臓の運動と同じく，意志とは関わりなく行われる運動である。
(2) 肺に取りこまれた酸素は，毛細血管を通る血液を通して体内に取りこまれる。取りこまれた酸素が毛細血管に触れる機会を増やすために，肺胞にはたくさんの毛細血管が張りめぐらされており，効率よく酸素を血液内に取りこむことができる。

100 (1) 120 倍 (2) 180kg
(3) 5：4 (4) 17.7g

解説 (1) 表より，$0.36 \div 0.003 = 120$ 倍
(2) (1)より，原尿は 120 倍に濃縮されるので，原尿が 120 倍に濃縮されて 1.5kg の尿ができることになる。よって，原尿の量は，$1.5 \times 120 = 180$ kg
(3) 表より，原尿中に 0.03％の尿素が含まれ，(1)より尿中では 120 倍に濃縮されるので，尿素が再び血液中に吸収されなければ，$0.03 \times 120 = 3.6$％が，尿中の尿素の濃度となり，尿として排出されるは

ずである。表より，尿中の尿素の濃度は 2％であり，このことから，$3.6 - 2 = 1.6$％の濃度の尿素が血液中に吸収されていることがわかる。よって，尿として排出される尿素の量と血液中に吸収される尿素の量の比は，$2：1.6 = 5：4$
(4) 血液の成分はほぼ一定であり，尿中のアンモニアと尿素の合計が体内でつくられるアンモニアの量と考えてよい。1 日の尿量は 1.5kg なので，尿中のアンモニアの質量は表より，
$1.5 \times 0.0004 = 0.0006$kg $= 0.6$g
同様に，尿中の尿素の質量は表より，
$1.5 \times 0.02 = 0.03$kg $= 30$g
30g の尿素を生成するアンモニアの質量は，
$30 \times 0.57 = 17.1$g
よって，求めるアンモニアの質量は，
$17.1 + 0.6 = 17.7$g

⑦ 得点アップ
▶原尿と尿
　原尿は濃縮されて尿となり，排出される。このときの関係は，尿の量＝原尿の量×濃縮率の式で表すことができる。尿として排出されずに再び吸収される水分などの量は，原尿の量と尿の量の差となる。一般的に，健康な人の場合，じん臓が 1 日でろ過してつくる原尿の量は約 170L，生成される尿の量は 1 日で 1.5L 程度である。

101 尿酸

解説 濃縮率は，
ナトリウムイオンが $\frac{0.3}{0.3} = 1$　より 1 倍
カリウムイオンが $\frac{0.18}{0.03} = 6$　より 6 倍
尿素が $\frac{1.8}{0.03} = 60$　より 60 倍
尿酸が $\frac{0.05}{0.005} = 10$　より 10 倍
クレアチニンが $\frac{0.075}{0.001} = 75$　より 75 倍となる。タンパク質とブドウ糖は尿中にみられないため，濃縮率は 0 である。

4 血液と循環

102 (1) 空気を抜き，できるだけ少ない水を入れ，メダカを動きにくい状態にする。

(2) エ　　(3) ヘモグロビン

解説▶ (1) 観察しやすくするために，メダカが動きにくい状態にする。ただしメダカは生きていなければならないので，最小限の水を入れる。

(2)(3) 赤血球はふくらんだ円盤状で，細く見えるものは棒状ではない。赤く見えるのは，赤血球に含まれるヘモグロビンである。

103 (1) 右心房　　(2) イ，エ

(3) 記号…D

　理由…全身に血液を送り出すため。

(4) 右図

解説▶ (1) それぞれの名称は，A…右心房，B…右心室，C…左心房，D…左心室である。

(2) 心臓と肺の間で血液は，右心室→肺動脈→肺→肺静脈→左心房と循環している。この循環を肺循環という。

(3) 心臓から血液を全身に送り出す左心室の壁が最も厚い。

(4) 図で，血液はA→Bに流れる。また，Dから血管ウを通って心臓から出て行く方向へ流れる。弁の向きは，血液の流れる方向が逆になることを防ぐ向きとなるので，血液の進行方向が閉じている向きとなる。

104 (1) P…白血球　　Q…血小板

　　R…赤血球　　S…血しょう

(2) P…ウ　　Q…ア　　R…イ

(3) R

(4) 酸素の多いところ…酸素と結びつく。

　酸素の少ないところ…酸素を放す。

(5) ① 心臓　　② 血しょう

　③ 組織液

解説▶ (3)(4) 酸素は，赤血球に含まれるヘモグロビンによって全身に運ばれる。

(5) 毛細血管からしみ出すのは，液体の成分である血しょうである。組織液は，細胞による呼吸のなかだちをしている。

105 (1) b　　(2) a　　(3) f

(4) d　　(5) c

(6) 肺循環

(7) エ　　(8) 酸素

解説▶ (1) 肺で酸素を取り入れて心臓に戻る血管であるbの肺静脈。

(2) aは肺動脈で，心臓から出る血液が流れる動脈であるが，全身から戻ってきた二酸化炭素を多く含む静脈血が流れている。

(3) 小腸で養分を吸収し，養分を蓄える肝臓へと流れる血管であるfを選ぶ。

(4) 血圧が高いということは，血液を勢いよく送り出す必要がある血管なので，全身に血液を送り出す大動脈であるdを選ぶ。

(5) 尿素を合成するのは肝臓なので肝臓から出る血管cを選ぶ。

(6)(7) 肺と心臓の間の血液の循環を肺循環，全身と心臓の間の血液の循環を体循環という。

(8) 血液によって全身に運ばれた酸素が使われる。

106 (1) A…左心室　　B…右心房

　　C…肺動脈　　D…肺静脈

(2) 組織液

解説▶ (1) 左心室から出た血液は大動脈を通って全身へと酸素を運ぶ。各組織では酸素を受け取り，栄養分や不要な物質を血液に渡す。大静脈を通って心臓に戻ってきた血液は右心房に入る。右心室へ移動した血液は肺動脈を通って肺で酸素を受け取り，二酸化炭素を身体の外へと排出する。肺静脈から左心房へ戻った血液は，左心室へと移動する。

(2) 組織液は血液の液体成分である血しょうが毛細

血管のすき間からしみ出たもので，成分は血しょ
うと変わらない。

🔼**得点アップ**

▶**心臓と血管**

　ポンプの役割を果たす心臓は，左心室から全
身や右心室から肺へと血液を送り出すため，心
臓から出る動脈は血圧に耐えられるように筋肉
が発達している。また心臓へ戻ってくる静脈は
不要な物質など多くの物質を含むため，逆流を
防ぐ弁がみられる。動脈と静脈をつなぐ毛細血
管は細胞が集まってできたうすい膜からなり，
すき間から液体成分がしみ出ている。

107　(1) ●…二酸化炭素　○…酸素
　　　(2) ☆…オ　△…エ
　　　　　■…ア　◇…イ
　　　(3) B…イ　C…ウ　D…オ
　　　(4) 右図

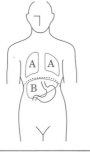

解説　(1)　ガス交換は肺で行われ，血液中の二酸化
炭素を渡し，酸素を得る。

(2)(3)　人体に有害な物質はアンモニアであり，アミ
ノ酸が分解するときにつくられるので，物質☆は
アミノ酸，◇はアンモニアである。有害なアンモ
ニアは，肝臓で無害な物質である尿素に変えられ
るので，器官Bは肝臓，■が尿素である。三大
栄養素のうち，小腸の柔毛の毛細血管に吸収され
るのはアミノ酸とブドウ糖なので，器官Cは小腸，
△がブドウ糖である。尿素をこしとるはたらきが
ある器官はじん臓なので，器官Dはじん臓である。

(4)　肺は横隔膜の上に左右2つあり，肝臓は横隔膜
の下にある。

108　(1) 498万個
　　　(2) アミノ酸

　　　(3) 鉄
　　　(4) ① 高　② 低　③ 低

解説　(1)　1辺0.25mmの方眼の範囲の体積は，高
さが0.1mmの直方体となるので，
　　　$0.25 \times 0.25 \times 0.1 = 0.00625\,mm^3$
　この中に311個の赤血球が含まれるので，
$1\,mm^3$の血液中に含まれる赤血球の数は，
　　　$311 \times (1 \div 0.00625) = 49760$個
　この血液は100倍に薄めたものなので，実際の
血液中に含まれる赤血球の数は，
　　　$49760 \times 100 = 4976000$個

(2)　タンパク質はアミノ酸が結合したものである。

(3)　貧血がキーワードである。ヘムに含まれる鉄の
色が，血液の色として赤く見える。

(4)　ヘモグロビンは，二酸化炭素が多いところや，
温度が高いところでは酸素と結びつきにくい性質
がある。

🔼**得点アップ**

▶**ヘモグロビン**

　私たちのからだの各部分に酸素を運ぶヘモグ
ロビンは，赤色のヘムと，グロビンというアミ
ノ酸が結合してできている。血液の赤色は，ヘ
ムの色であり，赤色の正体はヘムが含む鉄原子
の色である。ヘモグロビンは，二酸化炭素が多
いところや，酸性のもとでは酸素と結びつきに
くい性質がある。また，酸素よりも一酸化炭素
と結びつきやすいため，一酸化炭素が多い環境
では，からだの中の酸素が不足して，人体に害
をおよぼす。これが，火災などの際に起こる一
酸化炭素中毒と呼ばれる症状である。

109　(1) ウ　　(2) 5.1%

解説　(1)　心臓から全身に血液を送り出す血管は大
動脈，肺に血液を送り出す血管が肺動脈である。

(2)　心拍数が毎分70回なので，1分間に心臓から
送り出される血液の量は，$70 \times 70 = 4900\,cm^3$
　心臓を養うために必要な血液の量は毎分$250\,cm^3$
なので，求める割合は，
　　　$250 \div 4900 \times 100 = 5.10$　より5.10%

110 (1) 4500 cm^3　　(2) 50 秒
　　　(3) 10　　(4) 40000000 mm

解説 (1) 血液の質量は，体重の 12 分の 1 なので
$$56.7 \times \frac{1}{12} = 4.725\,kg$$
　この質量の血液の体積は，血液 1000 cm^3 の質量が 1.05 kg なので，
$$4.725 \times (1000 \div 1.05) = 4500\,cm^3$$
(2) 心臓が 1 回の収縮で送り出す血液の量は 75 cm^3 なので，(1)の量の血液が送り出されるのにかかる収縮の回数は，4500 ÷ 75 = 60 回
　1 分間の収縮の回数(脈拍数)は 72 回なので，60 回の収縮にかかる時間は，$\frac{60}{72} \times 60 = 50$ 秒
(3) 1 mm^3 の血液に含まれる赤血球の数は 500 万個で，1 cm^3 は 1 mm^3 の 1000 倍なので，求める赤血球の個数は，5000000 × 1000 = 5000000000 個
(4) 赤血球 1000 個で 8 mm なので，(3)より，
$$8 \times \frac{5000000000}{1000} = 40000000\,mm$$

5 刺激の伝わり方と運動のしくみ

111 (1) 視細胞　　(2) オ
　　　(3) ① カ　　② なし　　③ ク
　　　(4) E　　(5) A

解説 (1) 網膜上にある。
(2) レンズ(水晶体)は，厚みを変えて，光の屈折の角度を調節し，網膜にピントの合った像を結ぶはたらきをしている。
(3) ① 視細胞がない部分なので，光を感じることができず，像は見えない。
　② 虹彩のはたらきの説明である。
　③ クの視神経が情報を脳へ伝える。
(4) 網膜に結ばれる像は，実際の像と上下左右が反対の像である。これをアの側から見ることに注意。
(5) 近くにピントを合わせるときは，エの毛様体が収縮する。毛様体は輪のような形をしていて，収縮すると半径が小さくなる。するとウのチン小帯がゆるんで，オの水晶体を引く力が弱まり，水晶体が厚くなる。

112 (1) 入ってくる光の量を増やすため。
　　　(2) 感覚器官　　(3) 0.08 秒

解説 (1) 暗いところではひとみは大きくなり，明るいところではひとみは小さくなる。これは，入ってくる光の量を調節するためである。
(2) その他の感覚器官に，耳，鼻，舌，皮ふなどがある。
(3) $\frac{1}{60} \times 5 = 0.0833\cdots$　より 0.083 秒

113 (1) ③
　　　(2) 反射
　　　(3) ②

解説 (1) うで立てふせでからだを持ち上げるときには，曲がっていたうでがまっすぐに伸びる。このときに筋肉 A は元に戻り，筋肉 B が収縮する。対して鉄棒にぶら下がってからだを持ち上げるときには，まっすぐに伸びていたうでが曲がる。このときに筋肉 A は収縮し，筋肉 B は元に戻る。
(2) おもに命を守るようなときにはたらく。
(3) 目は光の量に合わせて受け取る情報量を調節しており，暗いところでは多くの光を取り入れるために瞳を大きくする。対して明るいところでは瞳を小さくし，取り入れる光を減らす。①信号が青になったことを判断して歩いているので，反射ではない。③ピストルの音を判断して走り出しているので，反射ではない。④緊張により腹痛を起こすのは，脳がストレスを感じているため。

⊅ 得点アップ

▶反射と条件反射
　食べ物を食べるとだ液を分泌するような生まれつき備わった反応を反射というが，梅干しなど酸っぱいものを見たときにだ液が出るのは過去の経験によるものであり，条件反射という。

114 (1) D
　　　(2) B…耳小骨　　C…聴[感覚]神経
　　　(3) ア　振動　　イ　液体

解説 (1) D のうずまき管で刺激を受け取る。
(2)(3) 音の振動が鼓膜に伝わり，耳小骨を通してうずまき管の中にある液体に振動が伝わる。この液体により振動が増幅され，刺激は神経を通じて脳に伝えられ，音が聞こえる。

115 (1) C，D
(2) B…ウ，イ，エ，イ，オ
C…ウ，イ，オ
(3) 例危険から身を守ること。

解説 (1) 意識とは関係なく起こる反応が反射である。A，B，Eは，刺激を意識してから，それに対して起こっている反応なので反射ではない。
(2) Cの反射では，脳が刺激を意識する前に，せきずいから筋肉に命令が出され，反応が起こる。刺激は脳にも伝わるが，反応のほうが速いので，刺激を感じる前に運動が起こる。

116 (1) 7.5m/s　(2) イ

解説 (1) 信号は，1.5mを0.2秒で伝わったことになるので，伝わる速さは，1.5 ÷ 0.2 = 7.5m/s
(2) 刺激は脳に伝えられ，脳から信号が出され，信号が運動器官に伝わる。信号が神経を伝わる時間以外に，脳が信号を出す時間などがかかっている。

117 (1) イ　(2) a→c→d→c→b

解説 (1) ものさしが落ちた距離が7.5cmなので，表から，要する時間は，落ちる距離が5cmと10cmの間と考えられる。
(2) 意識して起こる反応では，刺激は，感覚器官→せきずい→脳→せきずい→運動器官の順に伝わり，反応が起こる。

118 (1) イ
(2) 脳や内臓を保護する，からだを支える，など。

解説 (1) 縮んだ筋肉はうでの内側の筋肉である。筋肉の両端は，関節をまたいで違う骨についており，骨と筋肉をつなぐかたい部分がけんである。うでの内側にあり，違う骨にある部分の組み合わせを選べばよい。
(2) 頭骨は脳，ろっ骨は肺などの内臓を守っている。

119 A…イ　B…オ　C…カ

解説 Aで切断されたとき，右目はまったく見えないが，左目に影響はない。Bで切断されたとき，左目では，○の部分を感知する神経が切断されるので，視野の左側が欠落する。右目では，■の部分を感知する神経が切断されるので，視野の右側が欠落する。Cで切断されたとき，左目では●を感知する神経，右目では■を感知する神経が切断されるので，両目とも視野の右側が欠落する。

120 (1) 例メダカの動きが，実験で与える刺激に対して起こる反応だけとなる状態にするため。
(2) 目で光の刺激を受け取って反応した。

解説 (1) メダカが落ち着いていない状態で起こる動きには，実験で与えた以外の刺激に対するものも含まれてしまう。メダカが落ち着いてから実験をすることで，刺激に対する反応をはっきりさせることができる。
(2) しま模様は，光の刺激として目で受け取られる。

121 (1) A，C　(2) ウ，キ，イ，ク，オ
(3) 例大きくなる。

解説 (1) A…ルールを守るような行動は，過去の経験で学習した中枢神経である脳のはたらきによるものである。B…熱いものに触れて手を引っ込めるのは意志とかかわりなく起こる反射である。C…よい香りをかぎにいこうとするのは意識して起こす行動である。
(2) Bは反射によるものである。皮膚で受け取った刺激を感覚神経が伝え，脳を経由せずにせきずいから直接運動神経を通じ，運動器官である筋肉に命令を出す。
(3) 明るい場所から暗い場所に移動すると光の量が減り，目から入ってくる情報量が減少する。それを補うため，ひとみを大きくすることで入ってくる光の量を増やし，情報量を増加させる。

122 (1) あ…感覚　い…光　う…高
え…電気　お…運動
(2) ① オ　うずまき管
② イ　半規管
(3) 舌
(4) ① （ア，）エ，キ，ウ，ク，
オ（，イ）
② エ…感覚神経　オ…運動神経

ケ…せきずい

③ エ, オ

解説 (1) 刺激を受け取る感覚器官と, 刺激に対して反応を示す運動器官がある。感覚器官にはそれぞれ適刺激を受け取る細胞があり, 目では光を受け取る視細胞がある。ヒト以外の生物にもそれぞれ異なる刺激を受け取る器官や細胞があり, イルカやコウモリでは超音波と呼ばれる高い音を受け取って餌を探したりする。神経細胞から神経細胞へと情報は電気信号の形で伝わっていく。

(2)① 音は高低の違いにより, うずまき管で刺激を受け取る部位が異なっている。

② 半規管内のリンパ液がゆれることで, 回転を感じている。

(3) 鼻では気体の化学物質を受け取っているのに対し, 舌では液体の化学物質を受け取っている。

(4) 虫が止まったため振り払うというのは経験による条件反射である。そのため, 感覚器官である皮膚が得た情報は感覚神経からせきずいを通じて脳へ伝えられ, 脳からせきずいを通じて運動神経から筋肉へと命令が伝えられる。このうち脳やせきずいは中枢神経, 感覚神経や運動神経は末しょう神経である。

⊅得点アップ

▶脳の部位とはたらき

　わたしたちヒトの脳は, 各部分が生命の維持にかかわるさまざまなはたらきを分担している。おもな部位とはたらきをおさえておこう。大脳は, おもに運動や記憶, 中脳は, 眼球の反射運動や姿勢を保つことにかかわっている。小脳は, おもに手足の運動の調節や, からだの平衡を保つこと, 延髄は, 呼吸や心臓の拍動などにかかわっている。脳は, どの部分が障害を受けても, 生活に支障をきたしてしまう, ヒトのからだの中でも非常に重要な部分である。

123 (1) イ

(2) い…エ　う…カ

解説 (1) 場所を覚えているが巣を覚えていないことを確認するためには, 移動距離を短くすればよい。

(2) い…ほぼ同じ場所に戻ってくるが, 巣には戻れないため, 巣そのものは覚えていないと予想できる。

う…別の巣に変えるが, それ以外の条件は同じにする。

第2回 実力テスト

1 (1) オ
　(2) ア
　(3) オ
　(4) 大脳

解説 (1) 虹彩が，ひとみの大きさを変え，水晶体に入る光の量を調節する。

(2)(3)(4) 刺激が大脳に伝わるよりも先に，せきずいからの命令が筋肉に到達し起こる反応が(3)の反応で，これを反射という。刺激は大脳に遅れて伝わるので反応したあとに熱いということを意識する。

2 (1) ア
　(2) 表面積が大きく
　(3) 道管
　(4) 水面から水が蒸発するのを防ぐため。
　(5) 気孔
　(6) 3.2

解説 (1) 茎の中心に対して維管束が輪状に並ぶのは双子葉類の特徴であり，アブラナなどがある。ツユクサ，イネ，トウモロコシは単子葉類であり，維管束は散在的に見られる。

(2) 表面積を大きくすることで，根の表面と土の中の水分の触れる割合が高くなり，効率よく吸収することができる。

(3) 水の通る管が道管であるのに対し，葉で作られた栄養分などの通る管を師管という。

(4) 葉の表裏の蒸散量の違いを調べるためには，気孔以外からの水分の蒸発を防ぐ必要がある。

(5) 気孔は孔辺細胞で構成されており，水蒸気や酸素，二酸化炭素などが出入りする。

(6) 葉の表側からの蒸散量は，

4.9 − 3.8 = 1.1 mL

葉の裏側からの蒸散量は，

4.9 − 1.4 = 3.5 mL　よって，

$\dfrac{3.5\,\mathrm{mL}}{1.1\,\mathrm{mL}} = 3.18\cdots$ より　3.2 倍

となり，小数第2位で四捨五入して小数第1位まで求める。

3 (1) イ，オ，カ
　(2) カ
　(3) A…タンパク質　　B…アミノ酸
　(4) ア…肺　イ…肝臓　　ウ…じん臓
　(5) 尿素
　(6) ぼうこう
　(7) 物質A…分子が大きいため尿中にこし出されないから。
　　ブドウ糖…尿中に含まれるブドウ糖は，再び血液中に戻るから。
　(8) 133 cm³

解説 (1)(2)(3) 物質Bは，NH_3（アンモニア）が発生していることからアミノ酸，物質Aが分解されて物質Bとなるので，物質Aはタンパク質である。タンパク質を分解する消化酵素は，胃液，すい液，小腸の壁に含まれ，分解されたアミノ酸は小腸で吸収される。

(4)(5) アは，二酸化炭素を体外に出していることから肺，イ，ウは，肝臓で有害なアンモニアを無害な尿素に分解し，じん臓に送ること，ウは水を体外に出していることから，それぞれ肝臓とじん臓であることがわかる。

(6) ぼうこうは尿を一時的にためておく器官である。

(7) じん臓では，ろ過して尿をこしとるはたらきと，必要なものを再吸収するはたらきがある。大きな分子はこし出されないので尿中に含まれず，ブドウ糖はからだに必要な養分なので再吸収される。

(8) 表より，血液中から尿に移行した液体の0.03%の量と，尿の2.0%にあたる量が等しい。1分間に移行する液体の量を x〔cm³〕とすると，尿の量は2cm³なので，

$x \times 0.0003 = 2 \times 0.02$　　　$x = 133.3\cdots$ cm³

4 (1) ア　　(2) ウ

解説 (1)　赤血球は，毛細血管内で血しょう中に酸素を離す。酸素を得た血しょうは，毛細血管からしみ出して組織液となり，細胞に酸素を運ぶ。

(2)　弁があるのは静脈であり，手足の血管に発達している。

3編　身のまわりの現象

1 電流の流れ方

124 右図

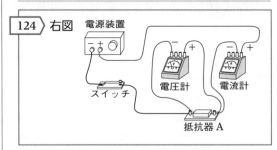

解説 電流計は測定対象（ここでは抵抗器A）に対し直列になるように接続し，電圧計は測定対象に対し並列になるように接続することがポイントである。なお，どちらの計器も，＋端子を電源の＋極に，－端子を電源の－極につながるように接続して，はじめて正しく測定される。

125 (1) 0.3A

(2) 右図

(3) 右図

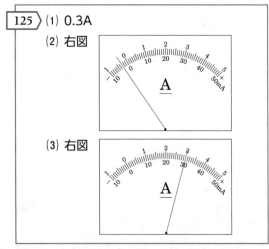

解説 (1)　5Aの端子につないだのであるから，電流計の目盛りの上側の数値を読む。

(2)　電流の大きさは変わらないまま，（電流の向きが逆になったのと同じことなので）マイナスの値となって表示される。

(3)　今度は電流計の下側の目盛りの数値を読むことになるが，この数値を10倍した値が測定値となる。しかし，流れている電流の大きさに変わりはないので，0.3Aのままであり，これが300mAと測定されるわけだから，針は30mAのところを指す形になるので，解答の図のようになる。

126 (1) ウ　　(2) 5A　　(3) イ
　　(4) ア…直列　　イ…並列
　　　　ウ…500mA　　エ…5A

解説 (1) 何も接続していない(電流0の)状態で，針が0を指していなければ，正しい測定ができないので，調節ねじがある。

(2) この場合，電流が大きすぎて針が振り切れ，電流計がこわれることのないよう，安全のため，もっとも大きい電流がはかられる端子につなぐ。

(3) 微小電流でもはかれるように(内部抵抗を小さく)している。

(4) 電流計は測定対象に流れる電流をそのまま流して読み取る機器であるから，測定対象の抵抗に対し直列になるように接続しなければならない。また，後半部分は(2)と同じことを，具体的に解説したものであり，0.3Aは300mAであることに注意する。

⊅ **得点アップ**

▶**電流計の扱い方**

① 測定したいものに対し，直列に接続する。

② ＋端子を＋極側に，－端子を－極側につながないと，針が逆側にふれてしまう。

③ 電流の大きさが予測不能の場合は，安全のため，できるだけ大きな値の－端子に取りあえずつなぎ，針がほとんどふれず読み取りにくい場合だけ，値の小さい－端子につなぎ直す。

④ 接続した－端子に対応する目盛りを読むこと。

⑤ 100mA単位の測定に対応した目盛りは表示されていないので，10mA単位の測定に対応した目盛りで読んで，それを1桁大きい数値に置き換える。

127 右図

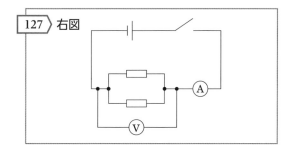

解説 電気用図記号に置き換えればよいだけである

が，その際，それぞれが直列接続であるのか並列接続であるのか，明確にわかるようにして直線的な図にする。実際の電気配線で(金属製の)クリップどうしがはさみ合っている部分は，当然，並列である。並列部分は上下に並べてかく。電圧計の接続部は，わかりやすくするため，抵抗(ここでは電熱線)どうしの並列部分より少し横にずらしてかくことが多いが，同じ接続部から引き出してかいても間違いではない。

128 (1) c　　(2) $I_b < I_a < I_c$

解説 (1) aを流れる電流とbを流れる電流の和がcを流れる電流となるので，c点が最大であるのは明らかである。

(2) I_c が最大であることは上で述べた通りである。ところで，並列部分の抵抗にかかる電圧は同じ(ここでは3V)なので，抵抗値が小さいほうに，より多くの電流が流れることになる。これだけで解答はできるわけであるが，ちなみに，それぞれの値は，オームの法則より，次のようになる。

$$I_a = \frac{3V}{10\,\Omega} = 0.3A$$

$$I_b = \frac{3V}{15\,\Omega} = 0.2A$$

$$I_c = 0.3A + 0.2A = 0.5A$$

129 (1) 10Ω　　(2) $V_B < V_A < V$

解説 (1) 直列につながれた抵抗には(ひとつながりのため)同じ大きさの電流が流れることになる。ところが，それぞれの抵抗にかかる電圧は，その電流値にそれぞれの抵抗値をかけたものであるから，この場合，抵抗値が大きい抵抗のほうが電圧が大きくなる。

(2) V_A と V_B の和が V であるから，これと上で述べたことから解答はできるわけであるが，ちなみに，V が1.5Vであることから，それぞれの電圧は次のようになる。

$$V_A = 1.5V \times \frac{10}{10 + 5} = 1.0V$$

$$V_B = 1.5V \times \frac{5}{10 + 5} = 0.5V$$

(または，$V_B = V - V_A = 1.5V - 1.0V = 0.5V$)

⊅ **得点アップ**

▶**抵抗の接続**

　抵抗は電流を流れにくくしているもの。

そのため，抵抗を並列接続すると，電流はどちらの道を行ってもいいことになり，いわば道幅が広がったようなものであるから，全体の抵抗値は小さくなる。

一方，抵抗を直列接続すると，電流にとって，流れにくくしている邪魔物(じゃまもの)をやっと通りすぎたと思ったら，また別の邪魔物が存在していた，という形なので，全体の抵抗値は大きくなる。

130 (1) 0.23A　　(2) 0.23A
(3) 1.15V　　(4) 3.45V

解説 (1)　10 Ω の抵抗に 2.3V の電圧がかかっているので，オームの法則より，求める電流の大きさ I は

$$I = \frac{2.3\text{V}}{10\ \Omega} = 0.23\text{A}$$

(2)　この電流が，そのまま 5 Ω の抵抗を流れ，さらにそのまま電流計を流れるので，電流計の値も 0.23A である。

(3)　5 Ω の抵抗に 0.23A の電流が流れているので，オームの法則より，求める電圧の大きさ V は

$$V = 0.23\text{A} \times 5\ \Omega = 1.15\text{V}$$

(4)　10 Ω の抵抗には 2.3V の電圧がかかっており，5 Ω の抵抗には 1.15V の電圧がかかっていて，両者の和が電源の電圧 V であるので，

$$V = 2.3\text{V} + 1.15\text{V} = 3.45\text{V}$$

131 (1) 10A　　(2) 15A
(3) 20V　　(4) 20V

解説 (1)　4 Ω の電圧は 4 Ω × 5A = 20V
よって，2 Ω の電流は

20V ÷ 2 Ω = 10A

(2)　電流計 2 には 2 Ω の抵抗に流れる電流と，4 Ω の抵抗に流れる電流の両方が流れこむから，両者の和である 10A + 5A = 15A の電流が流れる。

(3)　(1)より，20V

(4)　2 Ω の抵抗にかかる電圧も，4 Ω の抵抗にかかる電圧と同じであり，この場合，それが電源の電圧でもある。

132 ア…オームの法則
イ…抵抗[電気抵抗]
ウ…10 Ω　　エ…導体
オ…不導体[絶縁体]

解説 ウ…オームの法則より，求める抵抗 R は

$$R = \frac{5.0\text{V}}{0.50\text{A}} = 10\ \Omega$$

エ…金属などの導体が電流を流しやすいわけは，結晶内を自由に動きまわれる電子(自由電子)がたくさん存在するからである。

オ…ほとんど電流を流さない物質を不導体あるいは絶縁体といい，不導体(絶縁体)と導体の間の性質をもつ物質を半導体という。半導体は電子機器に多く使われている。

133 (1) 右図

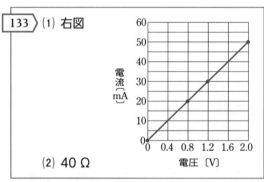

(2) 40 Ω

解説 (1)　表から 0V，0.8V，1.2V，2.0V のときの電流値 0mA，20mA，30mA，50mA をグラフ上に点で示し，それらの点を直線でつなげばよい。

ちなみに，0.8V，1.2V，2.0V のときのそれぞれの値から，たとえば 20mA は 0.02A であることに注意して，オームの法則を使って抵抗を求めると，いずれも 40 Ω となることからも，直線になることがわかる(このグラフの傾きの逆数が抵抗値を表す)。

(2)　1mA は 0.001A であることに注意して，1.2V のときのオームの法則を用いると，

$$\frac{1.2\text{V}}{0.03\text{A}} = 40\ \Omega$$

134 ウ

解説 直列回路の電流は，回路上のどこではかっても電流の値が等しくなり，直列回路の電圧は，すべての抵抗器にかかる電圧の和が，回路全体の電圧となる。そのため，$I_1 = I_2$ である。また，並列回路の電流は，並列につながれた全ての抵抗器を流れる電流の和が回路全体を流れる電流と等しくなり，並列

回路の電圧は，並列につながれたどの抵抗器にかかる電圧も回路全体の電圧と等しくなる。そのため I_3 < I_4 となる。よって，**ウ**が正しい。

---

135 (1) 80 Ω (2) 40 cm

解説 (1) PQ 間のテープの長さが 20 cm のとき，表より電流 10 mA（すなわち 0.01A）に対し電圧 0.8V であるから，オームの法則より

$$R = \frac{0.8V}{0.01A} = 80\ \Omega$$

(2) X cm の 2 本のテープを直列につないだということは，抵抗が 2 倍，すなわち $2X$ cm のテープと同じである（ことは表からもわかる）。このとき，30 mA すなわち 0.03A の電流で，電圧が 9.6V になったのであるから，全体の抵抗は，オームの法則より

$$r = \frac{9.6V}{0.03A} = 320\ \Omega$$

これより，1 本のテープの抵抗は，この半分の 160 Ω であることがわかる。ところで，表からこれにあてはまるのは，10 mA の電流で電圧が 1.6V になるとき（PQ 間のテープの長さが 40 cm のとき）だから，X の長さは 40 cm だとわかる。

⦿ 得点アップ

▶**オームの法則**

電圧＝抵抗×電流

これから

電流＝$\dfrac{電圧}{抵抗}$　　抵抗＝$\dfrac{電圧}{電流}$

となることを活用すること。

---

136 (1) 30 Ω (2) 0.67A (3) 1：2
(4) 右図

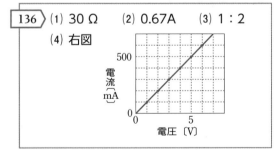

解説 (1) P は図 2 の①のグラフより，3V のときの電流値が 100 mA すなわち 0.1A であるから，オームの法則より

$$R_P = \frac{3V}{0.1A} = 30\ \Omega$$

(2) 一方，Q は図 2 の②のグラフより，3V のときの電流値が 200 mA すなわち 0.2A であるから，オー

ムの法則より

$$R_Q = \frac{3V}{0.2A} = 15\ \Omega$$

したがって，10V のときの電流値は，オームの法則より

$$I = \frac{10V}{15\ \Omega} = 0.666\cdots A$$

これより，答えは 0.67A となる。

(3) 抵抗値が小さいほど電流は流れやすい。そのため，並列接続の場合（電圧は同じであるから），流れる電流の大きさは抵抗値に反比例する。

したがって

$$I_P : I_Q = \frac{10}{R_P} : \frac{10}{R_Q} = \frac{1}{3} : \frac{2}{3} = 1 : 2$$

(4) 回路全体の抵抗 R は

$$\frac{1}{R} = \frac{1}{30} + \frac{1}{15} = \frac{1}{10} より$$

$$R = 10\ \Omega$$

よって，電流〔A〕＝$\dfrac{電圧〔V〕}{10\ \Omega}$の電圧〔V〕に 1，2，3，4，…と代入して求めた値を〔mA〕に直してグラフに点をかいていく。

---

137 ウ・エ・イ・ア

解説 ここではそれぞれ別の電源につなぐので，ア〜エの電圧は等しいとは限らないことに注意する。

ア…P 点に 300 mA の電流が流れているので，これがそのまま電流計を流れる。

イ…並列回路の部分で 10 Ω の抵抗に 300 mA の電流が流れているので，30 Ω の抵抗には，

$$300 \times 10 \div 30 = 100\ mA$$

の電流が流れる。

したがって，電流計には 300 + 100 = 400 mA の電流が流れる。

ウ…同様に，15 Ω の抵抗に

$$300 \times 10 \div 15 = 200\ mA$$

の電流が流れるので，300 + 200 = 500 mA の電流が 30 Ω の抵抗を通って電流計に流れる。

エ…同様に，30 Ω の抵抗に

$$300 \times 15 \div 30 = 150\ mA$$

の電流が流れるので，300 + 150 = 450 mA の電流が 10 Ω の抵抗を通って電流計に流れる。

したがって，電流の大きい順に**ウ・エ・イ・ア**となる。

138 (1) 5 Ω　　(2) オ

解説 (1)　図3より，電熱線の長さが4cmのときの電流は300mAすなわち0.3Aであり，このときの電圧が1.5Vであったから，オームの法則より

$$R_A = \frac{1.5\text{V}}{0.3\text{A}} = 5 \ \Omega$$

(2)　電圧が3.0Vのとき電熱線Eに流れた電流が400mAということは，電圧が半分の1.5Vのとき電熱線Eに流れる電流は，これまた半分の200mAということになる。これからEの長さは，図3で200mAに対応する長さということになる。したがって，グラフより6cmとわかる。

139 (1) イ　　　(2) イ
(3) 8.0 Ω　(4) 2.0A
(5) 0.60A　(6) 1.2V

解説 (1)　抵抗線を2等分すると，それぞれの抵抗値は元の半分になるように，抵抗値は長さに比例するので，切り分けて短くなるほど1本1本の抵抗値は小さくなる。その関係は図1のグラフより，電流が等分した数に比例して大きくなることとオームの法則から，抵抗値は等分した数に反比例することがわかる。

(2)　抵抗線を束ねるというのは並列接続したことと同じである。そのため，束ねれば束ねるほど全体の抵抗は小さくなり，その関係は図2のグラフより，電圧が束ねた数に反比例することとオームの法則から，抵抗値は束ねた数に反比例することがわかる。

(3)　このときの抵抗値は，オームの法則より

$$\frac{2.0\text{V}}{0.5\text{A}} = 4.0 \ \Omega$$

であり，抵抗線を2等分すると，抵抗値は元の半分になるのであったから，元の抵抗値はこの2倍の8.0 Ωであるとわかる。

(4)　前問より，抵抗線1本の抵抗値は8.0 Ωとわかった。そこで，これを4本束ねると，(2)の結果を使って，全体の抵抗値は8.0 Ωの4分の1，すなわち2.0 Ωであることがわかる。

これから，流れる電流の大きさは，オームの法則より

$$\frac{4.0\text{V}}{2.0 \ \Omega} = 2.0\text{A}$$

(5)　この場合，aの抵抗値は8.0 Ωの4分の1であり，bの抵抗値も8.0 Ωの4分の1と，どちらも2.0

Ωであるから条件は同じなので，aを流れる電流もbと同じ0.60Aとなる。

(6)　電池の電圧は，aあるいはbの両端の電圧と同じであるから，オームの法則より，求める電圧の大きさは

$$0.60\text{A} \times 2.0 \ \Omega = 1.2\text{V}$$

140 (1) 0.40A　　(2) 20mA
(3) 25 Ω　　(4) 25%

解説 (1)　全体は並列回路になっていて，電流計を含む道筋のほうの抵抗値は

$$5 \ \Omega + 20 \ \Omega = 25 \ \Omega$$

であり，この間の電圧が電池の電圧10Vに等しいから，電流計の値，すなわち流れる電流の大きさは，オームの法則より

$$\frac{10\text{V}}{25 \ \Omega} = 0.40\text{A}$$

(2)　この間の電圧も電池の電圧10Vに等しいから，電圧計を流れる電流の大きさは，オームの法則より

$$\frac{10\text{V}}{500 \ \Omega} = 0.020\text{A} = 20\text{mA}$$

(3)　上の結果より，電圧計の測定値は，オームの法則を使って

$$0.020\text{A} \times 500 \ \Omega = 10\text{V}$$

となる(実は，この回路の場合に限り，電圧計の内部抵抗は測定値に影響を与えず，計算しなくても，正しい電池の電圧を示す)ので，これと(1)で求めた電流計の測定値より，オームの法則を使って抵抗Rの値は

$$\frac{10\text{V}}{0.40\text{A}} = 25 \ \Omega$$

と計算される。

(4)　真の抵抗値が20 Ωなのに測定結果が25 Ωと出たのであるから

$$相対誤差 = \frac{25 - 20}{20} \times 100 = 25 \quad より \quad 25\%$$

141 (1) 200V　　(2) 3.0A
(3) 500V　　(4) 8.0A
(5) 1300V

解説 (1)　egh間には抵抗が2つあるから，この間の抵抗は200 Ωであり，そこを1.0Aの電流が流れているので，オームの法則より，求める電圧の大きさV_{eh}は

$$V_{eh} = 1.0\text{A} \times 200 \ \Omega = 200\text{V}$$

(2)　ef間の電圧も(eh間の電圧と同じなので)200V

であり，この間の抵抗が 100 Ω であるから，そこ を流れる電流は，オームの法則より

$$\frac{200V}{100\ \Omega} = 2.0A$$

であることがわかる。

　一方，ce 間を流れた電流が，eg 間を流れる電流と ef 間を流れる電流に分かれるのであるから，ce 間を流れた電流は，両者の和である

　　1.0A + 2.0A = 3.0A

であるとわかる。

(3)　cd 間の電圧は，cefd 間の電圧と等しいので，ce 間の電圧と ef 間の電圧を加えたものに等しい。

　ところで，ce 間の電圧の大きさ V_{ce} は，この間の抵抗が 100 Ω であるから，オームの法則より

　　　$V_{ce} = 3.0A \times 100\ \Omega = 300V$

であり，一方，ef 間の電圧は(eh 間の電圧と同じなので)200V であったから，求める cd 間の電圧 V_{cd} は

　　　$V_{cd} = V_{ce} + V_{ef}$

　　　　　$= 300V + 200V = 500V$

(4)　ac 間を流れた電流が，ce 間を流れる電流と cd 間を流れる電流に分かれるのであるが，ce 間を流れる電流は 3.0A と求められており，一方，cd 間の電圧は 500V と求められていて，この間の抵抗が 100 Ω であるから，そこを流れる電流は，オームの法則より

$$\frac{500V}{100\ \Omega} = 5.0A$$

となるから，ac 間を流れた電流は，両者の和である

　　3.0A + 5.0A = 8.0A

であるとわかる。

(5)　ab 間の電圧は，acdb 間の電圧と等しいので，ac 間の電圧と cd 間の電圧の和に等しい。

　ところで，ac 間の電圧の大きさ V_{ac} は，この間の抵抗が 100 Ω であるから，オームの法則より

　　　$V_{ac} = 8.0A \times 100\ \Omega = 800V$

であり，cd 間の電圧は 500V であったから，求める ab 間の電圧 V_{ab} は

　　　$V_{ab} = V_{ac} + V_{cd}$

　　　　　$= 800V + 500V = 1300V$

142 ① $r_1 + R$〔Ω〕　　② ア

解説 ①　全体は並列回路になっていて，この場合は(たまたま)電圧計の測定値は，内部抵抗の大きさ r_2〔Ω〕に関係なく電池の電圧を正しく表示する

(前問参照)ので，V_1〔V〕は電池の電圧である。

　一方，電流計を含む道筋のほうの抵抗値は

　　　r_1〔Ω〕 $+ R$〔Ω〕

であり，この間の電圧が電池の電圧 V_1〔V〕に等しいから，電流計の値，すなわち流れる電流の大きさは，オームの法則より

　　　$I_1 = \dfrac{V_1}{r_1 + R}$〔A〕

となるので，求める値は

　　　$\dfrac{V_1}{I_1} = r_1 + R$〔Ω〕

と計算される。

②　$r_1 + R$〔Ω〕が R〔Ω〕に近づけばよい。

143 (1)　20 Ω

　　　(2)　電流…0.80A

　　　　　全体の抵抗…20 Ω

　　　(3)　電流計…0.25A，電源…6.0V

　　　(4)　0.65A

解説 (1)　A のグラフより，8.0V のとき 0.40A の電流が流れているから，オームの法則を使って抵抗の大きさは

$$\frac{8.0V}{0.40A} = 20\ \Omega$$

と計算される。

(2)　電球のグラフ B は比例関係を示す直線になっていないので，オームの法則が成り立たないが，電球は同じものなので，それぞれの電球には，電源の電圧 16.0V の半分ずつ，すなわち 8.0V ずつが配分される。B のグラフで 8.0V のときの値を読むと，0.80A となっているので，これがこのとき流れている電流の大きさである。

　オームの法則が成り立たないといっても，抵抗値が一定でないというだけで，それぞれの値に対してはオームの法則の関係は成り立っているので，それぞれの抵抗値は

$$\frac{8.0V}{0.80A} = 10\ \Omega$$

と計算される。したがって，直列接続であるから全体の抵抗はこれらの和である。よって，

　　10 Ω + 10 Ω = 20 Ω

となる。

(3)　図の回路図より，電圧計が示したのは抵抗の両端の電圧である。そこで 5.0V のときの A のグラフの値を読むと 0.25A であるから，これが抵抗を流れている電流の大きさであり，ひとつながりの直列回路であるから，これが電球や電流計を流れ

ている電流の大きさでもある。

そこで B のグラフで 0.25A のときの値を読むと 1.0V であるから，これがこのとき電球に加わっている電圧であり，（直列接続であるから）電球と抵抗それぞれの電圧を加えたものが電源の電圧となる。よって，求める電圧は

$$5.0V + 1.0V = 6.0V$$

である。

(4) 図の回路図より，電圧計が示したのは抵抗の両端の電圧であると同時に，電球に加わる電圧でもある。そこで，まず 3.0V のときの A のグラフの値を読むと 0.15A であるから，これが抵抗を流れている電流の大きさである。

一方，B のグラフで 3.0V のときの値を読むと 0.50A であるから，これが電球を流れている電流の大きさである。

並列接続なので，両者の和が電流計を流れる電流の大きさとなるので，求める値は

$$0.15A + 0.50A = 0.65A$$

となる。

---

144 ① 180 ② 3
    ③ 80 ④ 1.8

解説 ① 見なれない形をしているが，三角形の 2 辺の抵抗が直列接続で，この 2 つの抵抗 200 Ω と底辺部分の抵抗 100 Ω が並列接続になっているのである。この並列接続にかかっている電圧は，どちらも 12V であり，直列接続の 200 Ω と底辺部分の 100 Ω のそれぞれに流れる電流の大きさは，オームの法則より

$$\frac{12V}{200\ \Omega} = 0.06A = 60\,mA$$

$$\frac{12V}{100\ \Omega} = 0.12A = 120\,mA$$

とわかる。電流計を流れた電流が，この 2 つの電流に分かれ，再び一緒になるわけであるから，求める値は両者を加えたものとなる。

$$60\,mA + 120\,mA = 180\,mA$$

② まず，1 つの抵抗の両端の端子を選んだ形が考えられる。次に，1 つとばして 2 つの抵抗の両端の端子を選んだ形が考えられ，このときの回路が電気的に先の回路と違うのは明らかである。さらに，1 つとばして 3 つの抵抗の両端の端子を選んだ形が考えられ，このときの回路が電気的に先の 2 つの回路のどちらとも違うのも明らかであろう。

しかし，さらに，1 つとばして 4 つの抵抗の両端の端子を選んだ形は 2 番目の回路と電気的に同じになるし，もう 1 つとばして 5 つの抵抗の両端の端子を選んだ形は最初の回路と電気的に同じになることは，すぐにわかる。そして，これ以上の選び方はないわけであるから，電流計の示す値も，これら 3 種類ということになる。

③ 並列回路全体の抵抗は，どちらの抵抗よりも小さくなるわけであるから，100 Ω より小さくなる最初の形が，この 3 種類のなかでは最も小さく，300 Ω より小さくなるにすぎない 3 番目の形が最も大きくなる。したがって，この 3 番目の形の回路のとき電流計の値は最小となる。

あとは①と同様の考え方をして，それぞれに流れる電流の大きさは，オームの法則より，どちらも

$$\frac{12V}{300\ \Omega} = 0.04A = 40\,mA$$

であるから，求める値はこの 2 倍の 80 mA となる。

④ ③での考察より，最も大きくなるのは最初の形で，①と同様の考え方からそれぞれに流れる電流の大きさは，オームの法則より

$$\frac{12V}{100\ \Omega} = 0.12A = 120\,mA$$

$$\frac{12V}{500\ \Omega} = 0.024A = 24\,mA$$

となるから，電流計を流れた電流の値は両者を加えた

$$120\,mA + 24\,mA = 144\,mA$$

となる。したがって，③の 80 mA の

$$\frac{144\,mA}{80\,mA} = 1.8\ 倍$$

とわかる。

---

2 電流による発熱・発光

145 例 導線 B，C に流れる電流の和が導線 A に流れているので，電流が大きい分，導線 A はより熱くなる。

解説 導線 A に流れた電流の一部が導線 B を流れ，残りが導線 C を流れる。電熱線（ここでは多少の抵抗をもつ導線であるが）の発熱量は電流の大きさに比例する。

---

146 ① 100 ② 500 ③ 1550

解説 ① 家庭のふつうのコンセントの電圧は 100V である。

② 電気器具Ａの表示は１００Ｖの電圧のもとで５００Ｗの電力を使うという意味である。

③ 電気器具Ａが５００Ｗの電力を使っているところに，さらに電気器具Ｂが１０５０Ｗ使うのであるから，両者の和である

$$500W + 1050W = 1550W$$

の電力が必要となる。

---

147 8A

解説 電力 $P[\text{W}] = V[\text{V}] \times I[\text{A}]$

であるから

$$I = \frac{P}{V} = \frac{800\text{W}}{100\text{V}} = 8\text{A}$$

となる。

⏻ 得点アップ

▶電力

電力＝電圧×電流

これから

電流＝電力／電圧　　電圧＝電力／電流

となることを活用すること。

---

148 (1) 電圧…＝　　　電流…Ａ

(2) 電圧…＝　　　電流…＝

解説 (1) Ａ，Ｂともに１００Ｖの電圧がかかっているので，このときの電力はそれぞれ１００Ｗ，６０Ｗであり，電流＝電力／電圧で電圧がともに１００Ｖであるから，電球を流れる電流は，ＡのほうがＢより大きいことがわかる。

(2) 並列接続した回路の一方を取りはずしても，電球の両端の電圧に変化が起きない。電圧に変化がなければ，電球に流れる電流も変化しない。

---

149 (1) イ　　(2) オ

解説 (1) 電圧が同じ場合，上昇温度は流れる電流の大きさに比例する。ということは，オームの法則より，抵抗に反比例することになるので，イのグラフとわかる。

(2) １５Ｗということは，Ｘより小さく，Ｙより大きいので，この間の温度で，Ｘに近いということから，オという見当がつく。

実際，上の結果より，抵抗値は（電圧が同じ場合）ワット数に反比例するとわかっているので，１５Ｗ

の抵抗値は，１８WであるＸの

$$\frac{15\text{W}}{18\text{W}} = \frac{1}{1.2} \quad より \frac{1}{1.2}倍$$

であるので，上昇温度も，Ｘの１８.５℃から３１.１℃までの上昇分の $\frac{1}{1.2}$ 倍，すなわち１０.５℃とわかるので，元の１８.５℃にこの温度を加えると２９.０℃となる。

---

150 (1) 4200J　　(2) 0.07A

(3) 1429 Ω　　(4) 48000 秒後

解説 (1) １ｇの水の温度を１℃上げるのに必要な熱量は４.２Ｊであるが，ここでは１００ｇの水が１０分間に２℃から１２℃へと１０℃上昇しているから，求める熱量は

$$4.2 \times 100 \times 10 = 4200\text{J}$$

(2) この間に発生した熱量４２００Ｊが，この間の電力量により供給されたのである。求める電流を I として，１０分＝６００秒に注意して

電力量＝電力×時間＝電圧×電流×時間

の式に代入すると，電圧は１００Ｖなので

$$100I \times 600 = 4200 \qquad I = 0.07\text{A}$$

(3) 上の値をオームの法則にあてはめて

$$抵抗 = \frac{電圧}{電流} = \frac{100\text{V}}{0.07\text{A}} = 1428.5\cdots\Omega$$

小数第１位を四捨五入し，答えは１４２９Ωとなる。

(4) $1\text{L} = 1000\text{cm}^3 = 1000\text{g}$ であり，水が沸騰する温度は１００℃であるから，求める時間を $t[\text{s}]$ として，上の電力量＝発生した熱量の関係式に数値を代入すると

$$100 \times 0.07 \times t = 4.2 \times 1000 \times (100 - 20)$$
$$t = 48000\text{s}$$

⏻ 得点アップ

▶電力量

電力量＝電力×時間

これから

電力量＝電圧×電流×時間

となることを活用すること。

---

151 (1) 電球Ａ

(2) 例 電球Ａにかかる電圧は，どちらの場合でも同じであるから。

(3) 例 ワット数だけで，どちらの電球が明るいか判断できる。

解説 (1) 家庭にあるふつうのコンセントの電圧は100Vである。同じ種類の照明や電熱線で比べると，消費電力が大きいほど，より多くの光や熱を出すことができる。

(2) 並列接続であれば，抵抗(ここでは電球)の数をいくら増やしても，1つの抵抗にかかる電圧は変わらない。

---

152 〉 **90W**

解説 オームの法則より，Aの両端の電圧は

$$3.0A \times 2\,\Omega = 6V$$

となるが，並列接続なので，これはCの両端の電圧でもある。

これより，Aの電力は

$$6V \times 3.0A = 18W$$

であり，一方，Cの電力は

$$6V \times 12A = 72W$$

であることがわかる。

ところで，回路全体で消費する電力は，両者の電力の和であるから

$$18W + 72W = 90W$$

となる。

---

153 〉 ① 1秒　 ② 電力　 ③ 電力量

解説 1秒間に消費する電力量(電気エネルギーの量)が電力である。

電気使用料のもととなる電力量を考えるとき，実生活では秒単位では細かすぎ，値が大きくなりすぎて合わないため，1時間あたりの電力量を目安にする。この場合の電力量の単位がWhであるが，それでも現実にそぐわないため，その1000倍であるkWhを使うことが多い。

---

154 〉 (1) オーブントースター
　　　 (2) 3000W

解説 (1) 発生する熱量は消費した電力量に等しく，電力量＝電力×時間の関係があるから，電力を示す値が最も大きいものが該当する。

(2) 100Vのコンセントにつないだ場合の電力は表示のままだと考えると，全体の消費電力は，それぞれの消費電力の和であるから

$$800W + 1000W + 1200W = 3000W$$

---

155 〉 (1) ア，エ，イ，ウ
　　　 (2) ア，エ，イ，ウ

解説 (1) いずれも100Vのもとでの使用であるから，電流＝$\dfrac{電力}{電圧}$の関係にあてはめて，たとえばアの電流の大きさは

$$\frac{1200W}{100V} = 12A$$

というふうに，すべて電力の値を100Vで割ったものになる。したがって，流れる電流の大きさは電力の順と同じになる。

(2) 電力量＝電力×時間の関係にあてはめるが，ここでは大きさの順だけを問題にしているので，時間の単位は秒に変換せず，分のままで考えることにする。

すると，電力量の大きさは，

ア…1200W × 12分 = 14400W·分

イ…125W × 50分 = 6250W·分

ウ…44W × 90分 = 3960W·分

エ…900W × 7分 = 6300W·分

この結果，順序は(1)と同じになったが，これはたまたまに過ぎない。

---

156 〉 (1) 交流　 (2) 90Wのテレビ
　　　 (3) 2.3A　 (4) 864kJ
　　　 (5) 40Wの室内灯

解説 (1) 家庭の電流は交流で，電池から流れるような電流は直流である。

(2) 家庭にあるふつうのコンセントの電圧は100Vであるので，電気製品に表示された値がそのまま消費電力の値を示している。ただし，室内灯だけは2本使用しているから，2倍したもので比較する必要がある。

(3) 電流＝$\dfrac{電力}{電圧}$の関係より，流れる電流の大きさは，たとえば90Wのテレビの場合

$$\frac{90W}{100V} = 0.9A$$

というように，すべて電力の値を100Vで割ったものになる。それぞれの電気製品は並列接続の関係にあるので，全体の電流はそれぞれの電気製品を流れた電流の和となる。室内灯だけは2本であることに注意して，求める電流は，

$$0.9A + 0.6A + 0.4A \times 2 = 2.3A$$

(4) 使用するエネルギーとは電力量のことであるから，電力量＝電力×時間の関係にあてはめて

60W × 4h = 240Wh

となる。ところが 1J は 1Ws であるから，1時間は 60分，1分は 60秒に注意して，これを秒に換算すると，

240Wh = 240 × 60 × 60Ws
= 864000Ws = 864000J

したがって，答えは 864kJ となる。

(5) それぞれの電力量は，順に

テレビ：90W × 3h = 270Wh，
電気スタンド：240Wh((4)の途中式より)
室内灯：40W × 8h × 2 = 640Wh

となるから，室内灯が最大である。

---

157 (1) イ　　(2) ア

解説 (1) 電熱線から発生した熱エネルギーは完全に無駄なく水の温度上昇のみに使われるということはなく，必ず一部のエネルギーは空気中などに逃げてしまう。

(2) 6V-3W の電熱線と，6V-6W の電熱線では，同じ 6V の電圧が加えられても後者の電力の方が大きい。つまり，後者の方が大きな電流が流れることから，後者の電熱線の方が抵抗が小さいとわかる。また，直列回路では回路上のどこでも電流の値は等しくなるため，抵抗の値が大きい電熱線ほど，そこにかかる電圧が大きくなる。よって，抵抗の大きな 6V-3W の電熱線の方がより電力を消費することになり，発熱量も大きくなる。

---

158 (1) 22円　　(2) 12円

解説 (1) $\dfrac{6000\ 円}{270\ kWh} = 22.2\ 円/kWh$

(2) 200W は 0.2kW であるから，求める電気料金は

0.2kW × 3h × 20 円/kWh = 12 円

---

159 (1) イ　　(2) 15個

解説 (1) フィラメントを熱することによって光を得るしくみである白熱電球に比べ，蛍光灯や発光ダイオードは発熱量が少ない。したがって，消費電力も少なくてすむ。また，製品の寿命も長いので，ア，ウ，エは正しい。

　より太陽光に近い光を出すのは白熱電球である。蛍光灯は管内にぬられた蛍光物質の種類によって色が限定されるし，発光ダイオードは，素子単体では単一の波長の光(したがって，単一の色)しか出すことができない。そこで，色の違う発光ダイオードを組み合わせることや，蛍光物質を使うことにより，白色をつくっている。よってイが誤り。

(2) 家庭にあるふつうのコンセントの電圧は 100V であるので，100V の電圧の電気製品に表示された値がそのまま消費電力の値を示しているから，40W の白熱電球 20個による消費電力は

40W × 20 = 800W

であり，その 40% というと

800W × 0.4 = 320W

　そこで，20個のうち x 個を 8W の電球型蛍光灯に取り替えたときの全体の消費電力が 320W になればよいわけであるから

40(20 − x) + 8x = 320
x = 15

---

160 (1) Y…40 Ω　　Z…5 Ω
(2) 電熱線…Z　　消費電力…0.2W
(3) 電熱線…Y　　消費電力…0.4W

解説 (1) 抵抗はその長さに比例し，長さが 2倍になれば，抵抗値も 2倍になるので，Y の抵抗値は

20 Ω × 2 = 40 Ω

抵抗はその断面積に反比例し，断面積が 2倍になれば，抵抗値は $\frac{1}{2}$ 倍になる。

ところで，断面の直径が 2倍ということは，断面の半径も 2倍であり，このときの断面積は，半径の 2乗，すなわち 2×2 = 4　より 4倍となるので，Z の抵抗値は，

20 Ω × $\frac{1}{4}$ = 5 Ω

(2) このとき，X，Y，Z に流れる電流は同じであるから，抵抗値が小さいほど，そこにかかる電圧が小さくなる。したがって，電圧と電流の積である電力も小さくなる。これから，該当するのは Z である。そこを流れる電流は

$\dfrac{13V}{20\ Ω + 40\ Ω + 5\ Ω} = 0.2A$

であり，Z にかかる電圧は

0.2A × 5 Ω = 1.0V

となるので，求める消費電力は

1.0V × 0.2A = 0.2W

(3) このとき，X，Y，Z にかかる電圧は同じであるから，抵抗値が大きいほど，そこを流れる電流が小さくなるので，電圧と電流の積である電力も小さくなる。したがって，該当するのは Y である。

そこを流れる電流は

$$\frac{4V}{40\,\Omega} = 0.1A$$

であり，Yにかかる電圧は4Vなので，求める消費電力は

$$4V \times 0.1A = 0.4W$$

161 (1) 炊飯器

(2) 例 家庭内の電気製品は並列接続であるため，消費電力が大きくなると，流れる電流が大きくなるから。

解説 (1) 家庭にあるふつうのコンセントの電圧は100Vであるので電気製品に表示された値がそのまま消費電力の値を示している。ということは，電圧＝一定のもと，電力＝電圧×電流という関係から，表示の大きいほうが流れる電流が大きいことがわかる。電流がたくさん流れるためには抵抗が小さいほうがよい。したがって，抵抗が大きいと消費電力は小さくなる。

(2) 家庭内の電気製品は並列接続であるため，全体の消費電力は，各電気製品の消費電力の和になるが，家庭全体の消費電力が大きくなるということは，流れる電流が大きくなることであり，危険である。

162 (1) 10 Ω　　(2) 1.0A

(3) 25℃　　(4) エ

(5) 336J

解説 (1) この回路の抵抗（ここでは電熱線）は並列接続になっている。

したがって，電熱線aにかかる電圧は，電源電圧15Vのままであるから，抵抗値は

$$\frac{15V}{1.5A} = 10\,\Omega$$

(2) 同様に，(1)の実験結果から，電熱線bの抵抗値も

$$\frac{15V}{3.0A} = 5\,\Omega$$

と求められる。

この回路の抵抗（ここでは電熱線）は直列接続になっているので，回路全体の抵抗値は

$$10\,\Omega + 5\,\Omega = 15\,\Omega$$

となる。したがって，回路に流れる電流は，オームの法則より

$$\frac{15V}{15\,\Omega} = 1.0A$$

となるが，これは電熱線aを流れる電流値でもある。

(3) 電気回路としては図2と変わらないので，電熱線aを流れる電流は，(2)で求めた1.0Aのままであり，電熱線aにかかる電圧は

$$1.0A \times 10\,\Omega = 10V$$

である。これらの値を，3分30秒は210秒であることに注意して，電力量＝電圧×電流×時間の関係に代入すると，この間の電熱線aの電力量は

$$電力量 = 10V \times 1.0A \times 210s$$
$$= 2100Ws = 2100J$$

電熱線aの入った水100gがこの間にした温度上昇は，これを4.2および100で割って

$$\frac{2100J}{4.2J/(g\cdot℃) \times 100g} = 5℃$$

となる。よって，水温は

$$20℃ + 5℃ = 25℃$$

となる。

(4) 図5のグラフから電熱線cにより，5分後に25gの氷から25gの水になっていることがわかる。さらに，このグラフの5分から10分の5分間に，元々水であった75gにこの25gを加えた100gの水が，電熱線cにより20℃温度が上昇したことが読みとれる。

次に，氷を2倍の50gにした場合，融解熱として使われる熱量も2倍になるので，氷が全部解け終わるまでの時間（グラフの水平部分）も，2倍の10分となる。

またこのとき，水の量は

$$75g + 50g = 125g$$

と，先の100gの1.25倍になるので，その後の温度上昇も，5分間で

$$20℃ \div 1.25 = 16℃$$

しか上昇しない。ただし，ここではここまで計算しなくても，図5のグラフの傾きより小さくなることがわかっていれば十分で，その観点からグラフを選んでもよい。

(5) 図5のグラフから電熱線cにより，25gの氷が5分間ですべて水になったことがわかる。このときの熱量は，電熱線cの電力が一定であることから，図5のグラフの5分から10分の5分間に電熱線cが与えた熱量に等しい。

求める熱量（融解熱）は，1gの氷をとかすのに必要な熱量であるから，100gの水を5分間で20℃上昇させた熱量の$\frac{1}{25}$

水1gを1℃上昇させるのに必要な熱量は，(3)で4.2Jと与えられているから，求める値は，水100gと温度上昇20℃を用いて，

$$4.2 \times 100 \times 20 \times \frac{1}{25} = 336J$$

とわかる。

---

163 (1) A, B　(2) 60W

解説 (1) 電源とのつながりを断たれるのは×印より左側の部分だけである。

(2) コンセントも含めて，すべて並列回路であるから，全体の消費電力は使用電気器具の消費電力の和であり，電源を流れる電流も使用電気器具それぞれを流れる電流の和となる。加わっている電圧が100Vであるので，使用電流はそれぞれの使用電気器具の消費電力を100Vで割ったものの和である。したがって，現在使用中の電気器具による電流は

$$\frac{30}{100}A + \frac{40}{100}A + \frac{120}{100}A + \frac{250}{100}A$$
$$= 4.4A$$

あと使用可能な電流は

$$5A - 4.4A = 0.6A$$

よって，使用可能な電力は

$$100V \times 0.6A = 60W$$

---

164 回路Bの豆電球は点灯せず，回路Cの豆電球は回路Aの豆電球と同じ明るさで点灯した。(40字)

解説 発光ダイオードは電流の流れる向きが決まっている。実験のⅠとⅡでは電流の向きが逆になるため，実験のⅠで点灯した全ての発光ダイオードが，実験のⅡでは全て電流を通さなくなる。そのため，回路Bは回路が途切れ，回路Cは並列につながれた豆電球と発光ダイオードのうち，発光ダイオード側には電流が流れないため，回路Aと同様の状態となる。

---

165 (1) PとQ　(2) F

解説 (1) どの電球に対してもひとつながりの閉じた回路ができていなければならないから，最低PとQを閉じる必要がある。これに対しRは，閉じても閉じなくても，P，Qさえ閉じていれば，すべての電球がつくことに変わりはない。

(2) AとBの並列回路全体の抵抗値は，豆電球1個のときの半分になるので，Cを流れる電流は，DおよびEを流れる電流より大きく，これらが合流して流れることになる。したがって，Fを流れる電流が最も大きく，かかっている電圧も明らかにFが最大であるから，電圧と電流の積である電力もFが最大となり，最も明るくなる。

---

166 (1) a…0.6
　　　　b…0.12
　(2) 3倍
　(3) 56時間

解説 (1) 電流＝$\frac{電力}{電圧}$の関係より，流れる電流の大きさは，60Wの電球Aの場合

$$\frac{60W}{100V} = 0.6A$$

12Wの電球Bの場合

$$\frac{12W}{100V} = 0.12A$$

(2) 1時間あたりの電球の単価は，

$$A\cdots\frac{100}{2000}円/h$$
$$B\cdots\frac{1000}{8000}円/h$$

非常に長い時間点灯させるので，上記の値を用いると，仮に8000時間点灯させたときの経費は，

$$A\cdots\left(\frac{60}{1000} \times 20 + \frac{100}{2000}\right) \times 8000\ 円$$
$$B\cdots\left(\frac{12}{1000} \times 20 + \frac{1000}{8000}\right) \times 8000\ 円$$

したがって，

A：B
$$= \frac{60}{1000} \times 20 + \frac{10}{2000} : \frac{12}{1000} \times 20 + \frac{1000}{8000}$$
$$= 250 : 73$$

よって，

$$250 \div 73 = 3.4\cdots\ \ より3倍$$

(3) 電力量＝電力×時間であるから，電球Aの代わりに電球Bを同じ1時間使用した場合

$$60W \times 1h - 12W \times 1h = 48Wh$$

の差が出ることと，1kWhは1000Whであることに注意して，求める時間をx〔h〕とすると，次の関係が成り立つ。

$$1000Wh : 0.37kg = 48x〔Wh〕 : 1kg$$
$$x = 56.3\cdots$$

小数第1位を四捨五入して，答えは56時間となる。

3 電流と電子

167 (1) 放電
(2) イ

解説 ① 雷や乾燥した日にドアなどでバチっと火花が発生するものも放電である。

② 電流が流れるときには電子の移動が起こっている。蛍光灯の管内では移動した電子が水銀の気体の粒子と接触し,発生した紫外線が管内に塗ってある蛍光物質に当たることで光る。アの豆電球とエの白熱電球は内部にあるフィラメントに電流を流すことで発熱し,それにより発光が起こる。ウのLED照明は2つの半導体の境目でプラスとマイナスの電気が合体することで発光する。

168 (1) 真空放電
(2) ① ウ   ② ア
(3) ウ
(4) イ

解説 (1) 放電管内の気圧を低くすることで確認することができる。

(2)① 真空内で−(陰)極から電子が移動することで生じる。アの静電気は摩擦によって生じた電気,イのα線は放射線の一種,エの磁力線は磁場の中で見られるN極とS極を繋ぐ線。

② 蛍光板を光らせたのは電子である。電子は−極から出て＋極へ向かう性質をもつ。また非常に小さな粒子であり,直進する性質ももつ。

(3) 電子は−の電気をおびているため,＋極に引き寄せられる。

(4) U字形磁石を陰極線に近づけると,下方向へ曲がるようすが確認される。これはフレミングの左手の法則より,U字形磁石のN極からS極へ発生した磁界から,電流が力を受けているためである。このような磁界の向きとそれによって受ける力を利用したものがモーターである。アのドアノブを触ったときに発生する火花は静電気によるものである。ウの電熱線が熱を発生させるのは電気抵抗によるものである。エの光は同じ媒体では直進するが,異なる媒体に入るときにその方向が変化する。

169 (1) 電子[−の電気,−の電荷]
(2) 例 しりぞけ合って遠ざかる[反発して遠ざかる]。
(3) 例 ティッシュペーパーで強くこすると,細かくさいたポリエチレンのひも全体が同じ電気(電荷)をおびるので,互いにしりぞけ合うから。

解説 (1) 静電気は,摩擦により,表面の電子が移動して起こる。

(2) アクリル管を発泡ポリスチレンでこするとアクリル管は＋の電気をおびるということは,発泡ポリスチレンのほうは−の電気をおびたということである。そこに−の電気をおびた塩化ビニル管を近づけたのであるから,互いに反発し,発泡ポリスチレンを乗せたトレイも塩化ビニル管から遠ざかることになる。

(3) ティッシュペーパーで強くこすると,ポリエチレンのひも全体が静電気をおびて帯電する。細かくさいたそれぞれが同じ電気(電荷)をおびるのであるから,互いにしりぞけ合うのであるが,そこにさらに同じ電気(電荷)をおびた塩化ビニル管を下から近づけると,それともしりぞけ合って空中に浮くので,ポリエチレンのひももそれぞれがしりぞけ合っている状態が観察されたわけである。

170 (1) 例 一瞬,蛍光灯が光る。
(2) 放電   (3) 電流

解説 蛍光灯は電極間に電圧が生じると管内で(放電が起き)電流が流れることで発光するしくみになっている。そのため蛍光灯の電極に静電気をおびた物体をふれさせると,その電気(電荷)が電極に移るため,電極間に電圧が生じて発光するが,放電によりその電圧は一瞬にしてなくなるので,次の瞬間には発光は収まっている。

171 (1) −
(2) ③ しりぞけ合う力
④ 引き合う力
(3) 磁力[重力,万有引力]
(4) 雷[稲妻]

解説 (1) ストローをティッシュペーパーや綿布でこすると,ストローの表面は−に帯電する。

なお，このことを覚えていなくても，図より，移動したのが●のほうであることと，現実に移動するのは電子であることから答えを導き出すことができる。

(2)④ 摩擦し合って静電気が生じた物体どうしは，必ず異なる電気(電荷)をおびるので，両者を近づければ，互いに引き合う。

(3) ここではまず磁力を思い浮かべる人が多いかもしれないが，重力でも正解。万有引力は全ての物質の間にはたらく互いに引き合う力である。

(4) 雷雲の中の氷の粒がこすれ合って帯電し合った氷は互いにしりぞけ合い，＋の電気をおびた氷は雷雲の上のほうに，−の電気をおびた氷は下のほうに集まるが，これがたまりすぎて放電したものが雷である。

このほかの自然現象として，空気が乾燥しやすい冬場，ドアノブに触れた瞬間ビリッとする現象や，空中の細かいホコリが浮遊し続け，なかなか下に落ちないことなどもあげられる。

172 (1) ウ
(2) ① 放電
② 雷[稲妻]

解説 (1) 摩擦し合って静電気が生じた物体どうしは，必ず異なる電気(電荷)をおびるので，相手のナイロンの布が＋の電気をおびていたのなら，球Aは−の電気をおびており，これと引き合ったのであるから，球Bは＋の電気をおびていることがわかる。

(2) ① 問題 170 の解説参照。
② 問題 171 の(4)の解説参照。なお，ここでは気象に限定していることに注意すること。

173 (1) エ (2) ア (3) オ

解説 (1) ティッシュペーパーで強くこすられ静電気をおびたポリエチレンは，全体が同じ電気(電荷)をおびているが，電気クラゲは細かくさかれているため，クラゲの足にあたる部分どうしが互いにしりぞけ合って，クラゲの足のように広がる。バンデグラフに手を触れると，髪の毛を含むからだ全体が同じ電気(電荷)をおびるが，電気クラゲ同様，髪の毛も細かく分かれているので，互いにしりぞけ合って，髪の毛が逆立つ。

(2) 人のからだは表面に電気が現れやすいため，静

電気をおびたものが近づくと，その電気(電荷)に引かれて反対の電気(電荷)が表面に現れる。そのため引きつけ合って電気クラゲが手のひらにまとわりつく。水も表面に電気が現れやすいので，静電気をおびたものが近づくと，その電気(電荷)に引かれて反対の電気(電荷)が表面に現れるので，引きつけ合って動きやすい水のほうがものさしに近づく。そのために，流れが曲がる。

(3) ネオン管も真空放電管であるので，これについては問題 170 の解説参照。ドアノブに触れたときの静電気による手の痛みは，ドアノブにたまっていた静電気が，電気を通しやすい物体(ここでは手)が近づいたことで放電したため，一瞬，手に電流が流れたのを痛みとして感じたのである。

なお，残ったイは電流が磁界から受ける力のはたらきであり，ウは地磁気のはたらきである。

174 エ

解説 バンデグラフは静電気を発生させる装置であり，それに触れると同種の電気どうしはしりぞけ合うため，少しでも遠ざかろうと静電気が移動してくる。また，冬は湿度が低いことが多いため静電気が発生しやすく，セーターを脱ぐ程度の摩擦でも，強い静電気が発生することが多い。さらに，積乱雲の中の氷の粒がこすれ合って静電気が発生し，これがある程度以上たまると，電気を通しにくい空気中でも放電する。これが雷である。しかし，蛍光灯は電極間に電圧をかけて放電させるしくみで光るのであって，静電気は関係しない。

175 ア

解説 X…放射能は放射性物質が放射線を出す能力を表す。

Y…放射線の吸収量や種類，エネルギーなどの違いを考慮して求めたものを等価線量といい，単位にシーベルト[Sv]が用いられる。

4 電流と磁界

176 〉(1) エ　　(2) 磁力線

解説 (1) 鉄粉がえがく磁界のようすは磁力線の形をなぞったものになる。磁力線はN極から出てS極に向かう。

(2) 磁界の向きを線でつないだものが磁力線である。

177 〉右図

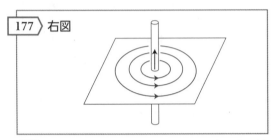

解説 電流の向きが上向きであるから，右ねじの法則より，導線に垂直な平面には上から見て反時計まわりの磁界ができる。そこで，導線を中心とした同心円をかき，上から見て反時計まわりを示す矢印をつければよい。

⊙得点アップ

▶右ねじの法則

右図のように，電流が進む方向に右ねじを進めるときに右ねじを回す向きに，磁界ができる。

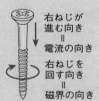

右ねじが進む向き＝電流の向き

右ねじを回す向き＝磁界の向き

コイルのつくる磁界もこの法則にしたがっているが，右手の4本の指の向きに電流が流れたときの磁界の向きは右手の親指がさす向き，という覚え方もある。

178 〉(1) ア　　(2) ウ
(3) 例磁力線の間隔が狭く，密になっている。

解説 (1) Xを含むコイルの部分には上向きの電流が流れているので，右ねじの法則より，XのまわりにはXを中心とした上から見て反時計まわりの磁界ができるから，Xの右横である磁針の置かれた場所では，右図のような磁界となっている。

(2) 左側で厚紙とぶつかるコイルの部分には，下向きの電流が流れているので，右ねじの法則より，コイルを中心とした上から見て時計まわりの磁界ができる。そのため全体としては，両者の磁界が合わさった磁界となるのであるが，それぞれ中心に近いほど強いので，ウの図のような磁力線となる。

(3) 磁力線は，磁界の強いところでは密に，磁界の弱いところでは疎になる。

179 〉(1) 磁力線　　(2) イ

解説 (2) 磁界の向きは磁力線がさす向きであるから左向きである。そこで磁界の向きを示す右手の親指を左向きにすると，右手の4本の指の向きが電流の流れた向きを示す。このとき右手の4本の指の向きは紙面の手前から上を通って紙面の向こう向きなので，そのように電流が流れるためには①のほうでなければならないことがわかる。

また，図にかかれていない部分の磁力線を頭のなかでのばし，A点を通る磁力線を考えると，コイルの左から出て上を通りコイルの右側に入るのであるから，A点では右向き，すなわちYの方向であることがわかる。

180 〉(1) ウ　　(2) イ

解説 (1) 図より金属棒には常に，紙面の手前から向こう向きに電流が流れているので，フレミングの左手の法則により，下向きの磁界である図のCの上では左向きの力を受けて左に動くが，磁界の向きが反対のBに来ると，力の向きが反対になるので，まもなく逆戻りをはじめ，以後，これをくり返す。

(2) フレミングの左手の法則により，どの磁石の上でも右向きの力を受けるので，常に右向きの力を受け，加速される。

なお，この問題では問題文に「右向きに滑りはじめた」とあるので，フレミングの左手の法則にあてはめて向きまで確かめる必要はない。

⊙得点アップ

▶フレミングの左手の法則

次の図のような xyz 3次元の座標で考えると，図の y 軸の向きの磁界中で，x 軸の向きの電流

を流したとき，電流は磁界から z 軸の向きの力
を受ける。これを左手の指で表したものがフレ
ミングの左手の法則である。

覚え方は xyz の順に「電(流)」「磁(界)」「力」，
すなわち「電磁力」である。

　この関係から，電流と磁界のどちらか 1 つだ
け向きが変わると，力の向きは逆向きとなり，
両方とも変わると，力の向きはそのままで，変
化しないことがわかる。

---

181 (1) 手前側

　(2) 例 U 字型磁石の S 極が上になるよ
　　うに置きかえる。

　(3) 例 流す電流を大きくする［もっと強
　　い磁力の U 字型磁石に取りかえる］。

　(4) 例 コイルのふれが大きくなった。

解説 (1)　磁界の向きは下向きで，磁石内のコイル
には右から左への電流が流れているから，フレ
ミングの左手の法則により，力の向きは手前側とわ
かる。

(2)　電流と磁界の向きが両方とも変わると，力の向
きはそのままで，変化しないことから考える。

(3)　力を大きくしたいのであるから，電流か磁界，
あるいは両方を強くすればよい。

(4)　並列接続であるから，電熱線 X をつなぐ前より，
回路全体の抵抗が小さくなる。したがって，前よ
り大きな電流が流れることになる。

---

182 (1) ウ　　(2) 時計まわり

　(3) エ

解説 (1)　フレミングの左手の法則では親指が力の
向きを表す。

(2)　磁界の向きは右向きであり，N 極に近いほう
のコイルには，紙面の奥から手前向きの電流が流
れているから，フレミングの左手の法則により，
上向きの力がはたらく。一方，S 極に近いほうの
コイルの場合，電流の向きだけが逆になるので，

力の向きは下向きとなり，図の→のほう(紙面の
手前側)から見た場合，どちらの力もコイルを時
計まわりに回そうとする。

(3)　モーターの整流子のはたらきと同じはたらきを
するわけである。

---

183 ⑤

解説　AB には下向きの電流が流れていて，磁界は
右向きであるから，フレミングの左手の法則によ
り，辺 AB にはたらく力の向きは，紙面の奥から
手前向きとわかる。

---

184 (1) 例 磁石を速く動かす。

　(2) ウ　　　(3) ① ウ　　② ウ

　(4) 電磁誘導　(5) 誘導電流

解説 (1)　同じ磁石を動かしたときに生じる誘導電
流を大きくするには，①コイルの巻数を多くする
か，②磁石を動かすスピードを速くするか，の 2
通りがある。

(2)　N 極を近づけた実験 1 と同じ向きの誘導電流
が流れるのは，S 極を遠ざけた場合である。

(3)　棒磁石がどちら向きにふれようと，棒磁石が真
下に来るまでは N 極がコイルに近づく形であり，
真下をすぎたとたん，N 極がコイルから遠ざか
る形になる。

(4)(5)　コイルをつらぬく磁力線の数が変化(コイル
内の磁界が変化)すると，コイルに電流が流れる
現象を電磁誘導といい，そのとき流れた電流を誘
導電流という。

得点アップ

▶電磁誘導と誘導電流

　コイルをつらぬく磁力線の数が変化(コイル
内の磁界が変化)すると誘導電流が流れる(この
現象が電磁誘導)が，コイルに磁石を近づける
ときと遠ざけるときでは誘導電流の向きが逆で
あり，同じ動作でも，N 極と S 極では，誘導
電流の向きが逆になる。

　誘導電流の大きさはコイルの巻数に比例する。

　誘導電流の大きさは磁力線の数の変化(磁界
の変化)の大きさに比例する。

185 (1) イ
　　　(2) 例台車の速さが大きくなり，コイル
　　　　をつらぬく磁界の変化が大きくなる
　　　　から。

解説 (1) 台車がコイルに近づくときは，N極が
近づく。コイルを流れる誘導電流は，それと逆向
きの磁界をつくろうとする向きに流れる。つまり，
コイルの右側がN極となるような磁界をつくる
誘導電流なので，時計まわり，すなわち右まわり
の誘導電流となる。台車がコイルを通りすぎると，
今度はN極が遠ざかる形なので，はじめと逆の
現象が起こり，検流計の針は逆にふれる。
(2) 斜面を下れば下るほど，台車のスピードは速く
なり，コイルをつらぬく磁界の変化が大きくなる
ので，誘導電流は大きくなる。

186 (1) ア＞イ＞ウ
　　　(2) 右図

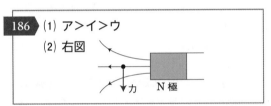

力　N極

解説 (1) ともに上向きの電流であるから，直線電
流aのまわりにも，直線電流bのまわりにも，
電流の向かう方向から見て反時計まわりの磁界が
できていて，それぞれ電線に近いほど磁界が強い
が，流れている電流の大きさが等しいので，つく
られた磁界は場所がずれているだけで同じ分布の
しかたをしている。そのため直線電流aとbの
中間地点であるウでは，互いに逆向き（正確にい
うと，直線電流aからは紙面に手前から奥の向き，
直線電流bからは紙面の奥から手前向き）で同じ
大きさだから，完全に打ち消し合って磁界は0と
なる。次に，アとイの地点を比べると，直線電流
aによる磁界の大きさは同じである。直線電流b
による磁界は，アではともに同じ向きのため，両
者の磁界の大きさの和になるが，イでは，互いに
逆向きなので，両者の磁界の大きさの差となる。
したがって，イはアより小さい。
(2) 直線電流aによる磁界は，目の位置から見て
反時計まわりなので，図3の上の部分では，棒
磁石のつくる磁界と，向きが同じになるため強め
合い，下の部分では向きが逆になるため弱め合う
から，上で磁界が強く，下で磁界が弱くなる。こ
のため，直線電流aは下向きの力を受けること

になる。
　ただし，ここではそのメカニズムまで問われて
いないので，フレミングの左手の法則から求めて
もよい。

187 例反時計まわりに回転する。

解説 金属棒に流れる電流は紙面の手前から奥の向
きなので，フレミングの左手の法則により，手前の
磁石から金属棒は右向きの力を受け，奥の磁石から
金属棒は左向きの力を受ける。このため金属棒は少
しだけ反時計まわりに回転する。

188 ①多くし　　②重く
　　　③小さく

解説 ①コイル1つ1つが力を受けるので，コイ
　ルの巻数が多いほど，全体の力は大きくなる。
②コイルの巻数が多いということは，それだけ導
　線が長いので，コイルの質量が大きくなるが，質
　量の大きな物体は動かしにくい。つまり，反応が
　鈍くなる。
③導線の抵抗は長さに比例し，断面積に反比例する。
　したがって，導線の直径が小さくなれば，導線の
　質量は小さくなるが電気抵抗が大きくなる。

189 例図2でアルミニウムの棒に電流が流
　　　れると，磁石の磁界から上向きの力を
　　　受けて浮き上がるが，浮いたとたん電
　　　流が流れなくなるから力が消えて落
　　　下する，ということをくり返すので，
　　　上下に振動することになる。

解説 図2でアルミニウムの棒に流れる電流は左
向きであり，磁石の中の磁界はN極からS極へ向
かう向きなので，フレミングの左手の法則により，
軽いアルミニウムの棒は上向きの力を受けて浮き上
がるが，浮いたとたん断線して電流が流れなくなる
から力が消え，それで鉄の棒の上に落下すると，再
び電流が流れて，……ということをくり返すので，
アルミニウムの棒は上下に振動することになる。

190 ①イ　　②エ　　③キ

解説 変圧器（トランス）の原理であるが，ここでは
刻々と電流が変化する交流ではなく，直流を流した

場合になっている。

　まず，スイッチを閉じた直後，コイル1には下側から見て右まわりの電流が流れるから，コイル1には上向きの磁界ができる。そして，磁力線を外に逃がさない役目の鉄心を通って，コイル2には下向きの磁界となる。したがって領域Aでは左向きとなる。スイッチを入れる直前までコイル2には磁力線がつらぬいていなかったのに急に下向きの磁力線がつらぬく形で変化したので，この磁界の変化により上向きの磁界をつくるような誘導電流が流れる。十分時間がたつと，コイル2をつらぬく磁力線の数は一定のままで変化しないから磁界の変化がなく，もう誘導電流が流れることはない。

191 (1) a
　　　(2) オ

解説 (1)　N極が近づくとコイルには下向きの磁力線がふえる形で変化するので，この磁界の変化により誘導電流が流れる。誘導電流は磁界の変化をさまたげる向きの磁力線をつくるように流れるので，右ねじの法則から，コイルに流れる誘導電流は上から見て反時計まわりであることがわかる。

(2)　最初，磁石の先端がコイルに入るまではN極が近づく形であり，次に磁石の後端がコイルを抜けるときはS極が遠ざかる形なので，誘導電流の向きは逆である。落下の速さはしだいに大きくなることを考慮すると，磁界の変化のしかたはあとのほうが急激であるから，短時間により大きな誘導電流が流れる。

192 (1) エ
　　　(2) 発光ダイオード
　　　(3) **例** 発光ダイオードは線の長いほうが＋極であり，N極が近づく前半は②向きの誘導電流となり，ダイオード機能がはたらき，電流が流れないので発光しないが，N極が遠ざかる後半では①向きの誘導電流となるため，発光ダイオードの＋極と一致して発光する。

解説 (1)　最初，磁石の先端がコイルに入るまではN極が近づく形であり，次に磁石の後端がコイルを抜けるときはS極が遠ざかる形なので，誘

導電流の向きは逆である。誘導電流は磁界の変化をさまたげる向きの磁力線をつくるように流れるので，右ねじの法則から，磁石が近づくときコイルに流れる誘導電流は，上から見て反時計まわりであることがわかる。

(2)　1方向だけ電流を流し，逆方向には流さないものがダイオードである。そのなかでも，電流が流れたときに発光するものを発光ダイオードという。

(3)　最初，磁石が中心軸にくるまではN極が近づく形であり，次に磁石が中心軸を通りぬけたあとはN極が遠ざかる形である。

　誘導電流の流れ方が，近づくときと遠ざかるときでは逆であり，発光ダイオードはどちらか一方のときしか電流を流さないので，発光するのは一方だけである。発光ダイオードは左側の長いほうが＋極なので，それと電流の向きが一致するようなときだけ電流を流して発光する。

第3回 実力テスト

1 (1) オームの法則
　(2) 30 Ω
　(3) 0.50A
　(4) $V = 12 - 30I$
　(5) 0.30A

解説 (2)　オームの法則より

$$R = \frac{6.0V}{0.20A} = 30 \ Ω$$

(3)　豆電球にかかる電圧は 12V であるから，図1で 12V に対応する電流の値を読む。

(4)　直列接続なので，豆電球にかかる電圧 V と抵抗Rにかかる電圧の和が12Vになるわけであるが，回路を流れる電流が I であるから，オームの法則より，抵抗値 30 Ω の抵抗 R にかかる電圧は $30I$ で示される。

(5)　$V = 12 - 30I$ より，$V = 0$ のとき $I = 0.4$，$I = 0$ のときは $V = 12$ であることに注意して，この直線を図1にかきこむと，下図のような直線となり，これと図1の曲線のグラフとの交点が，このときの実際の値を示している。

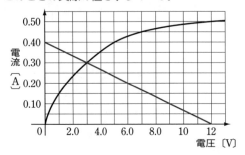

2 (1) −
　(2) 小さくなる。
　(3) イ
　(4) 大きくなる。

解説 (1)　ストローのおびた電気に引き寄せられた金属板上の電気が＋ということは，ストローのほうの電気は−である。

(2)　ストローを金属板にこすりつけると，金属板上にあった＋の電気が，ストローの電荷と中和して消える。そのため，その後ストローを遠ざけると，はくがおびていた−の電気が，はくおよび金属板を含めた全体に散らばった状態になって，はくは

開いている。

　ところで，アクリルパイプとこすり合わせたストローがおびた電気が−ということは，アクリルパイプは＋に帯電しているわけである。それをこのはくが開いた状態にあるはく検電器の金属板に近づけると，それまで散らばっていた−の電気が引き寄せられて金属板に多く集まり，はくの部分の電気が減るので，反発し合う力も弱まり，はくの開きは小さくなる。

(3)　金属板に指を触れたまま＋に帯電したアクリルパイプを近づけた場合も，金属板には−の電気が引き寄せられるが，＋の電気は，指を通してより遠い大地へと逃げていく。しかし，指を離してからアクリルパイプを遠ざけると，引き寄せられた金属板にとどまっていた電気分の−の電気が全体に散らばって，はくにも届くので，はくどうしは反発して開くことになる。

(4)　−の電気をおびたストローを近づけると，検電器全体に散らばっていた−の電気が反発するので，その分，はくにあった−の電気が増すから，それだけ反発し合う力が強くなる。

3 ウ

解説 抵抗が小さいほど電流は流れやすく，したがってその豆電球はより明るく光るわけであるから，AとBが等しいこと，およびCとDが等しく，それはEよりは暗いことはすぐわかる。

　ところで，Aを流れる電流を I とすると，Bを流れる電流も I であり，あわせて $2I$ の電流を，右側の並列回路では上と下で抵抗値の逆比 1：2 に分け合うことから，C，Dを流れる電流は $\frac{2}{3}I$，Eを流れる電流は $\frac{4}{3}I$ であることがわかる。

4 (1) ア
　(2) カ
　(3) 400Wh

解説 (1)　導線のまわりにできる磁界は電流の向きに進む右ねじを回す向きに発生する。これを右ねじの法則という。このことから，図2の左側のコイルは奥から手前に向かって電流が流れるため，反時計まわりに磁界が発生する。対して右側のコイルは手前から奥に向かって電流が流れるため，時計まわりに磁界が発生する。

(2)　交流では，一定の間隔で電流の向きや大きさが

変動する。**図3**では発光ダイオードAとBがそ
れぞれ逆向きについているため，電流の向きの変
動に合わせて一方の発光ダイオードが点灯してい
るときには，もう一方は消灯する。そのため，上
下で両方が点灯している，もしくは両方が消灯し
ていることはない。

(3)　電力量〔Wh〕は次の式で表される。

$$W〔Wh〕= P（電力）〔W〕× t（時間）〔h〕$$

この式にそれぞれの値を当てはめる。

$$1200W × \frac{20}{60}h = 400Wh$$

---

5 (1) エ

(2) コイル1により発生した磁力線がコ
イル2もつらぬくため，コイル2
の磁界が変化したから。

(3) オ

(4) 例 発電機

解説 (1)　右手の4本の指の向きを電流の向きに合
わせると，磁界の向きを示す右手の親指がさす向
きは右になる。また，磁力線が出ていくほうが
N極である。

(2)　誘導電流はコイル内の磁界が変化するとき発生
する。

(3)　コイル1によりコイル2内の磁界が変化するの
は，コイル1のスイッチを入れた瞬間と，スイッ
チを切った瞬間だけである。どちらにしてもコイ
ル1の磁界の向きは変わらないので，スイッチを
入れた瞬間とスイッチを切った瞬間では，前者は
磁力線の増加，後者は磁力線の減少であるから，
コイル2に流れる誘導電流の向きは逆になる。

(4)　このほかに，マイクや変圧器（トランス）なども
考えられる。

4編　気象とその変化

1 大気とその動き

193 (1) A…100N/m²

B…25N/m²

C…50N/m²

(2) C

解説 (1)　圧力＝力÷面積にあてはめて計算すれば
よい。

面A…50N ÷0.5m² = 100N/m²

面B…50N ÷2m² = 25N/m²

面C…50N ÷1m² = 50N/m²

(2)　(1)の問題からもわかるように，面積が小さいほ
ど，圧力は大きくなる。

本問はどの面を下にしたときに圧力が最大にな
るかを問うているので，最も面積の小さい面を選
べばよい。A，B，Cの各面を下にしたときの圧
力を計算する必要はない。

⊿ 得点アップ

▶**力と圧力の関係**

圧力〔Pa（N/m²）〕

$$= \frac{力の大きさ〔N〕}{力が受ける面積〔m²〕}$$

この関係は次のように表せる。

たとえば，圧力を求めたいときは，圧力を手
でかくして，力÷面積を計算すればよい。力を
求めたければ，力を指でかくして，圧力×面積
を計算すればよい。

---

194 1.8kg

解説 Pa = N/m²なので，長さを〔m〕で表して計
算していく。面Aの面積は

$$0.4 × 0.2 = 0.08m²$$

である。よって，水平面を押す力は

$$600N/m² × 0.08m² = 48N$$

となる。質量 100g の物体にかかる重力の大きさは 1N である。48N のうち，直方体の重力は 30N なので，円筒形のおもりの重力は

48N − 30N = 18N

で 18N となる。

再び質量 100g の物体にはたらく重力の大きさが 1N を用いると，おもりの質量は 1.8kg となる。

本問では，質量 100g の物体にはたらく重力の大きさについて説明がない。このような問題もあるので，この関係を覚えておくようにするとよい。

⤴得点アップ

1N はおよそ質量 100g の物体にはたらく重力の大きさに相当する。

⤴得点アップ

▶重さと質量
・重さ…物体にはたらく重力の大きさを表す。単位は N（ニュートン）。場所によって大きさが変わる。ばねばかりではかることができる。
・質量…物質そのものの量で，どこではかっても大きさは変わらない。単位は g，kg など。てんびんで比べることができる。

195 (1) 10cm　　(2) エ

解説 (1) 面積が 10 倍になれば，圧力が 10 分の 1 になる。よって，面積が 100cm² の正方形の板をはさめばよい。
(2) 圧力＝力÷面積なので，圧力は面積に反比例する。ア〜エのうち，反比例のグラフはエである。

196 (1) a…hPa　　b…エ
(2) 地上に比べ，上昇した飛行機の中の気圧が小さいから。
(3) c…ウ　　d…イ
(4) 大気圧は，あらゆる向きに同じようにはたらいているから。

解説 (1) P のみが大文字なので，注意すること。100Pa = 1hPa である。ヘクト（記号 h）は 100 倍という意味である。

(2) 上空のほうが空気が少ないので，気圧も小さくなる。
(3) 口の中の空気を吸うため，口の中の圧力は小さくなる。そして，ジュースが大気圧に押されてストローを上がっていく。
(4) 高い山では平地と比べて大気圧が小さくなる。標高が同じなら，天井などがあってもふつう大気圧の大きさは変わらない。

197 (1) 1.2g　　(2) イ

解説 (1) 缶の質量の減った分が，ペットボトルに入った空気の質量である。
よって，80.45g − 79.25g = 1.2g となる。
(2) 缶の中の圧力とペットボトルの中の圧力が同じなので，缶には 500cm³ の空気が入っていることがわかる。よって，500cm³ の空気の質量を求めればよい。(1)より 1000cm³ の空気の質量が 1.2g なので，

1.2g ÷ 2 = 0.6g

となる。

198 (1) ウ
(2) ②エ　　③イ
(3) ア

解説 (2) 風向は風が吹いてくる方位を 16 方位で示すことに注意する。風速は 0 〜 12 の 13 段階である。

199 (1) ア　　(2) イ　　(3) ウ
(4) 天気…くもり　　風向…南東
　　 風力…2
(5) 下図　　　　　　(6) 下図

(7) 右図

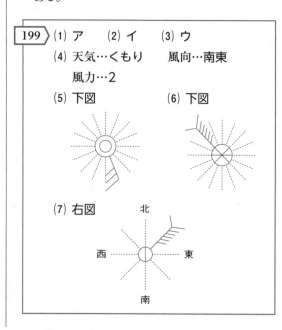

解説 (1)〜(2) 空全体を 10 としたときの雲が占める割合を雲量といい，雨や雪などが降っていないときは，雲量が 0 〜 1 のときが快晴，2 〜 8 のときが晴れ，9 〜 10 のときがくもりとなる。

(3)〜(6) 風が吹いてくる方位が風向であることに注意する。

(7) 煙突の煙がたなびく方位と反対の方位が風向となるので，風向は北東，雲量から天気は晴れとなる。

---

200 (1) 上昇する。

(2) 高い位置ほど気圧が低くなるから。

(3) 南→南西→西

解説 (1)(2) 気圧が低くなると，上からの空気による圧力が小さくなるので，水位が上昇する。

(3) ひもがなびいた方位と反対の方位が風向となる。

---

201 (1) 陸　(2) 陸　(3) 海

(4) b　(5) 季節風

解説 (1)〜(4) 海風は，海と陸の温度のちがいによって発生する風である。陸は海に比べて暖まりやすく冷えやすいという特徴がある。晴れた日の昼間は，陸のほうが温度が高くなり上昇気流が生じ，陸の気圧は低くなり，海のほうが気圧が高くなる。風は気圧が高いほうから低いほうへ吹くので，晴れた昼間に海から陸に風が吹き，これを海風という。夜間は反対に陸から海に向かって風が吹き，これを陸風という。

(5) 季節風は海陸風と同じしくみで，規模が大きいものである。

---

202 (1) E

(2) 等圧線

(3) B

(4) 等圧線の間隔が狭く，気圧の差が大きいため。

解説 (1) 風は高気圧から低気圧に向かって吹くので，天気図記号で風が吹き出している E が高気圧である。

(3)(4) 天気図では，等圧線の間隔が狭いところほど風は強い。

---

203 ア

解説 1004hPa の等圧線は A と D の間を通ることはないか，通ったとしても閉じた曲線になる。したがって，アかウとなる。B と C の間についても同様だからウも誤りとなり，アが正しい。

---

204 (1) ① $\dfrac{1}{14}$　② 真空　③ 低　④ 下

(2) ア，イ，エ

解説 (1) 重いもののほうが吸い上げにくく，周囲の気圧が低ければ水銀の表面を押す力が小さくなるため，吸い上げた水銀柱の高さは低くなる。

(2) ウは磁力によるものである。

---

205 **例** 都心はヒートアイランド現象によって周囲よりも温度が高くなり，東京湾，相模湾から都心に風が吹きこむ。環状8号線付近で上昇気流が生じ，積雲状の雲が発生すると考えられる。1970 年代以降の大気汚染により，排気ガスなど凝結核となる物質が大気中に増えたことも雲が発達する要因となっていると考えられる。

解説 環八雲はヒートアイランド現象，大気汚染といった人間の活動による環境破壊によって生じる雲と考えられている。まず，雲の写真から積雲であることを判断し，積雲ができる条件は上昇気流が生じること，上昇気流が生じるためには周囲よりも気温が高くなること，都心で周囲よりも温度が高くなる原因とは何か，というように，現象を1つ1つ区切って，発生するための条件を整理していくとよい。

⊅ 得点アップ

▶ヒートアイランド

おもに都市部や工業地帯で，その周囲よりも気温が高くなる現象。気温の分布を，同じ気温の部分を結ぶ線である等温線で表したとき，等温線のようすが，島が浮かんでいるように見えることからこのように呼ばれる。都市部や工業地帯では，冷房器具，電器器具から出される排熱や，工場から出される熱などにより気温が周囲より上昇する。近年の都市化，工業化によっ

て起こりはじめた，人間の活動が原因となる気候の変化の1つである。

---

206 ウ

解説▶ 空気があたためられるところでは上昇気流が生じ気圧は低くなり，冷やされるところでは下降気流が生じ気圧は高くなる。地球規模で考えるとき，地球の自転の影響などもあり，大気の流れは複雑となる。日本付近の上空を1年中吹いている西よりの風は偏西風であり，日本の気象の変化に影響をおよぼしている。

---

207 (1) ア
(2) イ

解説▶ (1) 赤道付近の低緯度帯では，東から西へ向かう貿易風が吹いている。また，北極や南極付近の高緯度帯では，極偏東風とよばれる東風が吹いている。

(2) 赤道付近では，あたためられた空気が上昇するため気圧が低くなり，中緯度帯の空気が流れこむ。極付近では，冷やされた空気が下降するため気圧が高くなり，中緯度に向かって風が吹き出す。これらが地球の自転の影響を受け，東よりの風になる。

---

208 (1) 5000Pa
(2) 1013g

解説▶ (1) 圧力〔Pa〕＝ $\dfrac{\text{力の大きさ〔N〕}}{\text{力がはたらく面積〔m}^2\text{〕}}$ である。直方体にはたらく重力が6N，A面の面積が0.0012m²だから，床にはたらく圧力は，

$$\frac{6}{0.0012} = 5000\,\text{Pa}$$

(2) 1hPa = 100Pa だから，1013hPa = 101300Pa である。海面上に底面積が1cm²(= 0.0001m²の空気の柱が載っていると考える。この空気の柱にはたらく重力を F〔N〕とすると，

$$\frac{F}{0.0001} = 101300\,\text{Pa}$$

これを解いて，

$$F = 10.13\,\text{N}$$

したがって，求める空気の質量は，1013gである。

---

209 エ

解説▶ Aが最も面積が小さいので，圧力は最も大きい。A，B，Cの面積比は2：3：6なので，BはCの2倍，AはCの3倍の圧力となる。容器に水を入れていないときは，机は容器から力を受けているので，圧力は0にはならない。

---

210 (1) $\dfrac{1}{9}$ 倍　　(2) 24N

解説▶ (1) 円の面積＝(半径)×(半径)×円周率である。このため，半径が3倍になると，円の面積は9倍になる。圧力は面積に反比例するので，面積が9倍になると圧力は $\dfrac{1}{9}$ になる。

(2) 圧力が $\dfrac{1}{9}$ になるので，力を9倍にすればよい。100gの物体が受ける重力の大きさは1Nなので，この物体の重力は3Nとなる。物体が床を押す力が3Nなので，指で押す力も含めて合計27Nになればよい。よって，指で押す力は次のようになる。

$$27\,\text{N} - 3\,\text{N} = 24\,\text{N}$$

---

2 大気中の水の変化

211 (1) 17.08g/m³
(2) 22℃

解説▶ (1) 表より26℃の飽和水蒸気量は24.4g/m³なので，含まれる水蒸気量は，

$$24.4 \times 0.7 = 17.08\,\text{g/m}^3$$

(2) 17.08g/m³の水蒸気量が，88%のとき100%にあたる水蒸気量が飽和水蒸気量となる気温を求めればよい。

$$17.08 \div 88 \times 100 = 19.40\,\text{g/m}^3$$

となり，この値は表より気温22℃の飽和水蒸気量となる。

---

212 (1) A
(2) C
(3) B
(4) エ
(5) 10g

解説▶ (1) 含まれる水蒸気量の飽和水蒸気量に対する割合が大きいほど湿度は高いので，グラフで曲線に最も近い点となる。

(2) 湿度が 100％となる気温が露点なので，グラフ上でそれぞれの点を左に水平に移動し，曲線にぶつかった気温が露点となる。

(3) 含まれる水蒸気量が，気温 15℃での飽和水蒸気量以下の点を選べばよいので B となる。

(4) 湿度〔％〕

$$= \frac{空気\,1\,m^3\,に含まれる水蒸気量\,[g/m^3]}{その気温での飽和水蒸気量\,[g/m^3]} \times 100$$

である。

グラフより，25℃での飽和水蒸気量は約 23 g/m³，A の空気が含む水蒸気量は 20 g/m³ と読みとれるので，湿度は，

$$20 \div 23 \times 100 = 86.9\cdots \quad より\,87\%$$

となり，エが最も近い。

(5) グラフより，D の空気に含まれる水蒸気量は 15 g/m³ であり，0℃の空気の飽和水蒸気量は 5 g/m³ なので，

$$15 - 5 = 10\,g/m^3$$

となる。

---

213 57％

解説 コップがくもりはじめた気温が露点なので，

$$15.4 \div 27.2 \times 100 = 56.6\cdots$$

より 57％となる。

---

214 (1) ア…湿　　イ…乾
　　　　　ウ…乾　　エ…100
　　　(2) 73％

解説 (1) 湿球では，球部を水にひたしており，水が蒸発するときに熱をうばうため，乾球よりも示度が低くなる。

(2) 湿度表で，乾球の示度 21℃と，乾球と湿球の示す温度の差 3℃の交点における値 73 が湿度となる。

---

215 (1) X…湿度　　Y…気圧
　　　　　Z…気温
　　　(2) オ

解説 (1) 晴れの日の 4 月 6 日 14：00 ごろに最も高くなっている Z が気温である。また，この日に気温が急激に上昇したとき最も下がっていることから，X が湿度である。くもりから晴れになるにつれて上がっている Y が気圧である。

(2) 乾湿計の乾球と湿球の示度の差が大きいほど湿度は低いので，グラフから湿度が最も低いのはオの 4 月 6 日 13：00 ～ 14：00 となる。

---

216 (1) ① 露点　　② 37％
　　　(2) イ

解説 (1) ① 空気中に含むことができる水蒸気の量には限度があり，限度まで含まれた水蒸気量を飽和水蒸気量という。飽和水蒸気量は，気温が高くなるほど大きくなる。空気が冷やされた場合，その空気に含まれる水蒸気量が飽和水蒸気量に達すると，水蒸気が水滴に変化する。このときの気温を，露点という。

② 空気 1 m³ に含まれる水蒸気量は，露点における飽和水蒸気量に等しいから，

$$\frac{6.4}{17.3} = 100 = 36.9\cdots \quad より\,37\%$$

(2) 気温 20℃で湿度 60％の空気 1 m³ に含まれる水蒸気量は，

$$17.3 \times 0.6 = 10.38\,g$$

加湿器から放出された水蒸気量（空気 1 m³ あたり）は，

$$10.38 - 6.4 = 3.98\,g$$

したがって，空気 200 m³ では，

$$3.98 \times 200 = 796\,g \rightarrow およそ\,800\,g$$

⤴ 得点アップ

▶空気中の水蒸気量

　金属製のコップの表面に水滴がつく温度をはかって露点を調べる実験では，水温が周囲の気温の影響を受けるのを防ぐため，くみ置きの水を用いる。金属製のコップを用いるのは，金属が熱を伝えやすいためである。

　水蒸気が水に変わることを，凝結という。冬に窓ガラスの内側に生じる結露は，室内の空気に含まれる水蒸気が凝結したものである。

---

217 (1) A…線香　　B…煙
　　　(2) a…引く　　b…膨張　　c…下
　　　　　d…露点　　e…凝結　　f…水滴
　　　(3) ウ，キ

解説 (1) 線香の煙が凝結核となる。

(2) ピストンを引くと空気は膨張し，気圧が下がる。このとき空気の温度は下がる。

(3) ウは，空気が上昇すると，周囲の気圧が下がるので膨張し，実験と同様の状態となる。キは，ビンの中に入っていた空気が，栓を抜くことで外に出る。密閉されたビンの中よりも外のほうが気圧が低いので，実験と同様の状態となる。

---

218 (1) 1.3g

(2) 62%

解説 (1) 800 mの高さで水滴ができはじめたことから空気のかたまりは12℃で露点に達したことがわかる。この空気の温度がさらに10℃まで下がるので，12℃のときと10℃のときの飽和水蒸気量の差ができた水滴の量となる。したがって，できた水滴は表より，

$$10.7 - 9.4 = 1.3\,\text{g/m}^3$$

となる。

(2) 空気のかたまりのふもとでの温度は，800 mの高さでの温度より $1 \times 8 = 8$℃高かったので20℃。このときの飽和水蒸気量は表より $17.3\,\text{g/m}^3$ である。

(1)より，800 mの高さで露点に達することから，この空気には $10.7\,\text{g/m}^3$ の水蒸気が含まれている。よって，湿度は

$$10.7 \div 17.3 \times 100 = 61.8\cdots \quad \text{より } 62\%$$

---

219 (1) 例 局所的にあたためられた空気のかたまりが，周囲よりも温度が高くなり上昇する。

(2) 露点

(3) エ

解説 (1) 空気のかたまりの上にその空気のかたまりよりも温度の低い空気が流れこむなど，下にある空気のかたまりのほうが上にある空気のかたまりよりも温度が高くなったときに上昇する。

(3) ア…水蒸気が水滴になることを凝結という。

イ…水蒸気が水滴になるときにはまわりに熱を放出する。

ウ…水蒸気を含む空気のかたまりが露点に達したときに水滴になりはじめるので，常に同じ高さとは限らない。

---

220 (1) 大きくなった。

(2) ペットボトルの中の温度が下がり，露点よりも低くなったため。

(3) エ

解説 (1) 水滴が水蒸気に変わったので，水滴は減少し，水蒸気は増加した。

(2) 露点に達し，水蒸気が水滴に変化したために，白くくもって見える。

(3) 温度が上昇すると飽和水蒸気量は大きくなる。空気中に含まれる水蒸気量が変化しなければ，湿度は低くなる。

---

221 (1) 9℃

(2) 23g

解説 (1) 表より，気温18℃の飽和水蒸気量は $15.4\,\text{g/m}^3$ なので，湿度が57%のとき含まれる水蒸気量は，$15.4 \times 0.57 = 8.778\,\text{g/m}^3$ となり，気温9℃のときの飽和水蒸気量とほぼ一致するので，露点は9℃となる。

(2) 表より3℃のときの飽和水蒸気量は $5.9\,\text{g/m}^3$ なので，このときできる水滴は，(1)より

$$8.778 - 5.9 = 2.878\,\text{g/m}^3$$

部屋の体積は $2 \times 2 \times 2 = 8\,\text{m}^3$ なので，部屋全体にできる水滴の質量は $2.878 \times 8 = 23.024\,\text{g}$ となる。

---

222 ガラスの容器に入れるものを，水ではなくぬるま湯に変える。

解説 ガラスの容器の中に多くの水蒸気を含ませなければ霧は発生しない。水蒸気を多く含ませるために，水ではなくぬるま湯を入れるべきである。

⑦ 得点アップ

▶雲と霧

雲は，おもに空気が上昇して膨張するなどで上空で冷やされた水蒸気が凝結してできる。それに対して霧は，空気が地上付近で冷やされて露点以下となり，水蒸気が凝結してできたものである。

223　(1) 1.8g
　　　(2) 14℃

解説　(1)　出かける前の水蒸気量は，グラフより
11℃の飽和水蒸気量が10g/m³なので
　　　$10 × 0.5 = 5.0g/m³$
20℃で湿度40％の空気に含まれる水蒸気量は
　　　$17 × 0.4 = 6.8g/m³$
このときの湿度を40％以上とするためには，1m³
の容器の中に6.8g以上の水蒸気があればよいので，
　　　$6.8 - 5.0 = 1.8g$
以上の水を霧吹きでかけておけばよい。

(2)　飽和水蒸気量が$5 + 7 = 12g/m³$になる温度は
14℃である。

224　ア，オ，ク

解説　ア…急激に気圧を下げることにより急激にフ
ラスコ内の温度が下がる。
オ…空気中に含まれる水蒸気量が多くなる。
ク…塵は凝結核となるので水滴ができやすくなる。

225　(1) 水蒸気が凝結するとき，熱を放出す
　　　　るため。(20字)
　　　(2) 75％
　　　(3) 露点
　　　(4) 500 m
　　　(5) 15℃
　　　(6) 温度…30℃　　湿度…48％

解説　(1)　水蒸気は凝結するときに熱を周囲に放出
する。

(2)　$18.3 ÷ 24.4 × 100 = 75$　より75％

(4)　雲が発生する温度は表より21℃。空気のかた
まりが21℃となるためには$26 - 21 = 5℃$下がれ
ばよい。5℃下がるためには空気のかたまりが
　　　$100 × 5 = 500 m$
上昇すればよい。

(5)　(4)よりB点で21℃で飽和した空気は，山頂ま
での
　　　$1700 - 500 = 1200 m$
では，100m上昇するごとに0.5℃下がるので
　　　$0.5 × (1200 ÷ 100) = 6℃$
下がる。よって，山頂では
　　　$21 - 6 = 15℃$

(6)　高度1300mまでは空気のかたまりは100mあ
たり0.5℃上昇するので，1300mでの温度は
　　　$15 + 0.5 × (1700 - 1300) ÷ 100 = 17℃$
このときの水蒸気量は14.5g/m³である。
ここからC点までは100mあたり1℃上昇するの
でC点での温度は
　　　$17 + 1 × 13 = 30℃$
水蒸気量は1300mから変化しないので，湿度は
　　　$14.5 ÷ 30.4 × 100 = 47.6…$　よって48％

得点アップ

▶フェーン現象
　空気のかたまりが同じ高さまで上昇(下降)す
るとき，飽和していない空気のほうが，飽和し
ている空気よりも温度が下がる(上がる)。これ
は，飽和している空気では水蒸気が凝結し水滴
となるときに，凝結熱を放出するためである。
飽和していない空気が上昇し，高い山を越える
過程で飽和し，雨を降らせると含まれる水蒸気
は減る。その空気がふもとに下りてくるとき，
山を越える前よりも乾燥し温度は上がる。これ
をフェーン現象といい，日本では，空気のかた
まりが日本海側から中央の山地を越えて太平洋
側に降りてくるときに起こることが多い。

226　(1) ウ
　　　(2) 例 気温が上昇し，飽和水蒸気量が大
　　　　きくなったため。

解説　(1)　地表近くの空気が冷やされて露点以下と
なり，空気中の水蒸気が水滴となって浮かぶもの
が霧なので，空気が最も冷やされると考えられる
ものを選べばよい。

(2)　飽和水蒸気量が大きくなると，水滴は水蒸気と
なるので霧が消える。

3 前線と天気の変化

227 (1) イ　　(2) ア　　(3) ア

解説 (1)(2) 寒冷前線は，冷たい空気があたたかい空気の下にもぐりこむようにしてできる。それを確かめるためには(1)でくぼんだ部分に，空気を冷やすものを入れればよい。

(3) あたたかいものは冷たいものの上にせり上がるように移動するので，湯は冷たい水の上に移動する。

228 (1) 8hPa
　　(2) 下図

解説 (1) 等圧線は 4hPa ごとに引かれており，20hPa ごとに太い線が引かれている。A 地点の気圧は 1012hPa，B 地点の気圧は 1020hPa で，その差は 1020 - 1012 = 8hPa

(2) 左側は寒冷前線で，暖気が垂直に上昇し積乱雲ができる。右側が温暖前線で，暖気が寒気の上をすべり上がるように動き，水平に広がる乱層雲ができる。

229 (1) 時間帯…エ　　理由…ス，ソ
　　(2) 狭い範囲に強い雨が降る。

解説 寒冷前線が通過すると，狭い範囲で強い雨が降り，気温は急激に下がり，風向は北よりに急変する。

230 (1) 右…温暖前線　　左…寒冷前線
　　(2) 右図

　　(3) イ

解説 (1)(2) 温暖前線の前方では広い範囲に，寒冷

前線の後方では狭い範囲に雨が降りやすい。

231 (1) 閉塞前線
　　(2) 短時間に激しい雨が降る。
　　(3) 気圧の谷
　　(4) 温帯低気圧

解説 (2) このような閉塞前線を寒冷型とよび，通過後は，寒冷前線が通過したときと同様の天気の変化を考えればよい。

(3) 気圧が低い地点が帯状に並んだところを気圧の谷と呼ぶ。

(4) 日本付近を通過する低気圧のほとんどは温帯低気圧である。

232 (1) A → C → B
　　(2) ア　　(3) イ　　(4) C

解説 (1)(2) 日本付近の低気圧は，偏西風の影響によって，一般に西から東へ移動する。天気図で，前線をともなう低気圧の動きに注目し，西にあるものから東にあるものの順に並べる。

(3) 天気図で(1)の順に移動の方位を読み取ればよい。

(4) 温暖前線の進行方向の広い範囲と寒冷前線の通過後の狭い範囲に雨は降りやすい。この範囲が日本列島を最も多く含むのは C である。

233 (1) ① 寒冷
　　　 ② 温暖
　　　 ③ 閉塞
　　(2) イ

解説 (1) 低気圧の中心から西側では，寒気が暖気を押し上げながら進む寒冷前線が生じやすく，東側では，暖気が寒気の上にはい上がるように進む温暖前線が生じやすい。寒冷前線は温暖前線より速く進むため，暖気の範囲がしだいにせばめられ，寒冷前線が温暖前線に追いつくと，閉塞前線になる。

(2) 寒気 a は寒気 b より温度が低いので，寒気 b を押し上げながら進む。

⤴ 得点アップ

▶前線と天気
　寒冷前線付近では積乱雲が発達し，狭い範囲

でにわか雨や雷雨が降る。前線通過後は気温が急に下がり，風向が北よりに変わる。

温暖前線付近では，乱層雲が空一面に広がり，穏やかな雨が長時間降る。前線通過後は気温が上がり，風向が南よりに変わる。

---

234 ▶ ア

解説 ▶ イは，空気は，寒気により上昇させられることはないので誤り。ウは，寒気は上空6000mにあり，地表付近の空気が乗り上げることはできないので誤り。エは，上空6000mの寒気が下降して地表付近にたどりついた場合，温度はかなり上昇しているので誤り。

⑦ 得点アップ

▶上空の寒気と雲

上空の寒気という言葉をテレビや新聞の天気予報で目にすることがあるだろう。雨は，雲ができることによって降るが，雲はさまざまな原因によってできる。空気が上昇することでできる場合も多いが，上空に寒気が流れ込むことにより周囲の空気が急激に冷やされ，露点以下になり凝結し雲ができることもある。

---

235 ▶ (1) イ→ウ→ア

(2) ①

(3) 14日のほうが湿度が高く，空気中に含まれる水蒸気の量が多いので，露点が高い。

解説 ▶ (1) アの天気図は，北日本，北陸の大部分が低気圧におおわれている15日のものである。イの天気図は，全国的に高気圧におおわれている13日のものである。ウの天気図は，日本海上に低気圧がある14日のものとなる。また，太平洋上にある高気圧から吹き出す風が春一番である。

(2) (1)のイより，13日の天気は晴れである。

(3) 気温が同じとき，湿度が高いほど露点は高い。

---

236 ▶ (1) C…エ　　F…ア

(2) (i) D　　(ii) F　　(iii) A

(3) OP…時速33km

OQ…時速25km

(4) 7時間

解説 ▶ (1) 風は低気圧の中心に向かって，反時計まわりに吹きこんでいる。

(2) それぞれのグラフの14時前後の部分に注目して考える。(i)は，それまで降っていた弱い雨がやんだところで，温暖前線の通過前後と考えられるので地点D。(ii)は，1日中雨が降っているので，低気圧の中心の北側の地点Fとなる。(iii)は，短時間に激しい雨が降り，やんだところを表し，寒冷前線の通過後と考えられるので地点A。

(3) OP…短時間に激しい雨が降るのは，寒冷前線の通過によるものであり，グラフより，そのような雨が降りはじめる時間を読み取ると，地点Aはグラフ(iii)より11時，地点Dはグラフ(i)より20時である。その差は $20-11=9$ 時間なので，寒冷前線OPは9時間でAD間の距離300kmを移動したことになる。よって，OPの時速は

$300 \div 9 = 33.3\cdots$　より33km/h

となる。

OQ…長時間にわたって降るおだやかな雨は温暖前線によるものであり，グラフより，そのような雨が降り終わった時間を読み取ると，地点Aはグラフ(iii)より2時，地点Dはグラフ(i)より14時である。その差は $14-2=12$ 時間なので，温暖前線OQは12時間でAD間の距離300kmを移動したことになる。よって，OQの時速は

$300 \div 12 = 25$ km/h

となる。

(4) 午前中の雨は温暖前線によるものである。CD間の距離は100kmで，温暖前線OQは(1)より時速25kmで進むことから，地点Dで雨がやんだ時刻から $100 \div 25 = 4$ 時間前の10時に地点Cで雨がやんでいる。次に，寒冷前線OPによる雨が降りはじめる時刻を考える。CD間の距離は100kmで，(3)より寒冷前線OPは時速33.3kmで進むことから，地点Dで雨が降りはじめた時刻から $100 \div 33.3 = 3.0$ 時間前の17時に地点Cで雨が降りはじめる。よって，地点Cで雨がやんでから再び降りはじめるまでの時間は，

$17-10=7$ 時間である。

4 日本の気象

237 (1) イ　(2) エ

解説 (1) アは初夏，ウは夏におもに発達する。
(2) ア…気団の温度は発生する位置，おもに緯度によるので，大陸，海上とは直接関係がない。
イ，ウ…気団は高気圧におおわれている地域で発生しやすいため，下降気流を生じやすい。

238 (1) 気温，湿度，降水量，風向などのうち1つ
(2) アメダス[地域気象観測システム]

解説 (2) 地域気象観測システム，Automated Meteorological Data Acquisition System の頭文字をとって AMeDAS(アメダス)とよばれる。

239 (1) a…八戸市　b…山形市
c…銚子市
(2) 例大雨に備えて土のうを積む，強風に備えて窓や戸を補強する，避難に備えて水や懐中電灯を準備する，など。

解説 (1) 台風が通過するときに気圧が下がるので，グラフより気圧が最低となる時刻を読み取ると，台風の通過が早い順に c → b → a であることがわかる。台風の経路より，銚子市→山形市→八戸市の順に台風は通過している。
(2) 台風による被害は，大雨によるもの，強風によるもの，それによる停電や断水，土砂崩れなどがあげられる。避難しなくてはいけないことも考えられるので，いつでも避難できるように準備をしておくことも大切である。

240 (1) シベリア気団
(2) 冬
(3) 西側に高気圧，東側に低気圧が発達し，天気図では等圧線が南北に縦に並ぶ気圧配置。

解説 天気図は典型的な冬の気圧配置であり，シベリア気団が発達し，西高東低の気圧配置となってい

る。等圧線が南北に縦に並んでいることが特徴である。

241 (1) (a) 偏西風　(b) イ
(2) (a) 日本海の暖流から，多量の水蒸気が供給されてしめる。
(b) 移動性高気圧
(c) 記号…エ　名称…梅雨前線
(d) ア…シベリア気団
イ…オホーツク海気団
ウ…小笠原気団
エ…小笠原気団

解説 (1) 中緯度帯の上空で1年を通じて吹いている強い西風を，偏西風という。
(2) (a) 冬の季節風をもたらすシベリア気団は寒冷で乾燥した気団だが，日本海上空を通過するとき，暖流の対馬海流から多量の水蒸気が供給されるため，日本列島の山脈にぶつかって上昇するとき，雲が発生して雪を降らせる。
(b) 春と秋に日本列島上空を西から東へ移動する高気圧を，移動性高気圧という。
(c) 梅雨(つゆ)の時期にできる停滞前線を，梅雨前線という。秋の初めにできる停滞前線は，秋雨前線とよばれる。
(d) 冬は，大陸でシベリア気団が勢力を増してシベリア高気圧が発生し，太平洋上には低気圧ができて，西高東低の気圧配置になる。つゆの時期は，北のオホーツク海気団と南の小笠原気団が日本付近でぶつかって停滞前線(梅雨前線)ができる。どちらも海上で発達する気団であるため湿度が高く，前線付近では雲が多くなる。夏は，日本列島が小笠原高気圧におおわれるため，晴れて蒸し暑い日が続く。

得点アップ

▶日本をとりまく気団

シベリア気団
冷たく，乾燥している

オホーツク海気団
冷たく，湿っている

小笠原気団
あたたかく，湿っている

242 (1) 季節…冬　　気団…シベリア気団

(2) 右図

(3) 北…オホーツク海気団
　　南…小笠原気団

解説 (1) 典型的な冬の雲画像である。北西から南東に向かってすじ状の雲が並んでいるのが特徴である。

(2)(3) 梅雨の時期の典型的な雲画像である。北のオホーツク海気団と南の太平洋上の小笠原気団がぶつかり，停滞前線ができる。東西に伸びる雲はこの停滞前線によるものである。

243 (1) 太平洋高気圧

(2) エ　　(3) イ　　(4) オ

(5) 1010hPa

(6) 標高が高いため天気図より気圧が低いから。（20字）

(7) ア

(8) 右図

解説 (1) 夏に太平洋上に発達する高気圧である。

(2) 一般に，台風は，太平洋高気圧のふちにそって進む。

(3) 地上付近の風は高気圧から低気圧に向かって吹く。そのとき，地球の自転の影響を受けて，風は高気圧から低気圧へ直進するのではなく，進行方向からやや右にずれる。

(4) 地表から10km程度までの高さでは，高度が100m上昇するごとに約0.6℃ずつ気温が下がる。奈良市と大峰山山頂の高度の差は

1915 − 104 = 1811 m

で，約1800mとすると，高度差による気温の差は

0.6 × (1800 ÷ 100) = 10.8℃

となり，大峰山山頂の気温は奈良市よりもおよそ10℃低い。風向は，高度が高くなると建築物や地形の影響を受けにくく，また，地球の自転の影響も小さいため，高度が高い地点では，風向は等圧線に平行に近くなることが特徴である。このことから大峰山山頂では，(3)の奈良市での風向よりも風上に向かってやや右向きとなる。

地上の風が地球の自転の影響を受けること，高度10km程度までは高度が100m上昇するごとに気温が約0.6℃低下すること，高度が高いところで吹く風の風向が地上付近に比べて等圧線に平行となることは，知識として覚えておくとよい。

(5) 等圧線は4hPaごとに引かれ，20hPaごとに太い線が引かれる。ここでは高気圧Aを囲む等圧線が1020hPaの等圧線となり，奈良市は，1008hPaと1012hPaの等圧線のほぼ中央に位置しているので，気圧は1010hPaとなる。

(6) 天気図での気圧は，各地の気圧を海抜0mでの気圧に換算した値となっており，高度が高い地点での実際の気圧は，天気図での気圧よりも低い。

(7) 奈良市の実際の気圧は，(5)より，天気図での気圧よりも

1010 − 998 = 12hPa

低い。天気図の気圧は海抜0mの値であり，奈良市の標高は約100mであるから，高度が100m上昇するごとに気圧は約12hPa低くなると考えられる。高度約1900mの大峰山山頂では，天気図での気圧の値よりも

12 × (1900 ÷ 100) = 228hPa

低いと予想できるので，求める気圧はおよそ

1010 − 228 = 782hPa

と考えられる。よって，最も近いのはアとなる。

(8) 北半球では，一般に，北側からの寒気と南側からの暖気がぶつかって停滞前線ができる。前線の記号は，進行方向に向かってかくので，正しい記号は問題の天気図の記号と南北が反対になる。

⊅ 得点アップ

▶転向力（コリオリの力）

　地球が自転していることによってはたらく見かけの力であり，北半球では進行方向を右に曲げようとする向きに，南半球では進行方向を左に曲げようとする向きにはたらく。地表から10km程度までの高度では，空気も転向力の影響を受けるため，風向にも影響がおよび，気象現象は複雑なものとなる。

⊅ 得点アップ

▶日本海と対馬海流

　日本海側の積雪の要因として大きなものは，日本海の存在である。空気そのものの温度が低くても，含まれる水蒸気が少なければそれほど降雪量は多くならない。日本の冬では，北西の季節風が日本海を越えるときに大量の水蒸気が補給されるために，気温のわりに積雪は多くなる。また，日本海には暖流である対馬海流が流れており，海水の温度が比較的高いため，海水が蒸発し水蒸気が豊富であることも積雪が多くなる要因の1つである。

---

244 (1) A…イ　　　B…オ　　　C…ウ
　　　(2) 西高東低　　(3) b

解説 (1)　A は，東西に伸びる停滞前線から判断する。この停滞前線は，梅雨の時期に特徴的な梅雨前線である。B は，冬に特徴的な，等圧線が南北に縦に並ぶ西高東低の気圧配置である。C は，太平洋上に発達した高気圧が日本列島をおおう，夏に特徴的な天気図である。

(2)　冬に特徴的な，等圧線が南北に縦に並ぶ気圧配置を西高東低とよぶ。

(3)　地点 a は寒気，地点 b は温暖前線と寒冷前線の間の暖気の中に位置しているので，b のほうが気温が高いと考えられる。

---

245 例 冬の大陸からの北西の季節風は乾燥しており，含まれる水蒸気量は少ないが，日本海を通過する際に多くの水蒸気を含む。この水蒸気量の多い空気が日本列島の中央に背骨のように連なる山脈にぶつかって上昇気流になると，温度は下がるため雲が発達する。この雲が大量の降雪をもたらす。

解説 日本海で多くの水蒸気が供給されること，中央山脈で上昇気流が生じ，空気の温度が下がることがポイントである。

第4回 実力テスト

$\boxed{1}$ (1) 779g

(2) 63%

(3) 519g

(4) ① 変化なし。　　② 白くくもる。

　　③ 露点

解説 (1) 表より20℃での飽和水蒸気量は17.3g/m³で，湿度が30%なので部屋全体の水蒸気量は

$$17.3 \times 0.3 \times 150 = 778.5g$$

　部屋全体の水蒸気量を求めるためには，部屋の容積の150m³をかけることに注意する。

(2) (1)より，$17.3 \times 0.3 = 5.19g/m^3$ の水蒸気を含む空気の温度を8℃まで下げることになる。表より，8℃での飽和水蒸気量は8.3gなので

$$5.19 \div 8.3 \times 100 = 62.5\cdots \quad より63\%$$

(3) 20℃で湿度50%の空気に含まれる水蒸気量は，部屋全体で

$$17.3 \times 0.5 \times 150 = 1297.5g$$

　(1)より，部屋全体に含まれている水蒸気量は778.5gなので，

$$1297.5 - 778.5 = 519g$$

の水蒸気を加湿器から放出すればよい。

(4) ①20℃で湿度60%の空気に含まれる水蒸気量は，

$$17.3 \times 0.6 = 10.38g/m^3$$

　この空気の温度が12℃に下がったとき，12℃での飽和水蒸気量は表より10.7g/m³で，空気は飽和に達していない。水蒸気は水滴に変わらないので，変化は見られない。

②空気の温度が8℃まで下がったことになる。8℃での飽和水蒸気量は表より8.3g/m³なので，空気は露点以下となり，水蒸気が水滴となるので，眼鏡のレンズは白くくもる。

③空気中の水蒸気は，空気の温度が露点以下になると凝結し水滴となり，窓や眼鏡をくもらせる。

$\boxed{2}$ (1) 上空は地表付近よりも気圧が低いため。

(2) 太陽

解説 (1) 上昇した空気は周囲のほうが気圧が低いため膨張して温度が下がる。

(2) 地球上での水の循環をもたらすもとになるものは太陽の熱エネルギーである。

$\boxed{3}$ (1) 前線面

(2) 寒冷前線

(3) ウ

(4) ウ→オ→ア→エ→イ

(5) ③

(6) 閉塞前線

解説 (1) 前線面が地表と交わるところが前線である。

(2) 寒気が暖気の下にもぐりこむようにしてできる前線が寒冷前線である。

(3) ①は温暖前線であり，付近では水平に広がる層雲上の雲ができる。積雲，積乱雲は垂直方向に発達する雲で，②の寒冷前線付近にできる。

(4) A地点が図の位置にあるとき，温暖前線の進行方向なので長時間にわたってあまり強くない雨が降るウのようすとなっている。温暖前線がA地点を通過し，A地点が暖気の中に入ると風は南よりとなりオのようすとなる。その後，A地点は暖気におおわれてくるが，寒冷前線が近づくので積乱雲が発生することもあるアのようすとなる。寒冷前線がA地点を通過すると急激な上昇気流が発生し，短い時間に強い雨が降るのでエのようすとなり，その後寒冷前線は離れていき，雨はやむが，A地点は寒気の中にあるので気温は下がる。記号を順に並べるとウ→オ→ア→エ→イとなる。

(5) 風は東よりから反時計まわりに北よりに変化する。

(6) 寒冷前線のほうが温暖前線よりも移動する速さが速いため，寒冷前線が温暖前線に追いつき，閉塞前線ができる。

$\boxed{4}$ (1) 上空と同じように気圧が低い状態を容器の中につくるため。

(2) 三角フラスコの中の空気が，簡易真空容器の中に入って膨張して温度が下がり，露点に達して，空気中の水蒸気が水滴に変わったため。

解説 (1) この実験は，上昇気流によって雲ができることを確かめるために行ったものである。水蒸気を含む空気が上昇すると，上空は気圧が低いた

め空気が膨張する。これと同じ状態にするために，簡易真空容器を用いて気圧を下げたのである。

(2) 空気には，急に膨張させると温度が下がる性質がある(断熱膨張)。上昇した空気が膨張して気温が下がり，露点に達すると，含みきれなくなった水蒸気が水滴に変わり，雲ができる。

---

5 (1) ウ
　　(2) d
　　(3) カ
　　(4) エ
　　(5) エ

解説 (1) 暖流から得られる空気は暖かく湿っている。

(2) 飽和水蒸気量に近い点を考える。aとdで，aの湿度は75%以下であるが，dの湿度は80%を超えていることがグラフから読みとれる。

(3) グラフより，dの空気は約27℃で露点以下となり水蒸気が凝結しはじめ，雲ができはじめるので，温度が30 − 27 = 3℃下がればよいことになる。地表から10km程度までの高度では，空気は100m上昇するごとに約0.6℃温度が下がるので，3℃下がるためには3 ÷ 0.6 × 100 = 500m上昇すればよい。地表から10km程度までの高度では，空気は100m上昇するごとに約0.6℃温度が下がることは知識として覚えておくとよい。

(4) 上昇した空気の温度が下がるのは，周囲の気圧が下がり，空気のかたまりが膨張するためである。

(5) アは，西高東低の気圧配置から冬(2月)，イとウは大陸に高気圧があり，低気圧と高気圧が日本付近を通過していることから春または秋の天気図である。夏(7月)の天気図は，太平洋上に高気圧が発達していることからエとなる。